これからはじめる AutoCAD の本

［AutoCAD/AutoCAD LT 2020/2019/2018対応版］

稲葉幸行［著］

技術評論社

本書の特徴

- 最初から通して読むと、体系的な知識・操作が身につきます。
- 読みたいところから読んでも、個別の知識・操作が身につきます。
- 練習ファイルを使って学習できます。

●本書の使い方

本文は、①、②、③…の順番に手順が並んでいます。この順番で操作を行ってください。
それぞれの手順には、❶、❷、❸…のように、数字が入っています。
この数字は、操作画面内にも対応する数字があり、操作を行う場所と、操作内容を示しています。

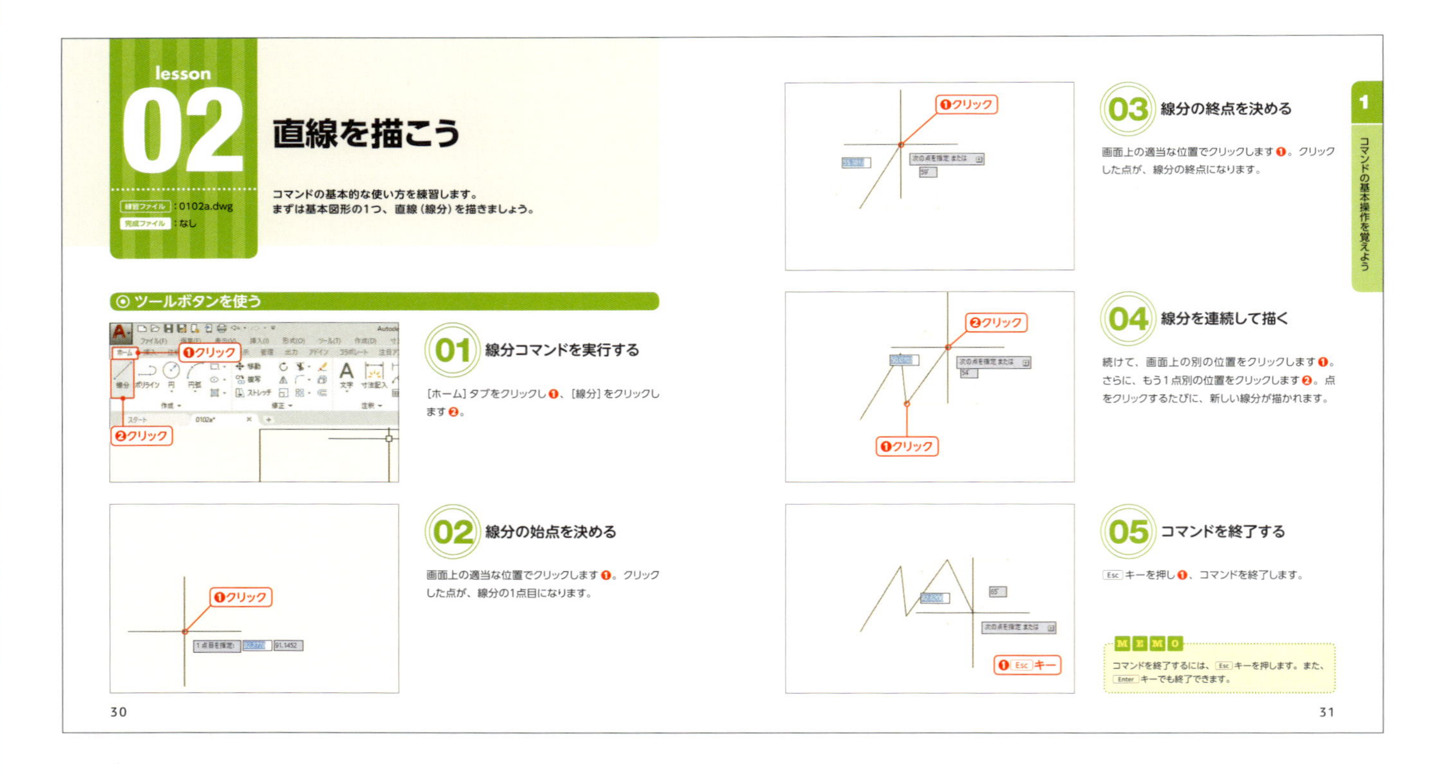

●Visual Index

具体的な操作を行う各章の頭には、その章で学習する内容を視覚的に把握できるインデックスがあります。
このインデックスから、自分のやりたい操作を探し、表示のページに移動すると便利です。

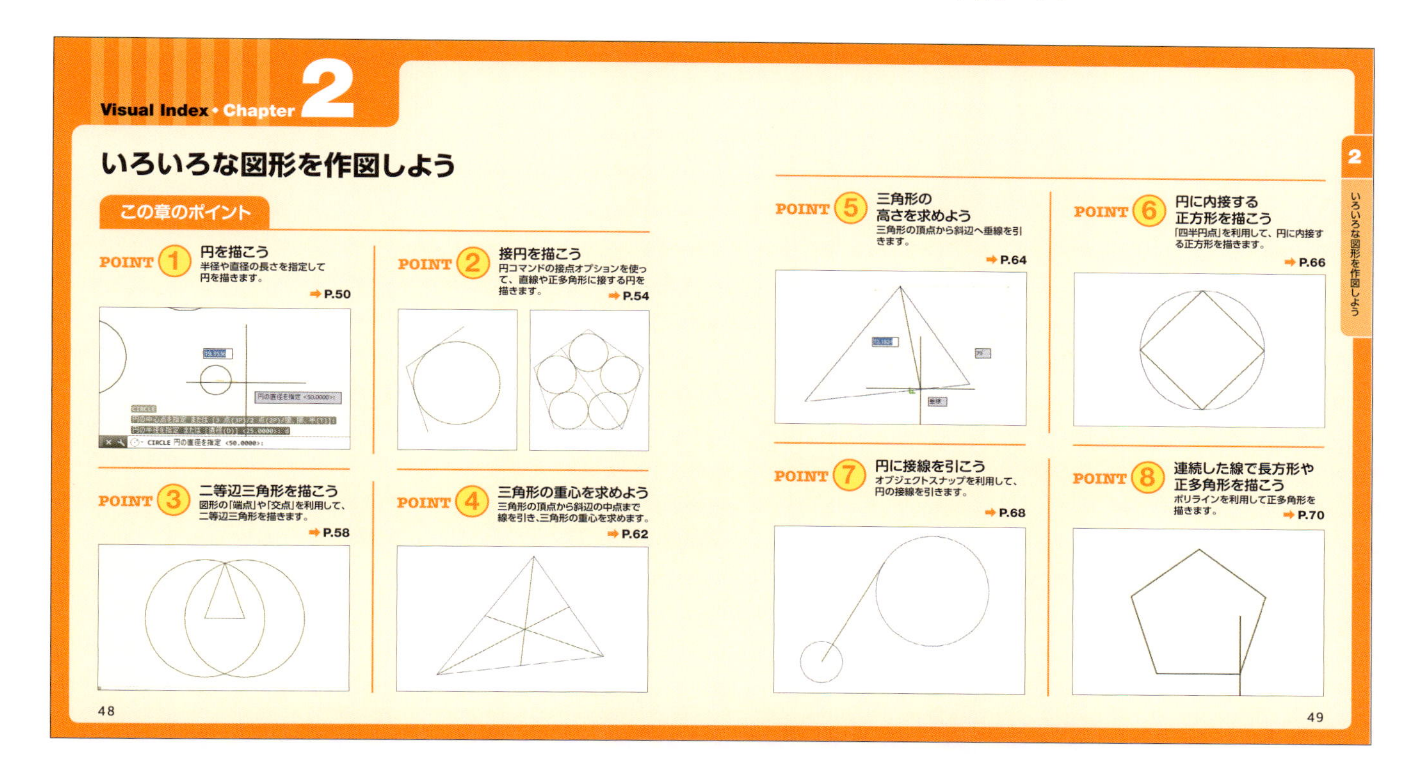

◆免責

本書に記載された内容は、情報の提供のみを目的としています。したがって、本書を用いた運用は、必ずお客様自身の責任と判断によって行ってください。これらの情報の運用の結果、いかなる障害が発生しても、技術評論社および著者はいかなる責任も負いません。また、ソフトウェアに関する記述は、特に断りのない限り、2019年6月現在のAutoCAD 2020の最新バージョンを元にしています。ソフトウェアはバージョンアップされる場合があり、本書での説明とは機能内容や画面図などが異なってしまうこともあり得ますので、ご注意ください。

以上の注意事項をご承諾いただいた上で、本書をご利用願います。これらの注意事項に関わる理由に基づく、返金、返本を含む、あらゆる対処を、技術評論社および著者は行いません。あらかじめ、ご承知おきください。

Contents

Chapter 2 いろいろな図形を作図しよう

Chapter 3 図形を修正しよう

Chapter 4 種類別に作図しよう

Chapter 5 文字を記入しよう

Chapter 6 寸法を記入しよう

●サンプルファイルのダウンロード

本書で使用する練習用サンプルファイルは、以下の URL からダウンロードできます。

https://gihyo.jp/book/2019/978-4-297-10652-2/support

サンプルファイルは圧縮されているので、展開して利用してください。

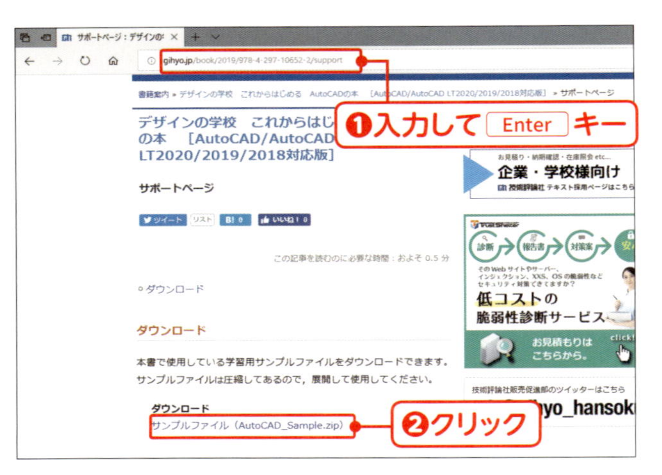

1 Webブラウザ（ここでは、Microsoft Edge）を起動し、URL入力欄に「https://gihyo.jp/book/2019/978-4-297-10652-2/support」と入力して、Enter キーを押します❶。ダウンロードページが表示されたら、［サンプルファイル］をクリックします❷。

2 ［保存］をクリックすると❶、サンプルファイルのダウンロードが始まります。

3 ダウンロードが完了したら、［フォルダーを開く］をクリックします❶。

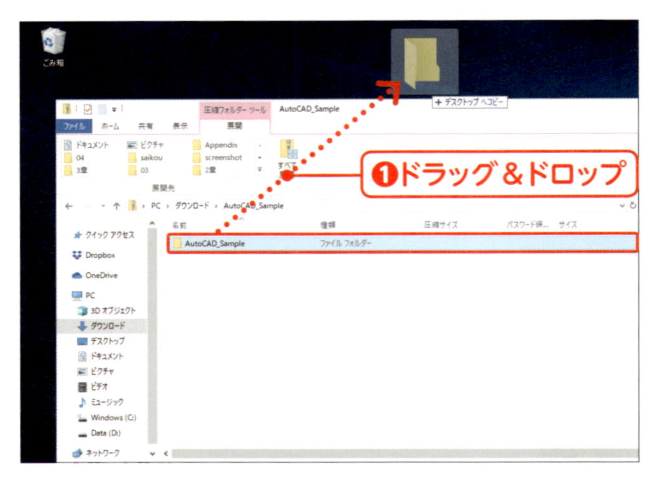

4 エクスプローラーが開きます。表示された「AutoCAD_Sample」フォルダをデスクトップにドラッグすると❶、デスクトップにコピーされます。

●AutoCAD 2020体験版のインストール

本書に AutoCAD 2020の体験版は付属していません。次の方法で Autodesk 社の Web サイト(https://www.autodesk.co.jp/products/autocad/free-trial)からダウンロードしてインストールを行ってください。なお、インストールが完了するまで数時間以上かかることもあります。また、体験版はインストール後 30日間で使用期限が切れます。

1 Webブラウザ(ここでは、Microsoft Edge)を起動し、URL入力欄に「https://www.autodesk.co.jp/products/autocad/free-trial」と入力して、Enter キーを押します❶。ダウンロードページが表示されたら、[無償体験版をタウンロード]をクリックします❷。

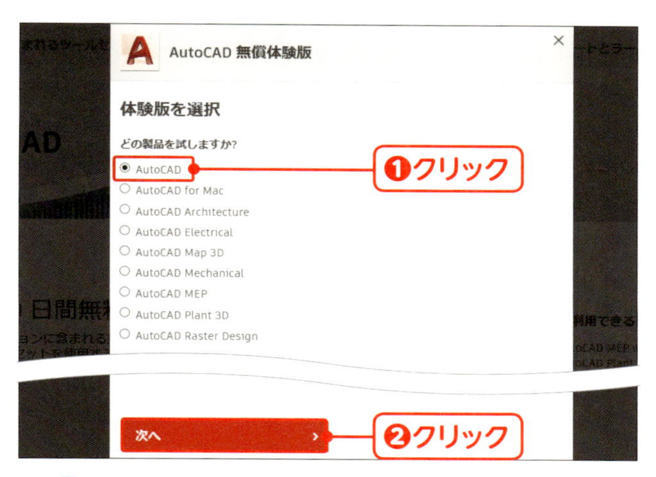

2 どの製品の体験版を利用するか選択肢が表示されます。[AutoCAD]を選択して❶、[次へ]をクリックします❷。推奨環境の確認が表示されたら[次へ]をクリックします。

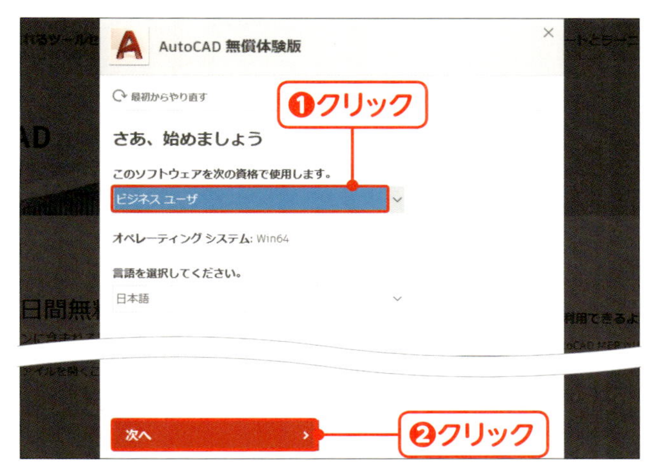

3 使用資格を選択します。[1つ選択してください]をクリックし、ここでは[ビジネスユーザ]を選択します❶。言語は[日本語]のまま、[次へ]をクリックします❷。

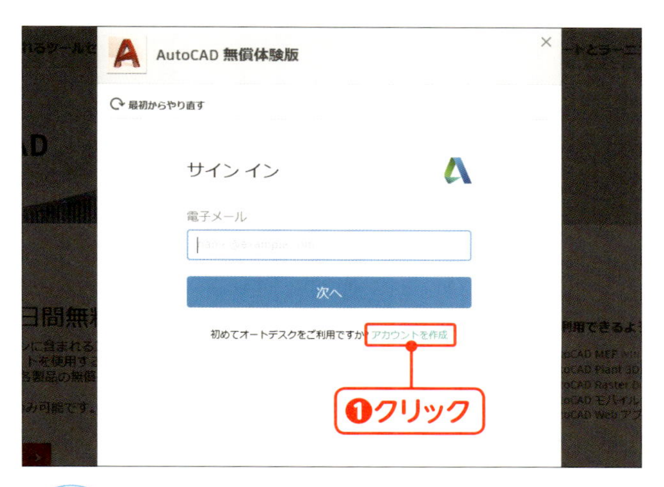

4 サインインの画面が表示されます。Autodesk IDを持っていない場合は、[アカウントを作成]をクリックします❶。

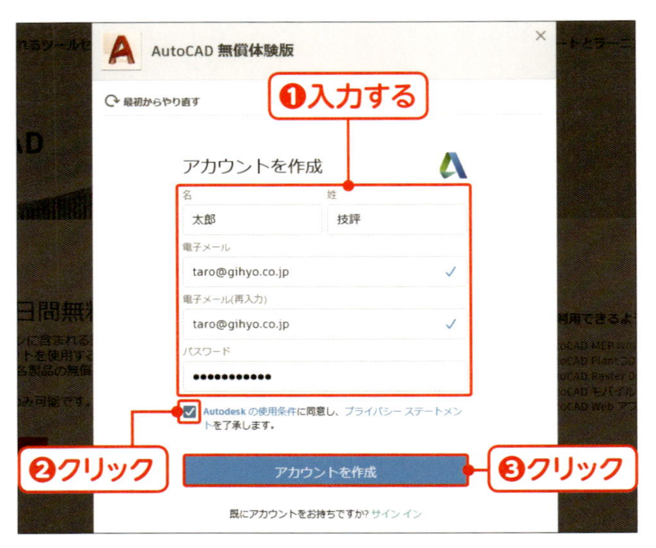

5 氏名、メールアドレス、パスワードを入力し❶、使用条件・プライバシーステートメントへの同意にチェックを入れます❷。[アカウントを作成] をクリックします❸。アカウントの作成完了の画面が表示されたら [完了] をクリックします。

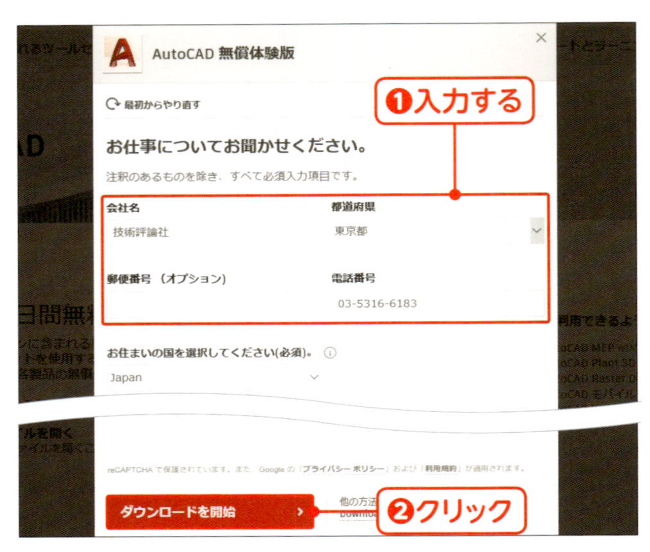

6 会社名、都道府県、電話番号を入力します❶。[ダウンロードを開始] をクリックします❷。画面の下にメッセージが表示されたら、[実行] をクリックします。「このアプリがデバイスに変更を加えることを許可しますか?」が表示されたら、[はい] をクリックします。

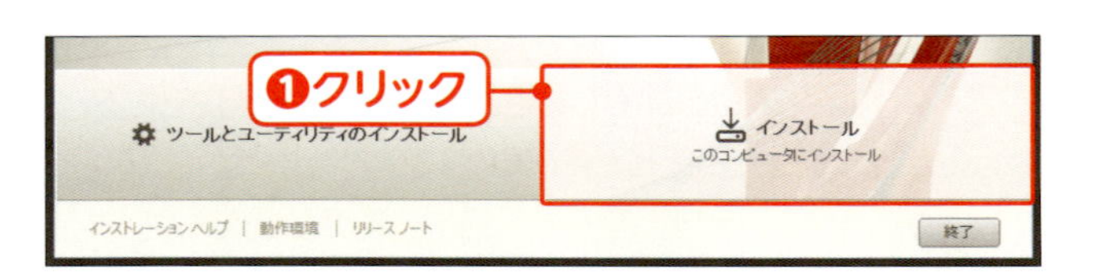

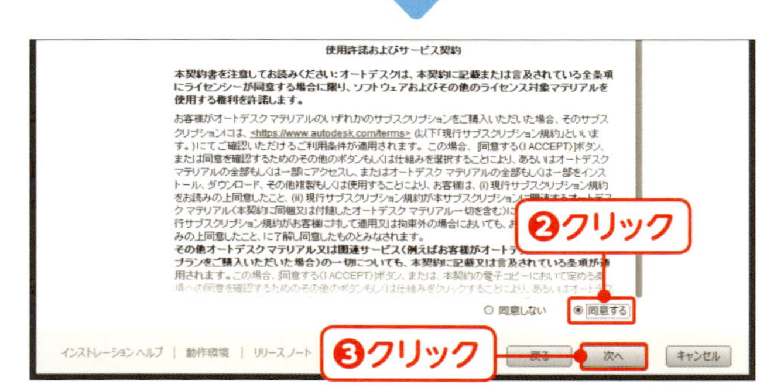

7 セットアップがはじまり、AutoCAD 2020のインストール画面が表示されます。[インストール] をクリックします❶。「ソフトウェア使用許諾契約」画面が表示されたら、[同意する] をクリックし❷、[次へ] をクリックします❸。

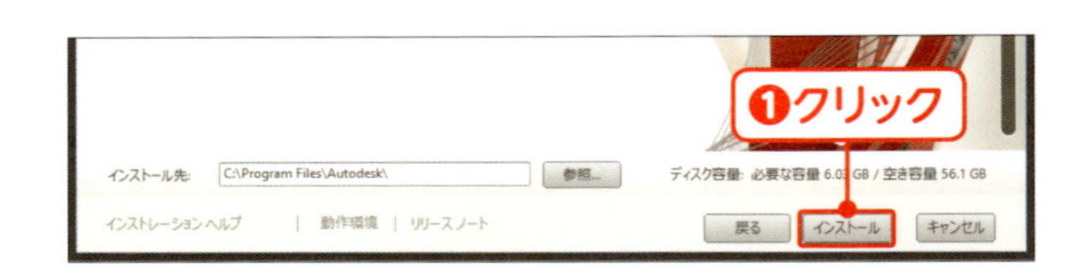

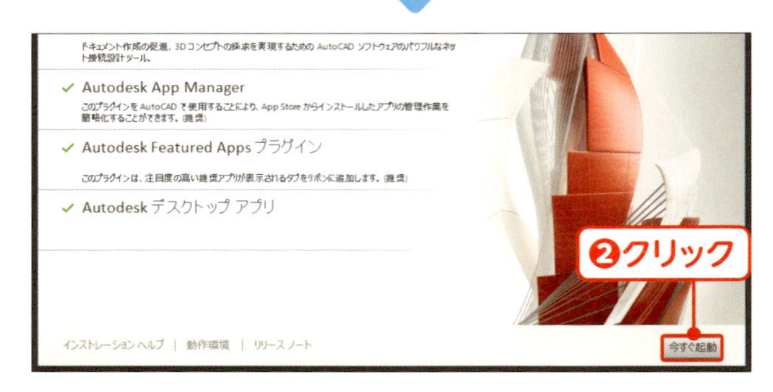

8 「インストールの環境設定」画面が表示されるので、[インストール] をクリックします❶。インストールが完了したら「インストールの完了」画面が表示されるので、[今すぐ起動] をクリックします❷。「データ収集および使用」についての画面が表示されたら、[OK] をクリックします。

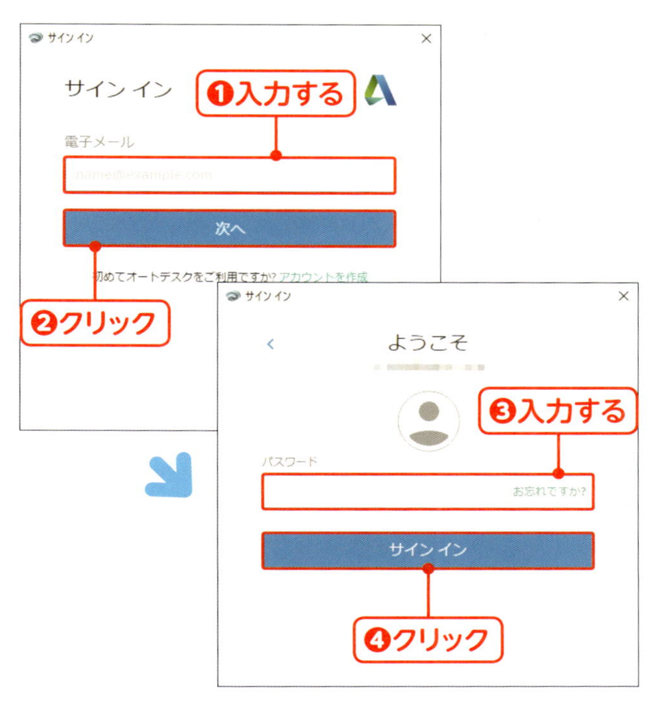

9

AutoCAD 2020が起動します（起動後すぐ終了してしまう場合は、12ページを参考にAutoCAD 2020を起動します）。「サインイン」画面が表示されたら、10ページで登録したメールアドレスを入力して❶、［次へ］をクリックします❷。画面が変わったらパスワードを入力して❸、［サインイン］をクリックします❹。「アカウント保護」のメッセージが表示されたら［後で通知］をクリックします。

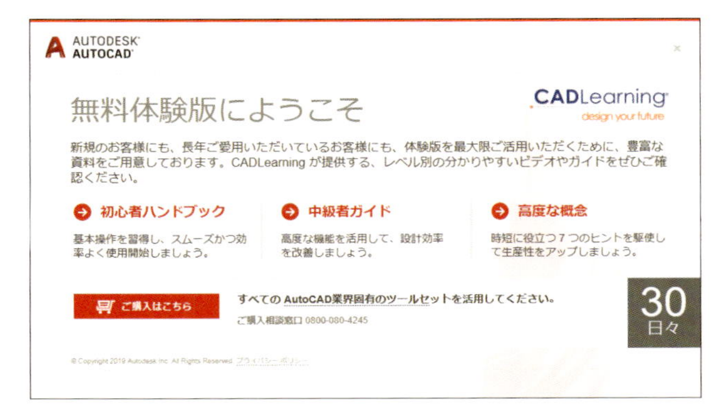

［体験版を使用開始］をクリックします。「無料体験版にようこそ」の画面が表示され、無料体験版を利用できるようになります。

体験版使用上の注意

・体験版はインストール後30日間利用できます。30日経過後も利用するには、ライセンスの購入が必要です。
・AutoCAD 2020の動作環境は次表の通りです。

OS	Windows10／8.1／7（いずれも64ビットのみ。AutoCAD LT 2020の場合、8.1／7は32ビット対応）
CPU	3Ghz以上推奨
メモリ	16GB推奨
ディスク空き容量	6.0GB
.NETFramework	バージョン4.7以降
ブラウザ	Google Chrome

・体験版のダウンロードやインストールがうまくできない場合は、さまざまな原因が考えられます。一般的な対処方法を以下に挙げます。また、あわせてAutodesk社のヘルプページ（https://knowledge.autodesk.com/ja/customer-service#Installation）も参照してください。

●インストールできない場合の一般的な対処方法

・一時的にファイアウォールを無効にする
・一時的にウィルス対策ソフトを無効にする
・ブラウザダウンロードを利用する（Autodesk Accountにサインインできる場合）

AutoCAD を起動しよう／終了しよう

● AutoCADを起動する

以下の方法で AutoCAD を起動します。あらかじめパソコンに、AutoCAD がインストールされていることを前提とします。

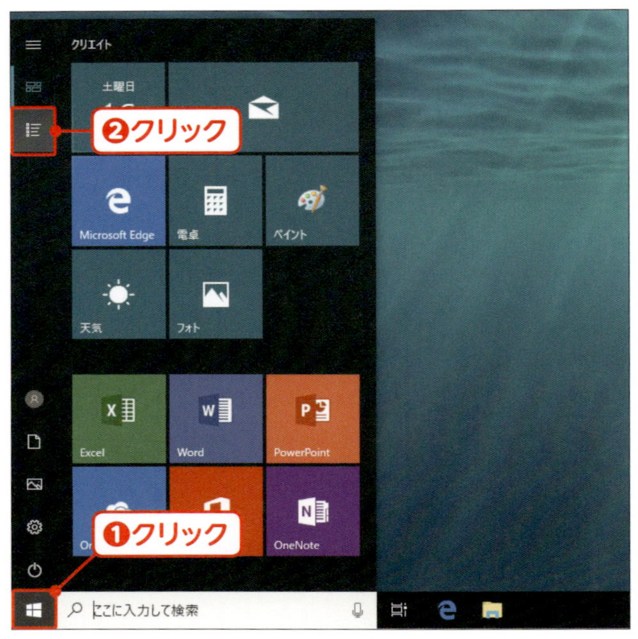

1 ［スタート］ボタンをクリックし❶、［すべてのアプリ］をクリックします❷。

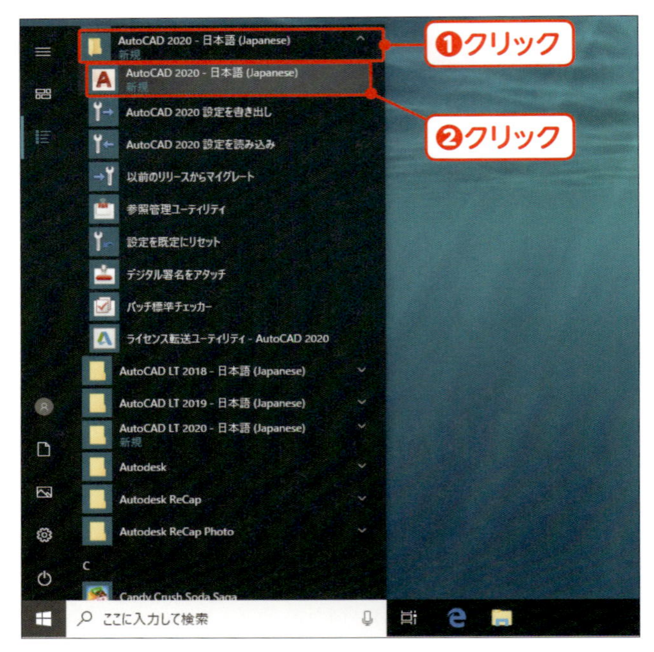

2 ［AutoCAD 2020 - 日本語 (Japanese)］をクリックし❶、［AutoCAD 2020 - 日本語 (Japanese)］をクリックします❷。

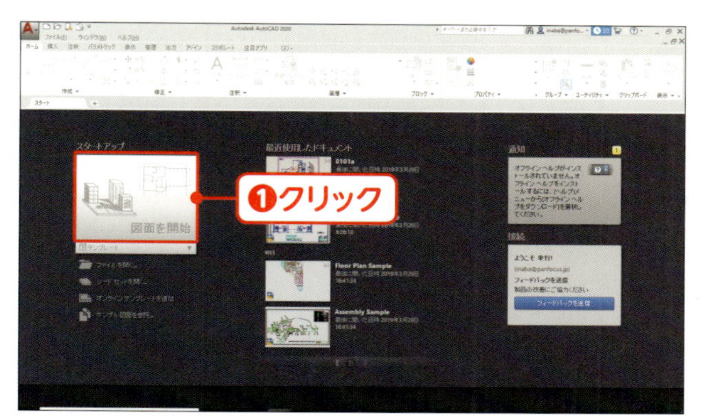

［図面を開始］をクリックします❶。

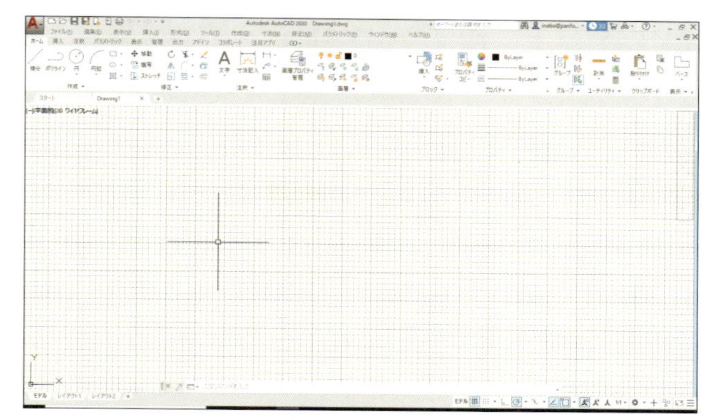

AutoCADが起動しました。

●AutoCADを終了する

作業が終わり、AutoCAD を終了するときは、以下の操作を行います。

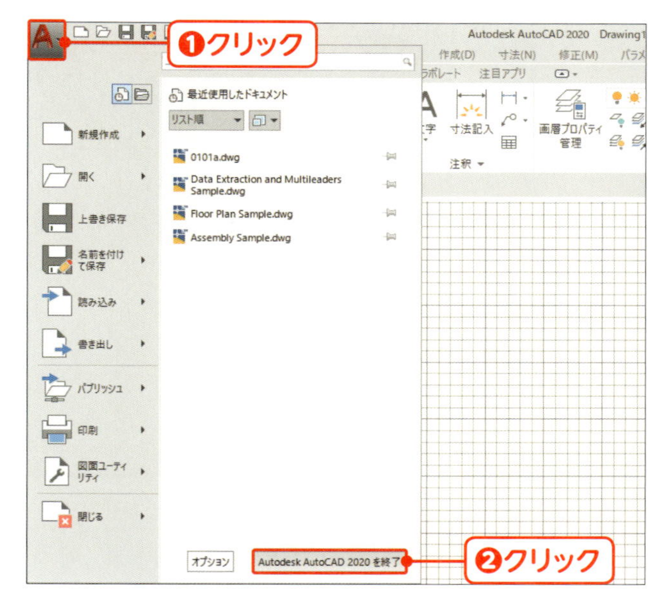

［アプリケーション］メニューをクリックし❶、［Autodesk AutoCAD 2020を終了］をクリックします❷。

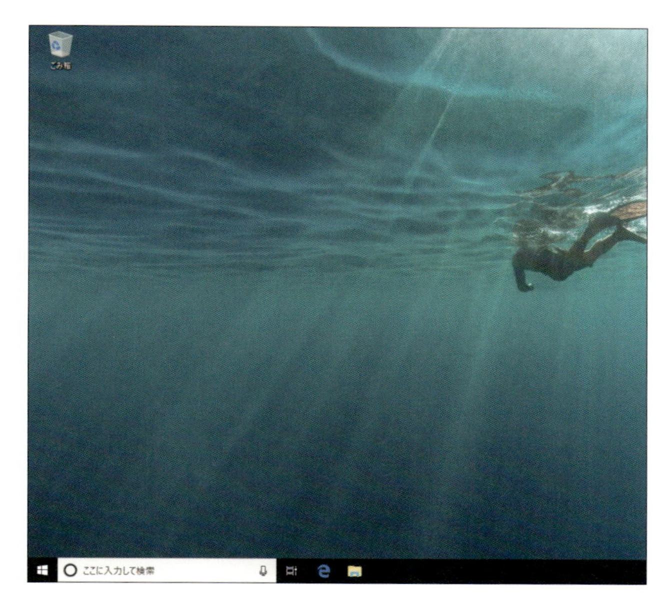

2

AutoCADが終了しました。

AutoCAD の画面を知ろう

●AutoCADの画面

起動したAutoCAD 2020の画面について解説します。AutoCAD LT 2020は、登録されているボタンが少し異なりますが、画面の構成は同じです。
なお、本書の操作を行うため、あらかじめ22ページの設定を行っています。

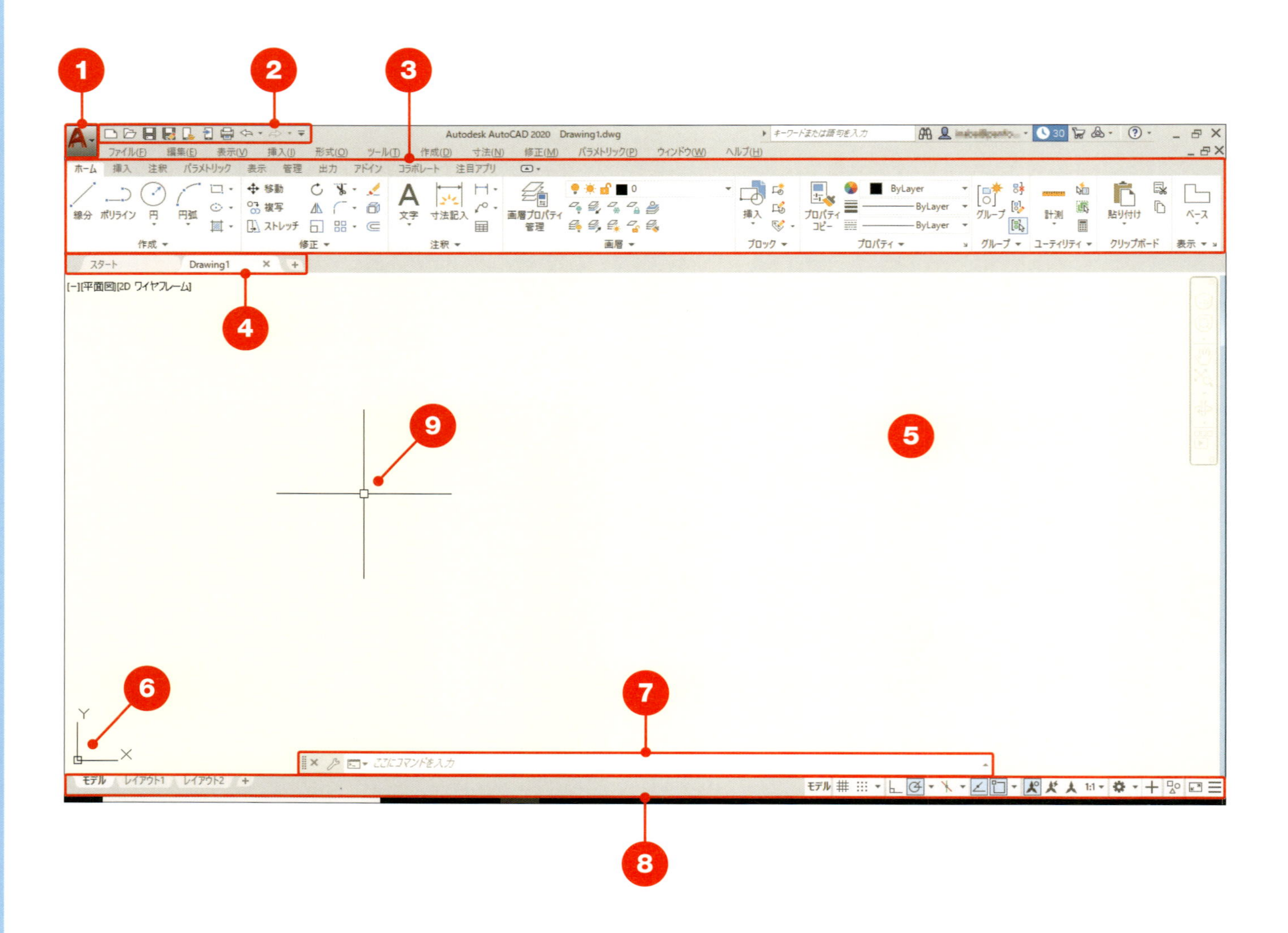

●画面の各部名称

1 [アプリケーションメニュー] ボタン

アイコンをクリックすると、ファイル操作や印刷などのメニューが表示されます。また、「最近使用したドキュメント」から、最近使用したファイルを開けます。

2 クイックアクセスツールバー

よく使うツールボタンを集めたツールバーです。クイックアクセスツールバーの上で右クリックすると、ボタンをカスタマイズできます。

3 リボン

複数のリボンタブがあり、操作目的で分類されたパネルにツールボタンが配置されています。操作内容に応じて、専用のリボンタブが表示されることもあります。

4 ファイルタブ

開いているファイル名が表示されます。タブをクリックすることで、ファイルを切り替えられます。

5 作図領域

作図を行う場所です。画面には、ほぼ無限の広さを持った作図領域の一部分が表示されています。

6 UCS アイコン

UCS（ユーシーエス）とは座標系のことです。座標軸の向きを確認するためのアイコンです。

7 コマンドウィンドウ

次に何をすればよいかといった指示などが表示されたり、作図データを入力するときにも使用します。コマンドラインと呼ぶこともあります。

8 ステータスバー

フルスクリーンボタンや、作図補助のモードを切り替えるボタンなどが配置されています。

9 クロスヘアカーソル

作図領域では、マウスカーソルの形が十字形になります。本書ではカーソルと呼びます。

AutoCADの基本操作を知ろう

●リボンの表示を切り替える

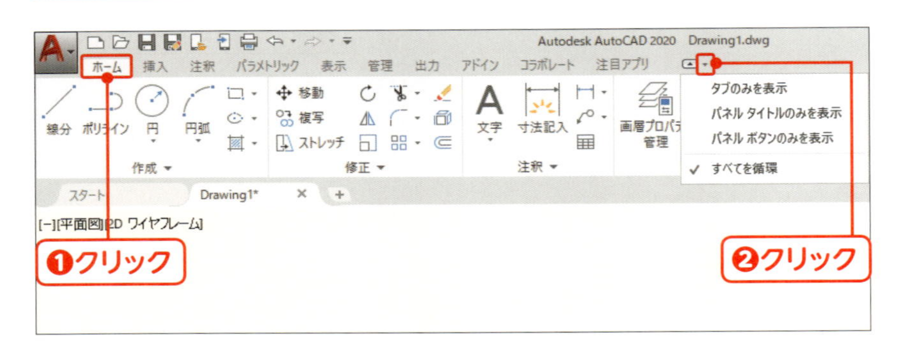

タブ名をクリックすると❶、内容が切り替わります。右端の▼ボタンをクリックすると❷、パネル名だけ、タブ名だけの表示に変更できます。パネル名、タブ名だけの表示にした場合、▲ボタンをクリックすると表示を元に戻せます。

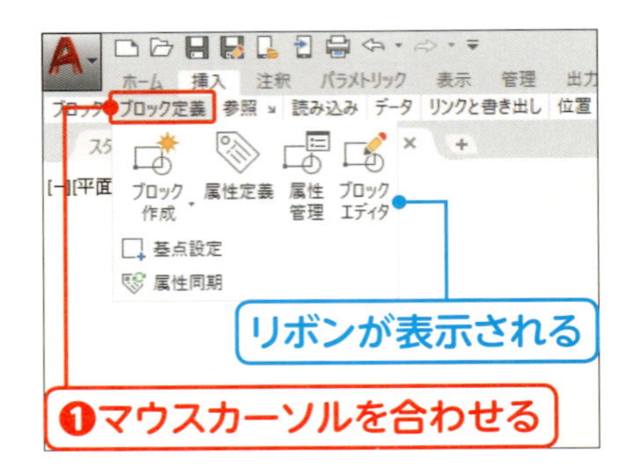

パネル名だけの表示のときは、パネル名にマウスカーソルを合わせると❶、展開します。

●メニューの表示／非表示を切り替える

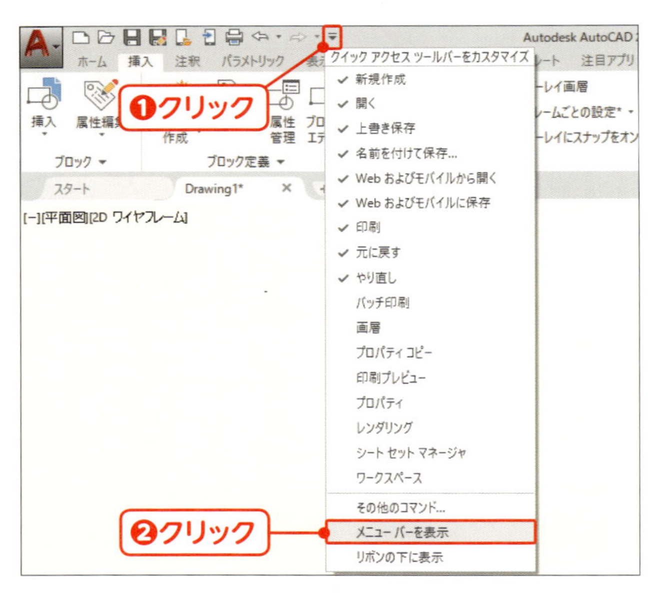

リボンに登録されていないコマンドを使う場合など、メニューが必要になることがあります。クイックアクセスツールバー右端の▼ボタンをクリックし❶、［メニューバーを表示］をクリックすると❷、メニューが表示されます。

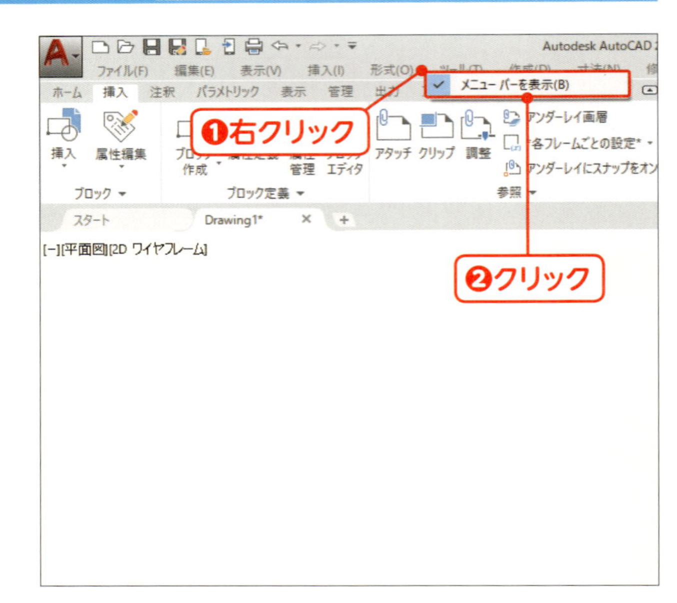

メニューを非表示にするには、メニューバーの上で右クリックし❶、［メニューバーを表示］をクリックします❷。

●コマンドライン・ステータスバーのボタン

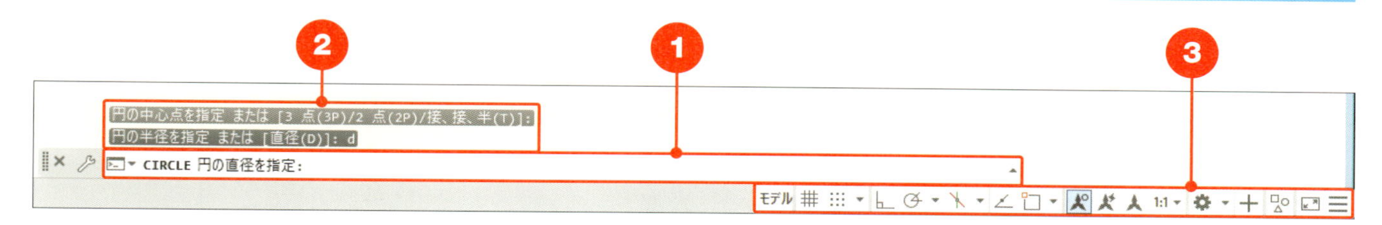

1 コマンドウィンドウ

コマンドウィンドウには、次の操作に関するメッセージが表示されます。メッセージに従って、データやコマンドをキーボードから入力します。

2 履歴

コマンドウィンドウの上には、操作の履歴が表示されます。

3 ステータスバー

ステータスバーには、作図モードのボタンが集約されており、ボタンをクリックすると、モードのオン／オフが切り替わります。色が付いた状態がオンです。

●元に戻す／やり直し

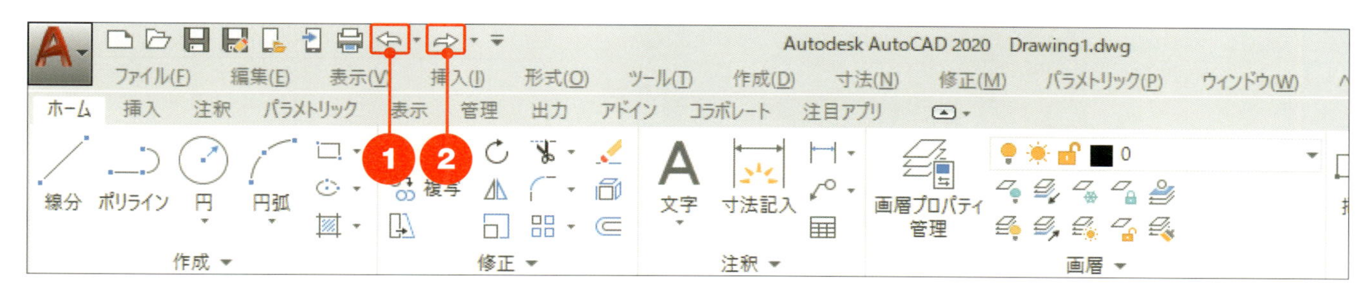

1 元に戻す

操作を間違えたときは、クイックアクセスツールバーの［元に戻す］をクリックすると、取り消しできます。

2 やり直し

元に戻す操作を取り消すときは、［やり直し］をクリックします。元に戻したあとで、ほかの操作を行うと、やり直しはできません。

ファイルの基本操作を知ろう

●ファイルの新規作成

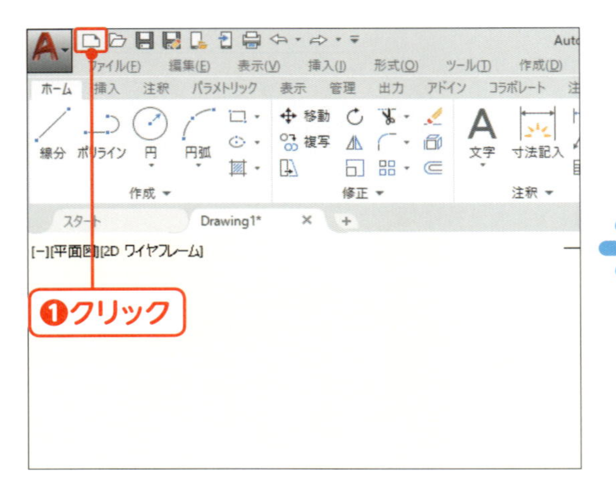

AutoCADを起動し、クイックアクセスツールバーの［新規作成］をクリックします❶。

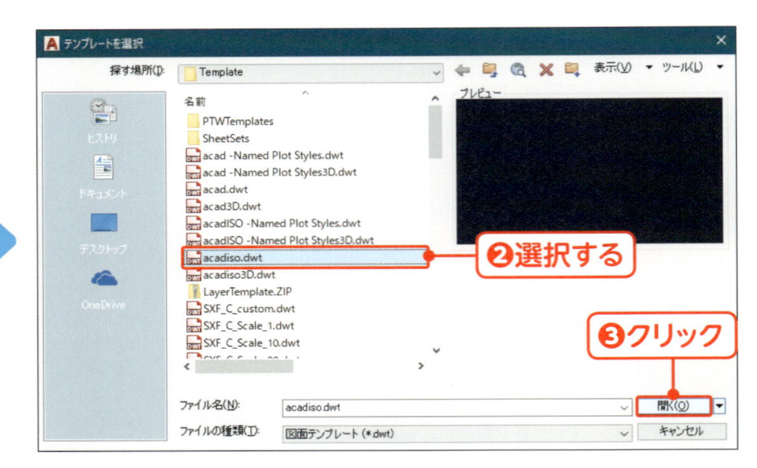

「テンプレートを選択」ダイアログボックスが表示されるので、テンプレートファイルを選択して❷、［開く］をクリックします❸。

●白紙からはじめる場合

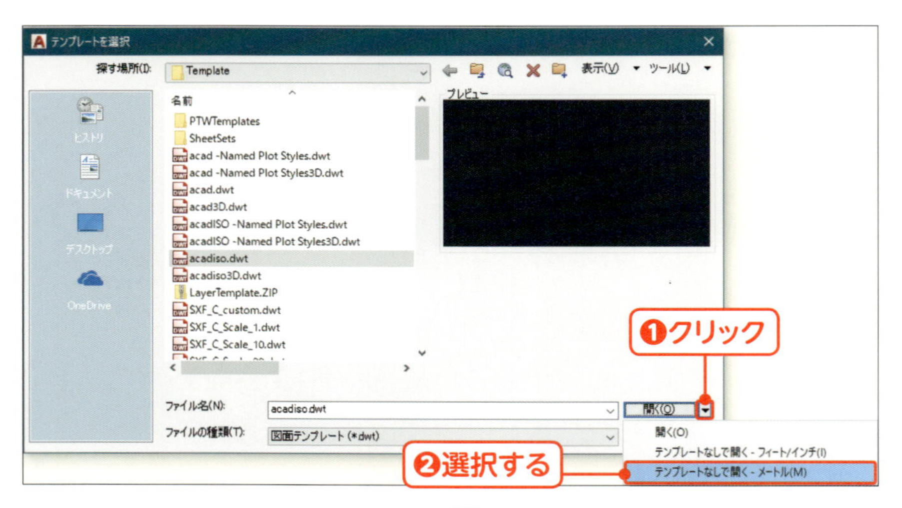

白紙の状態からはじめるときは、［開く］横の▼ボタンをクリックし❶、［テンプレートなしで開く-メートル］を選択します❷。

●上書き保存

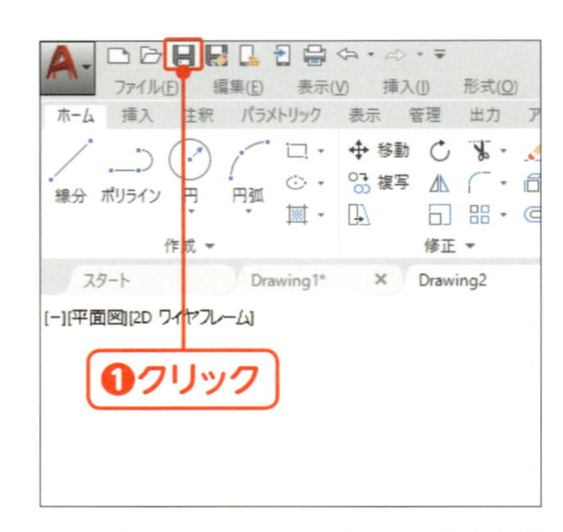

クイックアクセスツールバーの［上書き保存］をクリックします❶。「オプション」ダイアログボックスで設定したファイルバージョンで上書きされ、ファイルの内容が更新されます。

●名前を付けて保存

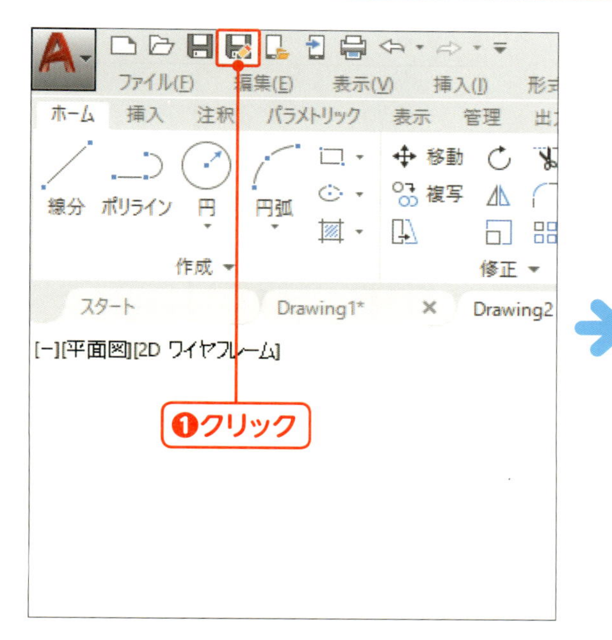

クイックアクセスツールバーの［名前を付けて保存］をクリックします❶。

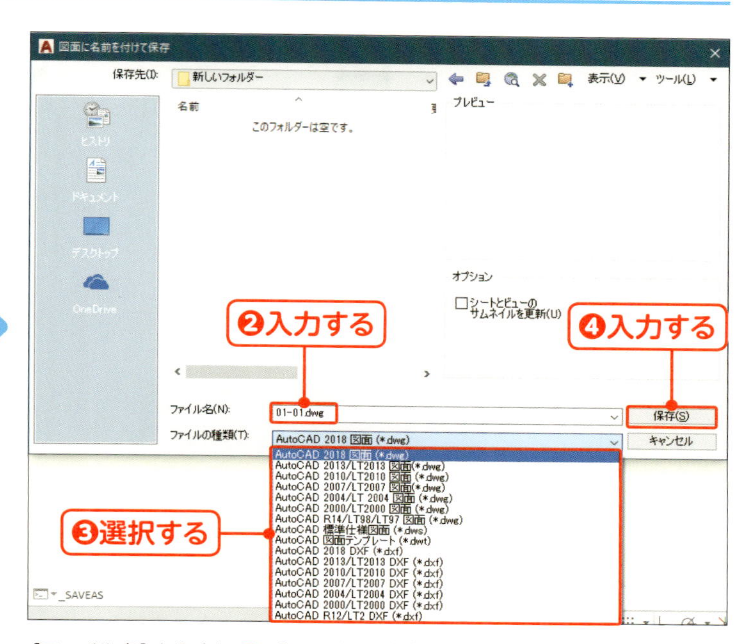

［ファイル名］を入力し❷、［ファイルの種類］からバージョンを選択して❸、［保存］をクリックします❹。作業していたファイルとは別のファイルとして保存されます。

●ファイルを閉じる

ファイルを閉じるには、作図領域右上の［×］（閉じる）をクリックします❶。ファイルタブの［×］（閉じる）をクリックしても、ファイルを閉じることができます。

メニューバーを表示しているときは、画面右上の2段目の［×］ボタンをクリックします❷。

はじめる前に設定しよう

本書では、次の設定を行った状態にしています。あらかじめ設定しておきましょう。

●作図画面の表示設定

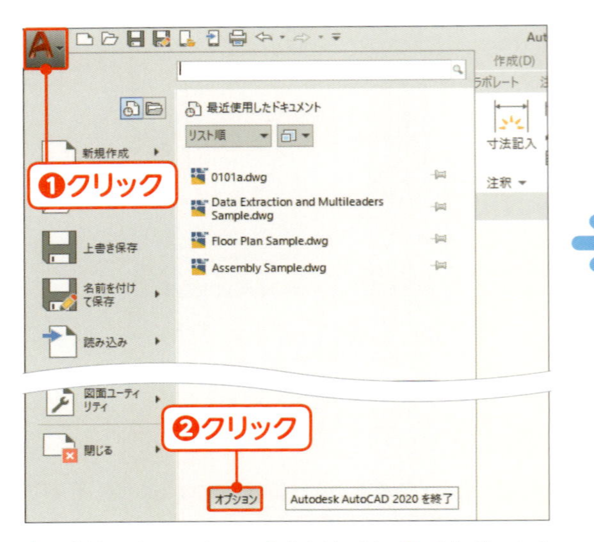

[アプリケーションメニュー] をクリックし❶、[オプション] をクリックします❷。

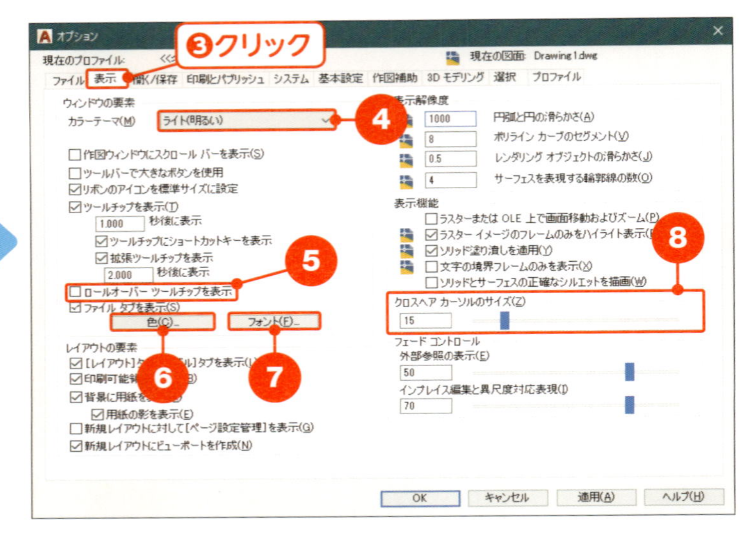

[表示] タブをクリックします❸。各部分の設定を変更します。

❹ 配色パターン

リボンの色調を設定します。本書では「ライト（明るい）」にしています。

❺ ロールオーバーツールチップを表示

カーソルが図形に触れると、その図形の情報を表示する機能です。本書ではオフにしています。

❻ 作図画面の色

本書では操作を見やすくするため、[色] をクリックして、「2D モデル空間」の色を以下のように変更しています。初期設定のままでも、本書の操作に支障はありません。

共通の背景色	254,252,240
作図ツールチップ	22,20,87
作図ツールチップの輪郭線	22,20,87
作図ツールチップの背景	199,199,220

❼ コマンドウィンドウの文字サイズ

コマンドウィンドウの文字サイズが小さい場合は、[フォント] をクリックして、文字の大きさを選択できます。図面に使用する文字は、別の箇所で設定します。初期設定のままでも、本書の操作に支障はありません。

❽ クロスヘアカーソルのサイズ

クロスヘアカーソルのサイズを画面に対するパーセンテージで設定します。本書では 15% にしています。

●3Dツールを非表示にする（AutoCADのみ）

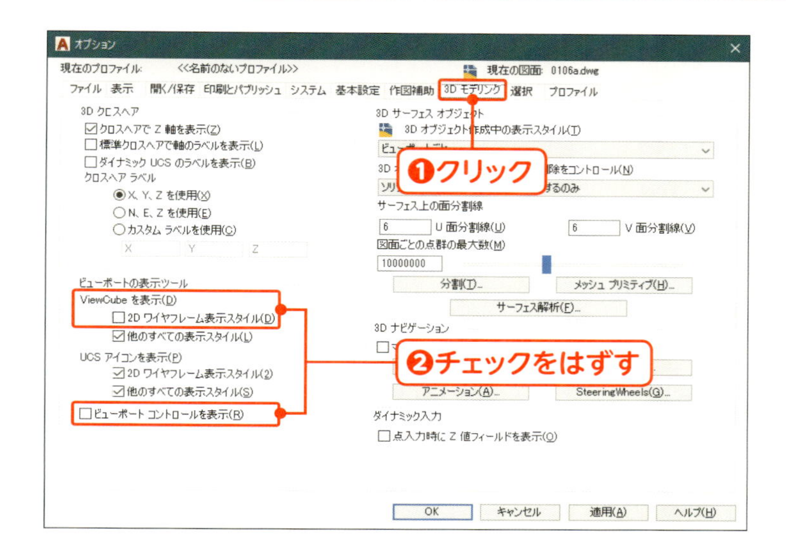

「オプション」ダイアログボックスの［3D モデリング］タブをクリックします❶。「ViewCubeを表示」の「2Dワイヤフレーム表示スタイル」と、「ビューポートコントロールを表示」のチェックをはずします❷。

●画面の解像度

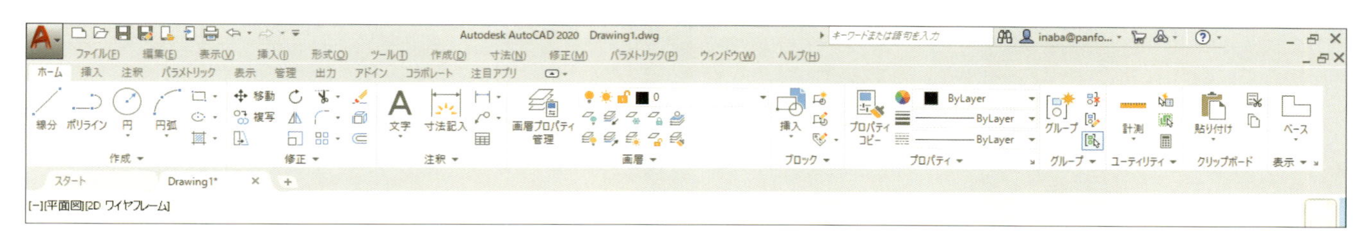

本書は、Windowsの［システム］で、ディスプレイの解像度を1440×900に設定しています。解像度の設定が異なると、リボンの表示内容やボタンの大きさなどが異なる場合があります。

●ワークスペースの表示設定

ステータスバーの［ワークスペース］をクリックし❶、［製図と注釈］をクリックします❷。また、コマンドウィンドウの×をクリックして❸、閉じてしまった場合は、キーボードのCtrlキーと9キーを同時に押すと表示できます。

●ステータスバーのボタンの表示設定

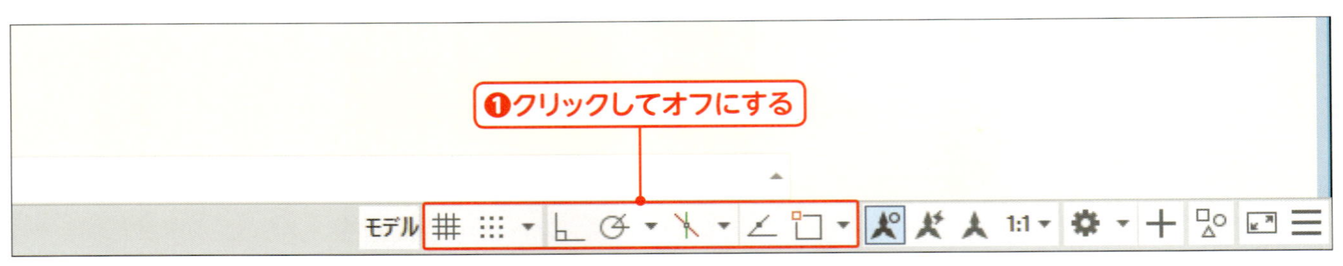

ステータスバーのの図の範囲のボタンをクリックし、オフにします❶。アイコンの色がグレーの状態がオフです。

［カスタマイズ］をクリックすると❷、ステータスバーに表示するボタンを選択できます。本書では、左図の項目にチェックマークを付けています。

Chapter 1

コマンドの基本操作を覚えよう

画面の拡大／縮小や表示範囲の移動、作図ツールの使い方、図形の削除など、基本的なコマンドの使い方を練習しましょう。

コマンドの基本操作を覚えよう

この章のポイント

POINT 1 必要な範囲を自在に表示しよう

ズームや表示範囲の移動など、図面の表示範囲を変更します。

➡ P.26

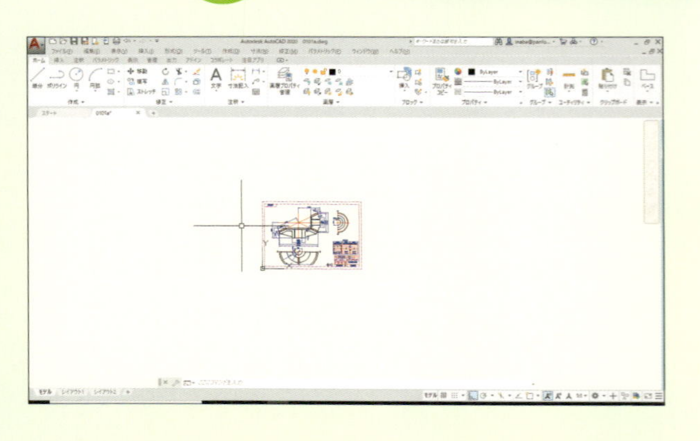

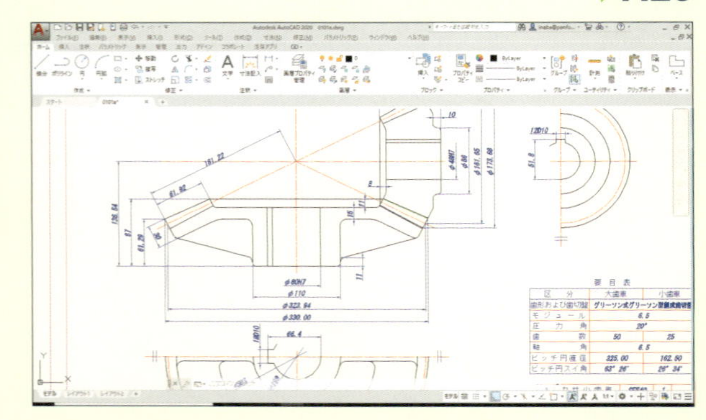

POINT 2 直線を描こう

直線コマンドを実行して、直線を描きます。

➡ P.30

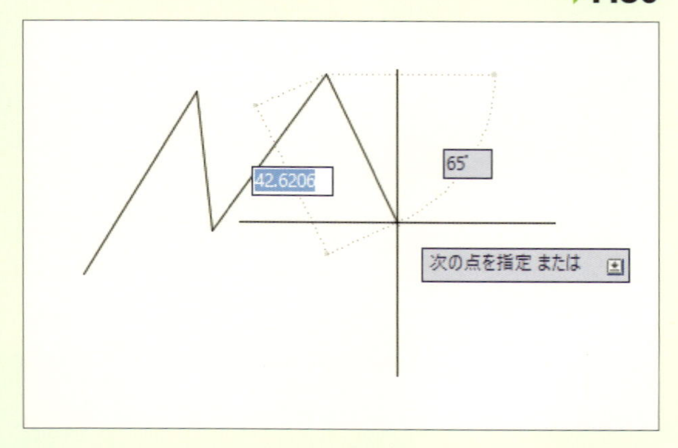

POINT 3 三角形を描こう

コマンドのオプションを利用し、直線を組み合わせて三角形を描きます。

➡ P.34

POINT 4 長さを指定して長方形を描こう

水平な直線と垂直な直線を組み合わせて長方形を描きます。

➡ P.36

POINT 5 斜めの線を使ってひし形を描こう

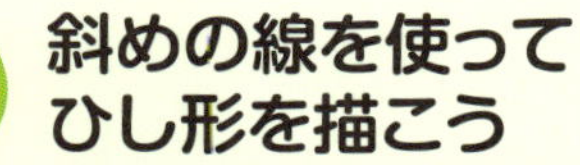

横と縦の長さを指定してひし形を描きます。

➡ P.38

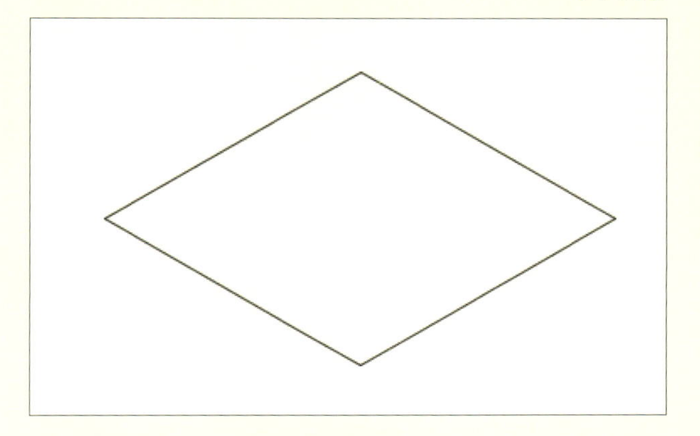

POINT 6 角度を指定して正三角形を描こう

角度を指定した直線を組み合わせて正三角形を描きます。

➡ P.40

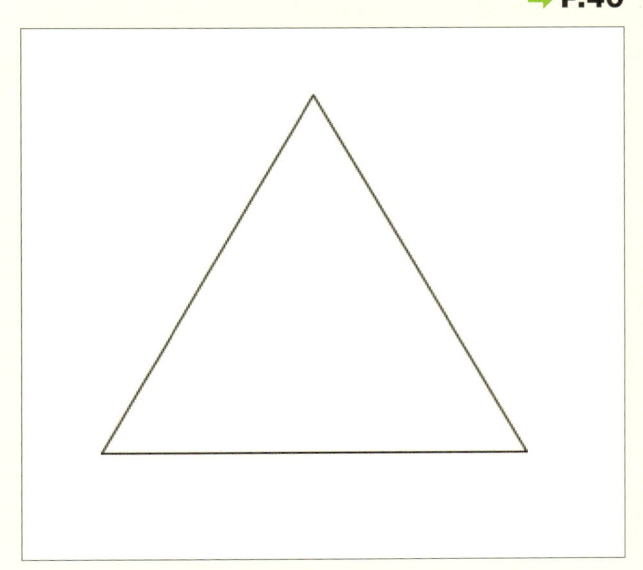

POINT 7 選んだ図形だけを削除しよう

描いた図形を選択し、図形を削除します。

➡ P.42

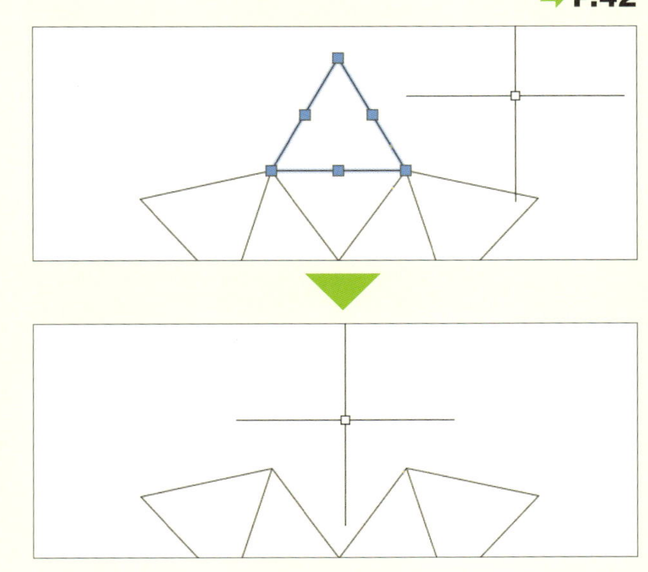

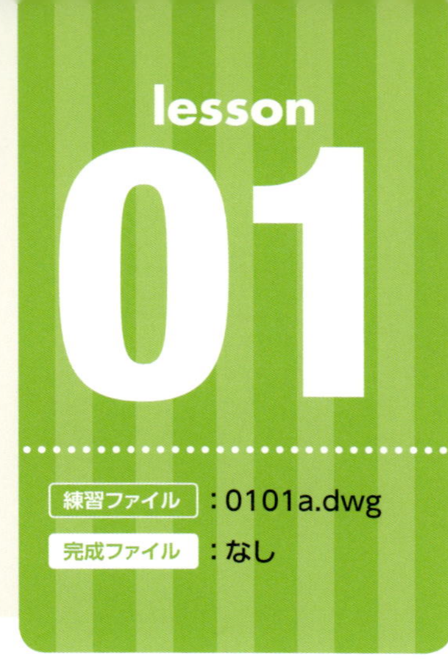

練習ファイル ：0101a.dwg
完成ファイル ：なし

必要な範囲を自在に表示しよう

スムーズに作図するために、作図する範囲を十分な大きさに拡大したり、必要に応じて広い範囲を表示できることが大切です。

◎ マウスのホイールボタンを使う

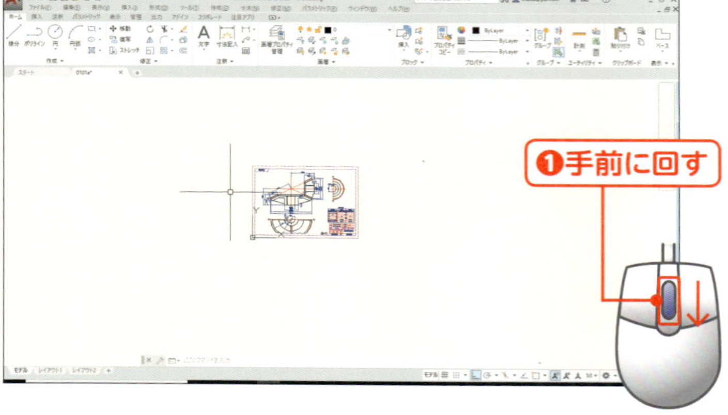
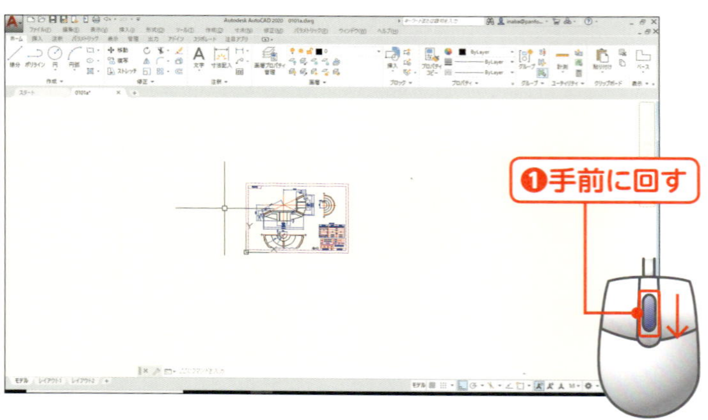

01 画面表示を縮小する

ホイールボタンを手前に回すと、表示が縮小します❶。

MEMO

練習ファイルを開くには、メニューバーの［ファイル］をクリックして、［開く］をクリックします。「ファイルを選択」ダイアログボックスで開きたいファイルを選択して、［開く］をクリックすると、ファイルが開きます。

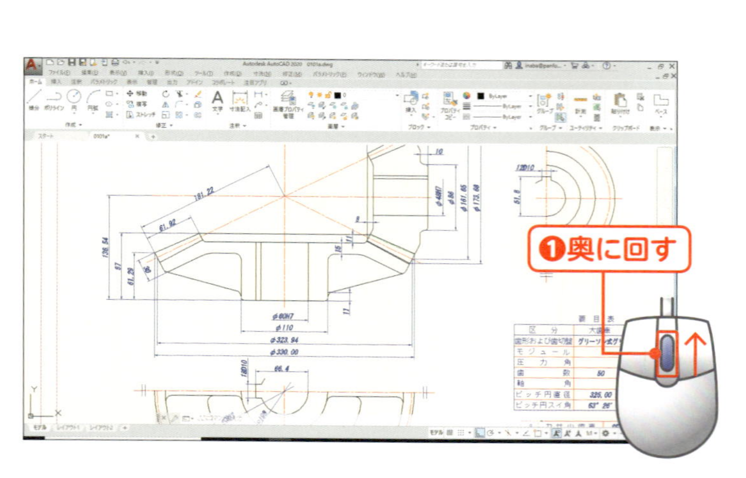

02 画面表示を拡大する

ホイールボタンを奥へ回すと、表示が拡大します❶。

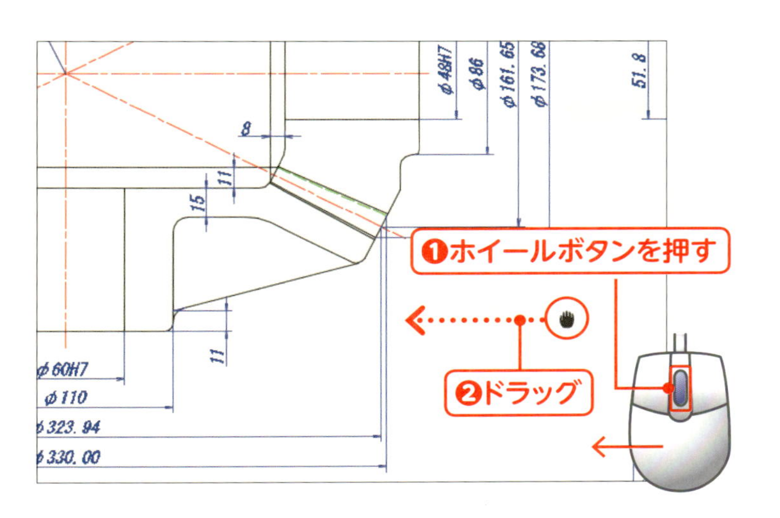

03 表示範囲を移動する

ホイールボタンを押すと❶、カーソルが手のひらの形に変わります。ボタンを押したままでマウスを動かす（ドラッグする）と❷、画面を移動できます。

✓ Check! 円が多角形で表示されるとき

小さく表示していた円を大きくズームすると、多角形のように表示されることがあります。コンピューターの負担を少なくするために、AutoCADでは円に見える程度の多角形で表示しており、それがそのまま拡大表示されたためです。
［再作図］コマンドを実行すると画面がリフレッシュされ、滑らかな表示になります。ボタンはないので、［表示］メニューの［再作図］を選択するか、キーボードから「RE」と入力して Enter キーを押します（メニューの表示方法は16ページを参照）。

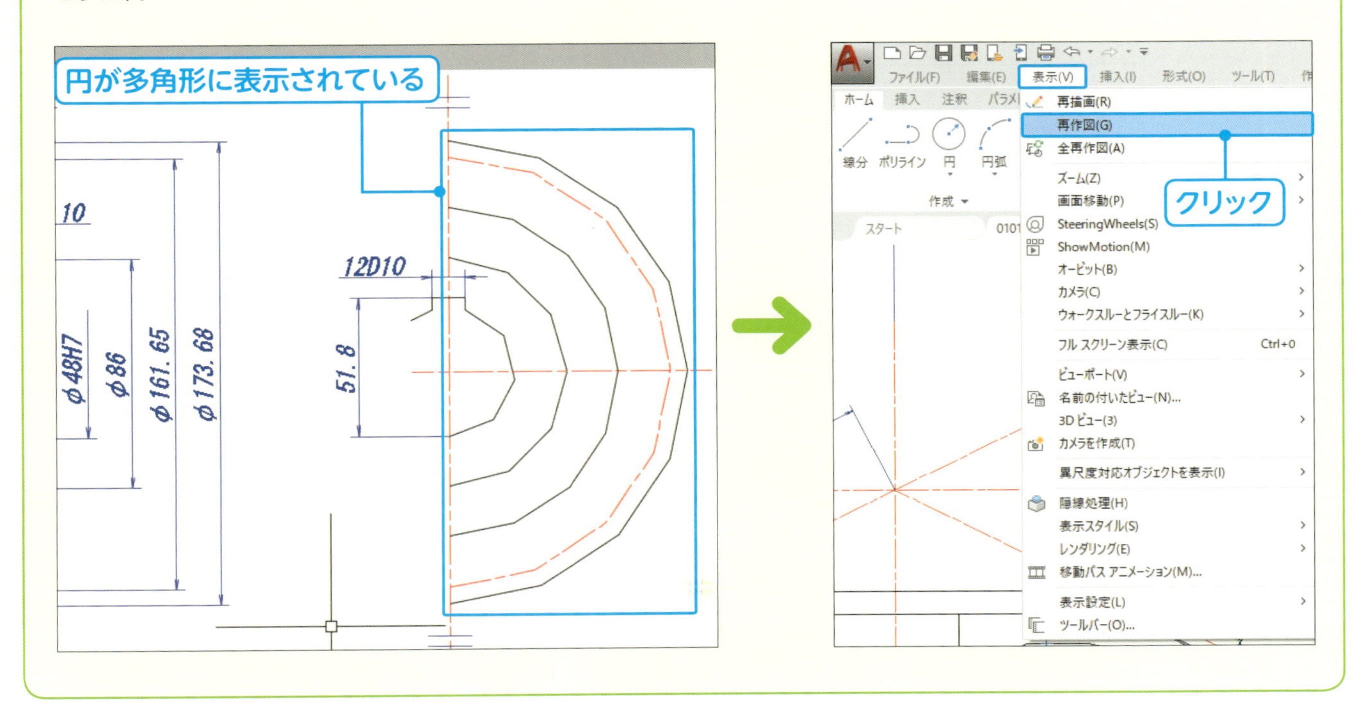

◎ ZOOMコマンドを使う

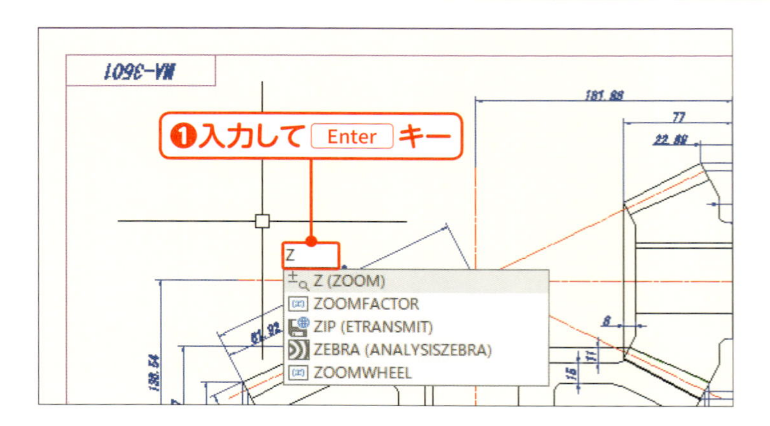

01 ZOOMコマンドを実行する

「Z」と入力して、Enter キーを押します❶。

MEMO

コマンドは大文字、小文字のどちらでも構いませんが、半角で入力する必要があります。

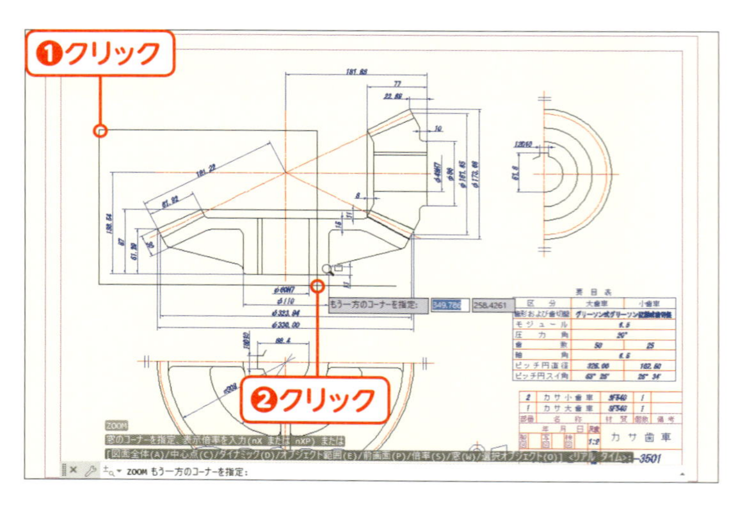

02 拡大表示する範囲を囲む

図の2か所をクリックし❶❷、拡大表示する範囲を指定します。

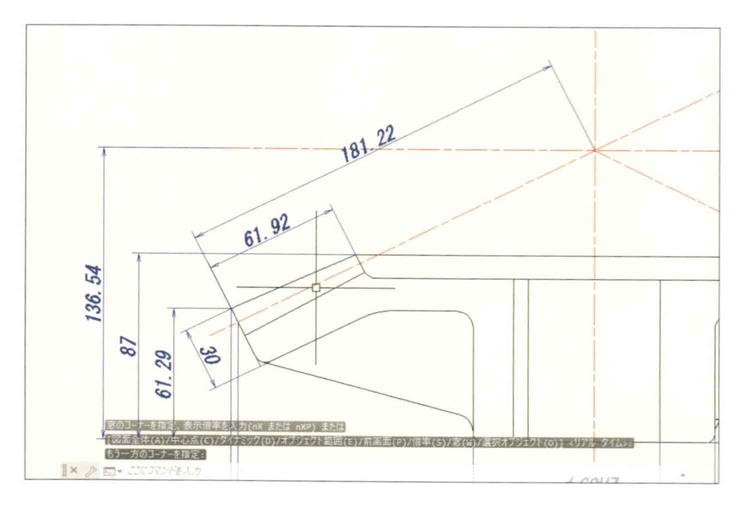

03 拡大表示される

囲んだ範囲が、画面全体に拡大表示されます。

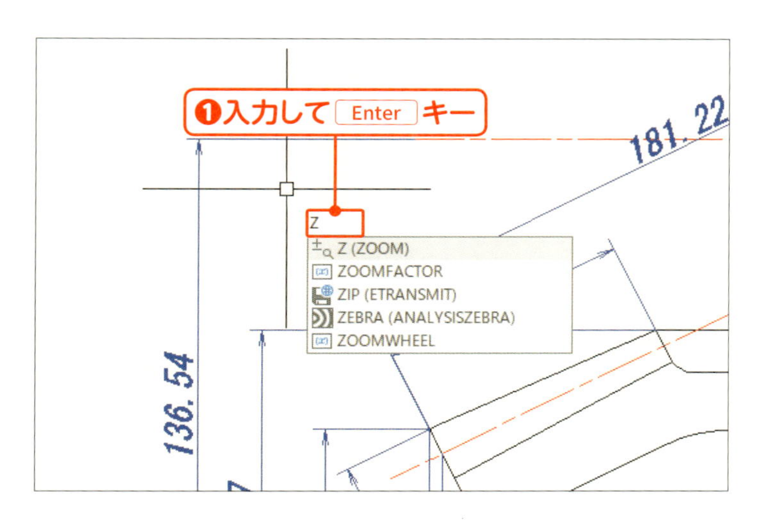

04 ZOOMコマンドを実行する

もう一度「Z」と入力して Enter キーを押します❶。

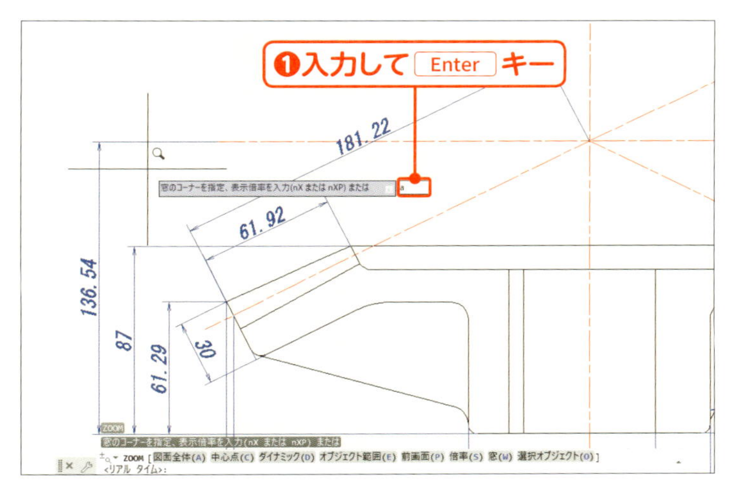

05 図面全体を指定する

「A」と入力して Enter キーを押します❶。

MEMO

この操作で、コマンドの[図面全体]オプションを指定しています。オプションについては、「03 三角形を描こう」(34ページ)で解説します。また、マウスのホイールボタンをダブルクリックしても、[図面全体]になります。

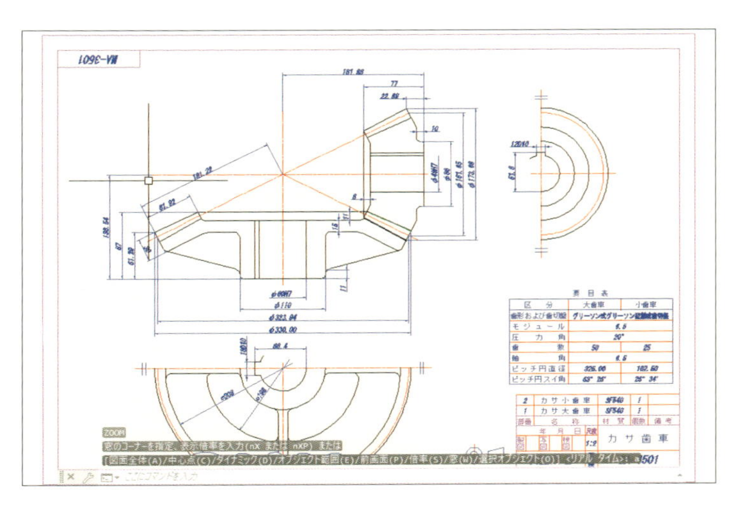

06 図面全体が表示される

図面全体が画面いっぱいに表示されます。

練習ファイル：0102a.dwg
完成ファイル：なし

直線を描こう

コマンドの基本的な使い方を練習します。
まずは基本図形の1つ、直線（線分）を描きましょう。

◎ ツールボタンを使う

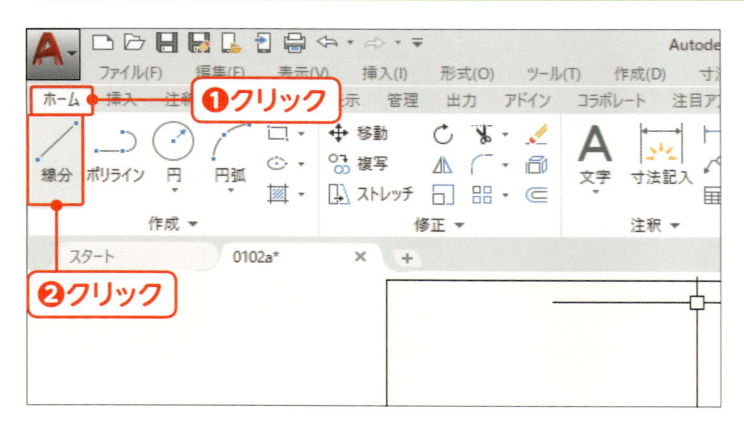

線分コマンドを実行する

[ホーム] リボンタブをクリックし❶、[線分] をクリックします❷。

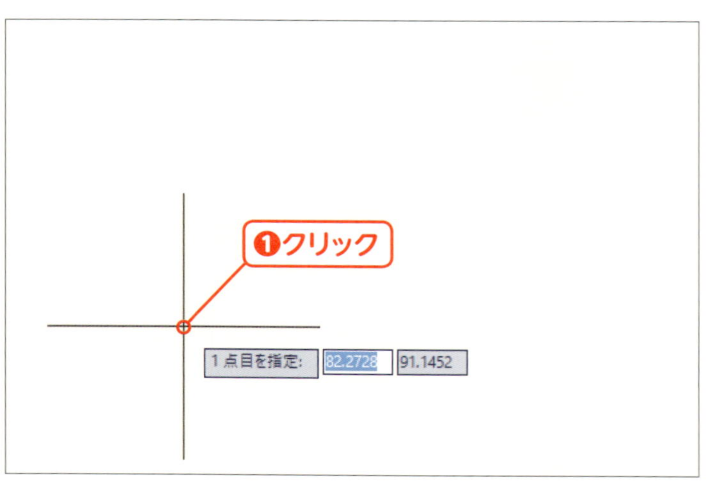

線分の始点を決める

画面上の適当な位置でクリックします❶。クリックした点が、線分の1点目になります。

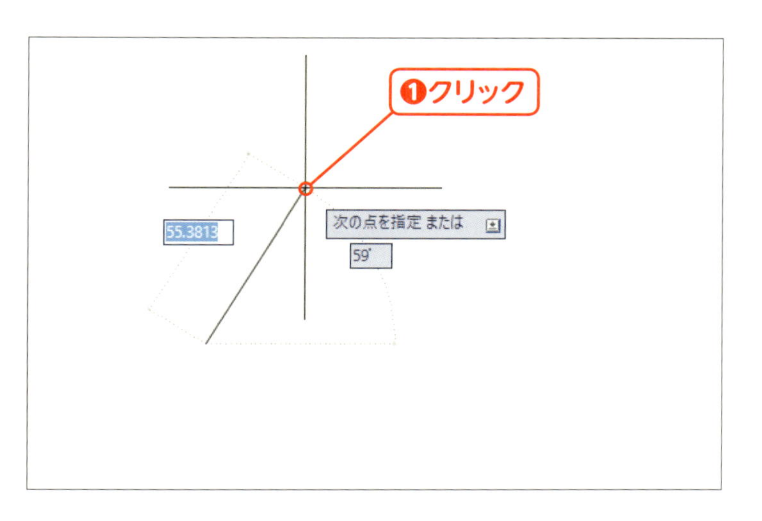

03 線分の終点を決める

画面上の適当な位置でクリックします❶。クリックした点が、線分の終点になります。

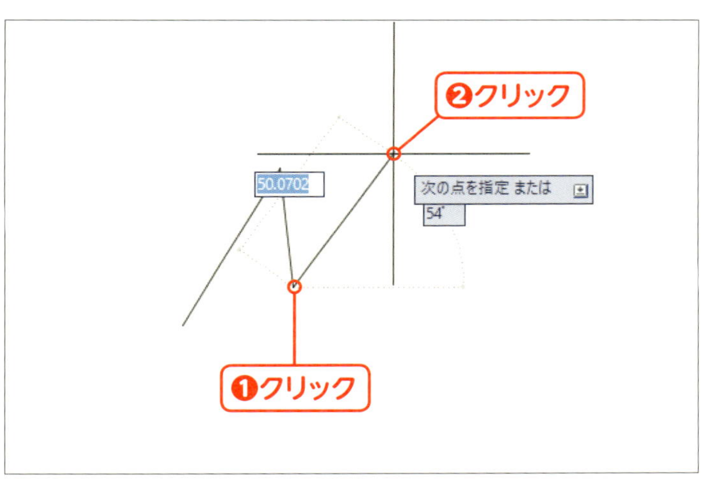

04 線分を連続して描く

続けて、画面上の別の位置をクリックします❶。さらに、もう1点別の位置をクリックします❷。点をクリックするたびに、新しい線分が描かれます。

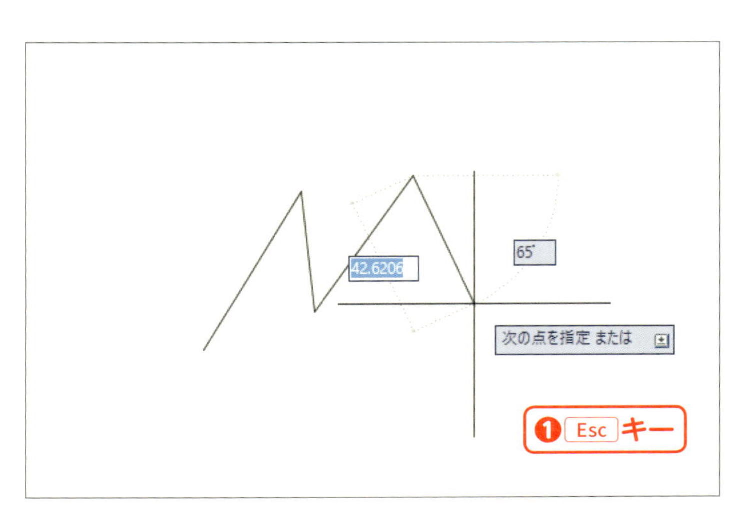

05 コマンドを終了する

Esc キーを押し❶、コマンドを終了します。

MEMO

コマンドを終了するには、Esc キーを押します。また、Enter キーでも終了できます。

◎ コマンドを使う

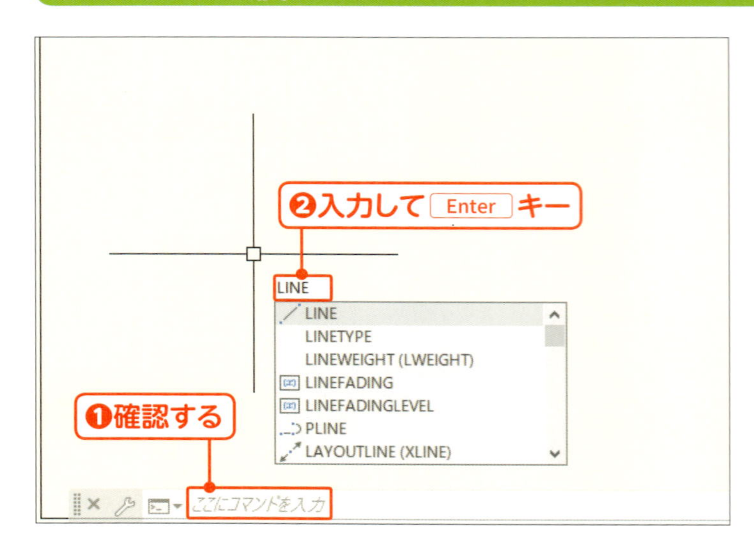

コマンド名を入力して線分コマンドを実行する

コマンドラインの表示が「ここにコマンドを入力」になっていることを確認します❶。「LINE」と入力し、 Enter キーを押します❷。

MEMO

「ここにコマンドを入力」と表示されていないときは、 Esc キーを押します。
コマンドは、半角で入力します。大文字、小文字の区別はありません。

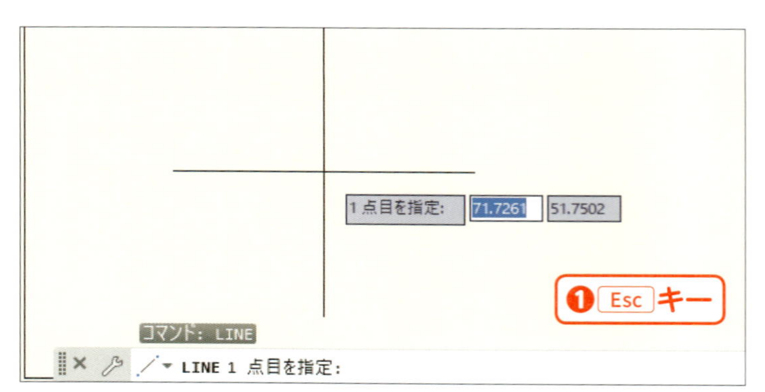

コマンドを取り消す

Esc キーを押して❶、コマンドを終了します。

◎ 短縮コマンドを使う

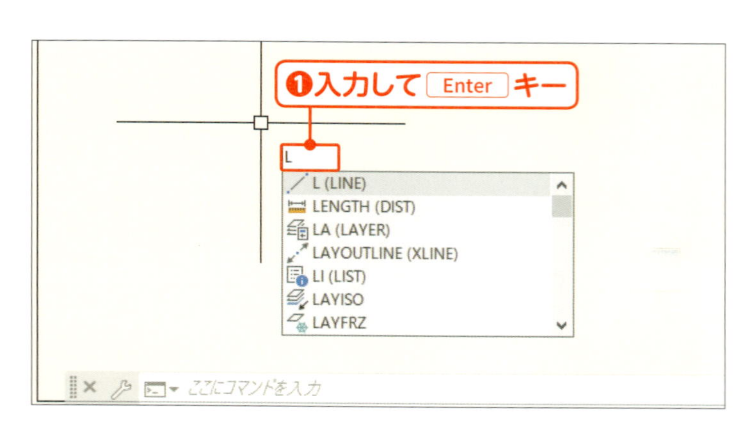

短縮コマンドを入力して線分コマンドを実行する

「L」と入力し、 Enter キーを押します❶。

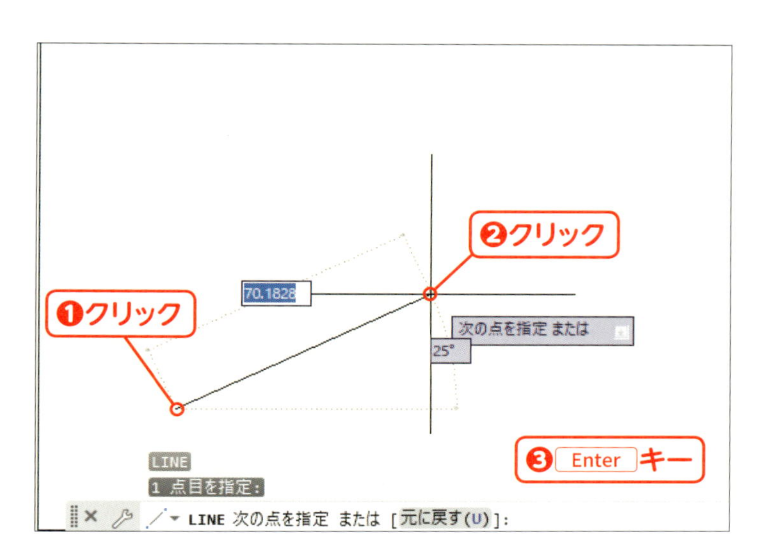

02 線分を描く

画面上の適当な位置をクリックし❶、もう1点をクリックして❷、線分を描きます。Enter キーを押して❸、コマンドを終了します。

MEMO

実務では Enter キーで終了する方が効率的です。Enter キーは入力の終了を意味します。操作をキャンセル(中断)する場合は Esc キーを使うので、混同しないようにしましょう。

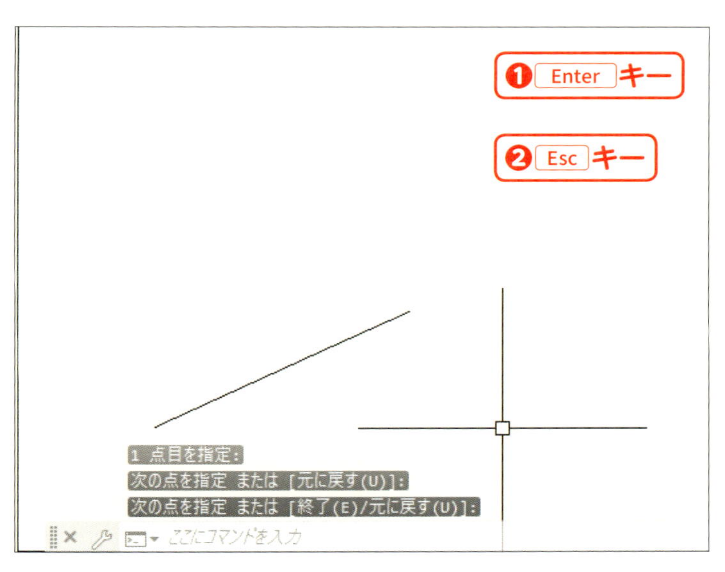

03 線分コマンドをもう一度実行する

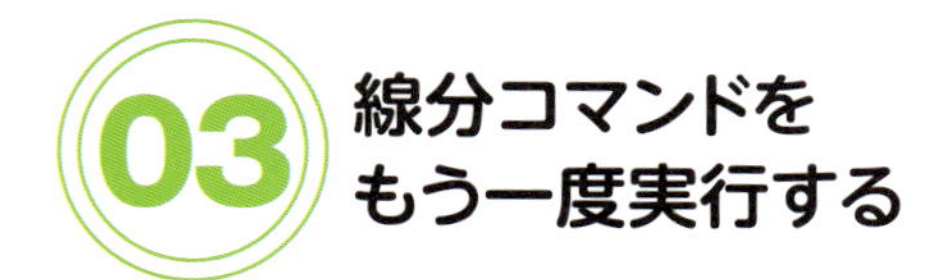

そのままもう一度 Enter キーを押します❶。線分コマンドが再度実行されます。Esc キーを押して❷、コマンドを終了します。

MEMO

コマンドラインの表示が「ここにコマンドを入力」のときに、なにも入力せずに Enter キーだけを押すと、直前に実行したコマンドが再度呼び出されます。ただし、「元に戻す」もコマンドなので、元に戻した直後に Enter キーを押すと、さらに元に戻ってしまいます。

Check! ダイナミック入力

ダイナミック入力とは、カーソルの近くに「次の点を指定」などのメッセージや入力ボックスを表示させる機能です。下の図形が隠されてしまって使いづらい場合は、F12 キーを押すとダイナミック入力のオン／オフの切り替えができます。

● ダイナミック入力「オン」

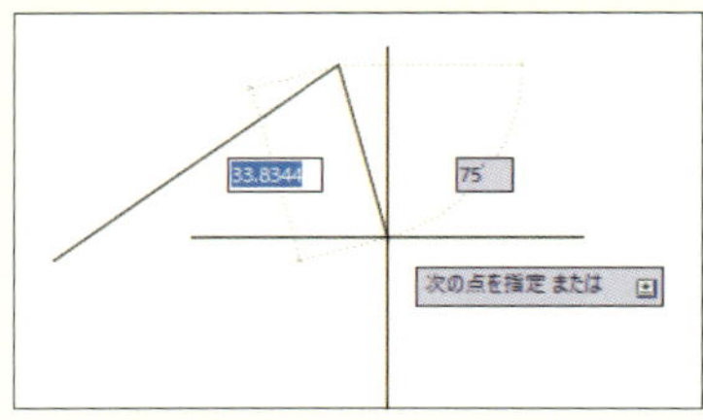

● ダイナミック入力「オフ」

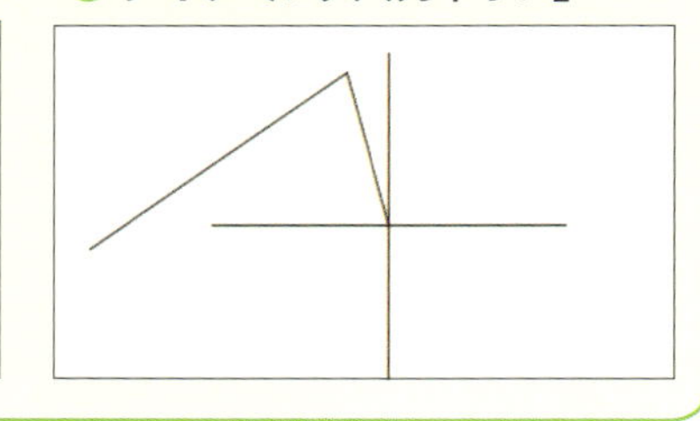

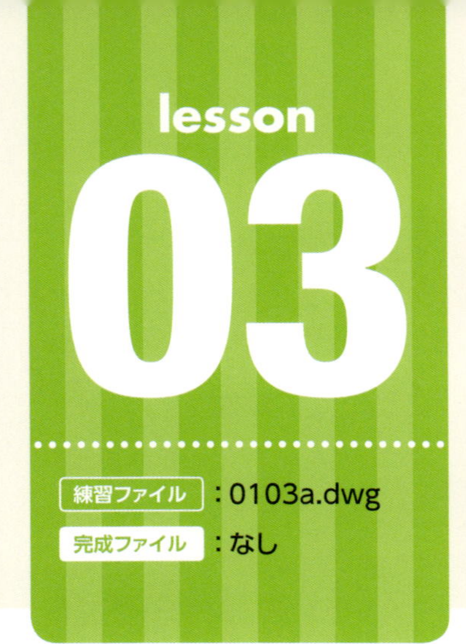

三角形を描こう

ここでは、コマンドのオプションの使い方を練習します。
基本図形の線分を組み合わせて、三角形を描きましょう。

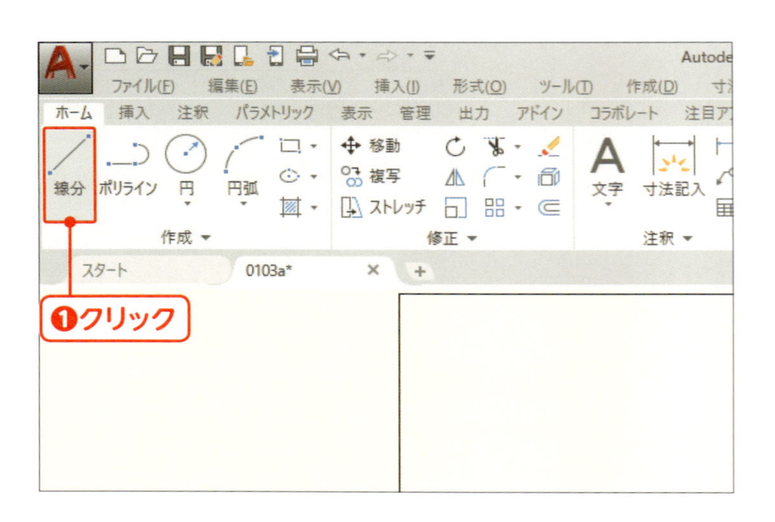

01 線分コマンドを実行する

[ホーム] リボンタブの [線分] をクリックします ❶。

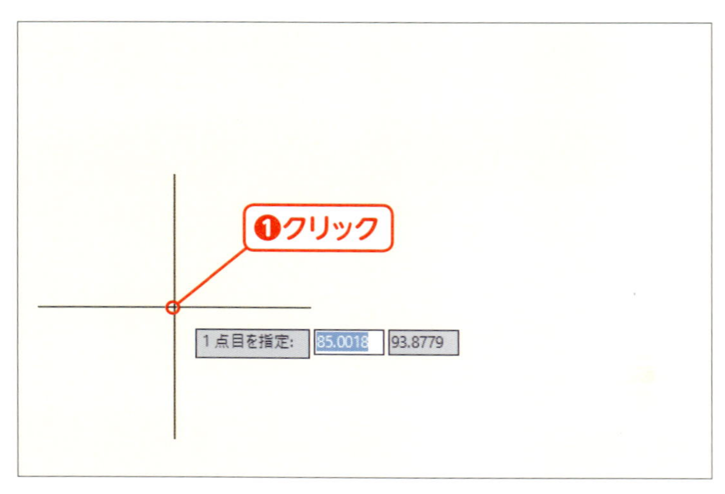

02 1つ目の頂点を決める

画面上の適当な位置でクリックします ❶。クリックした点が、三角形の1つ目の頂点になります。

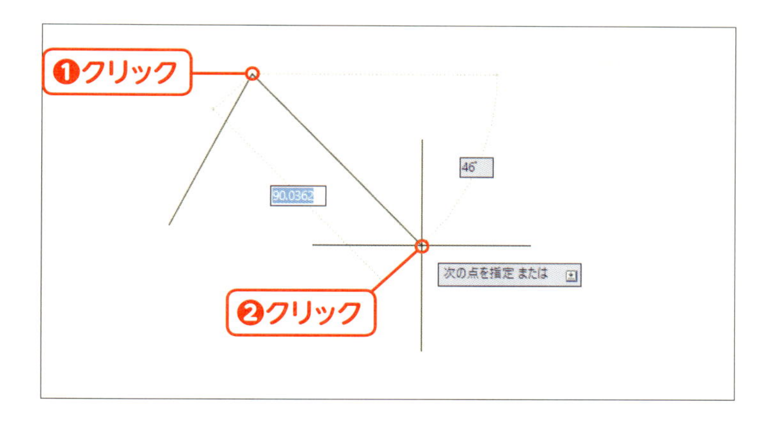

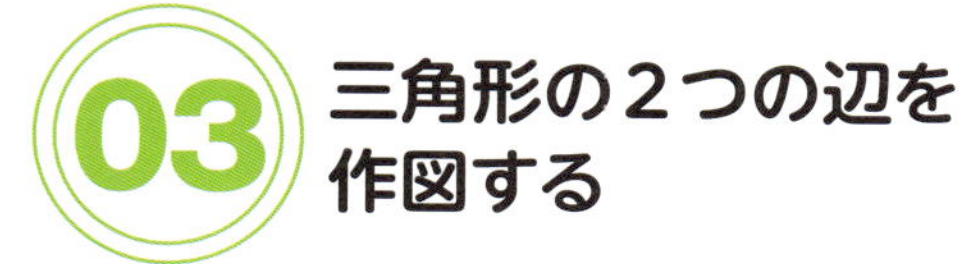

03 三角形の２つの辺を作図する

画面上の適当な位置を２ヶ所クリックします❶❷。三角形の２つの辺が作図されます。

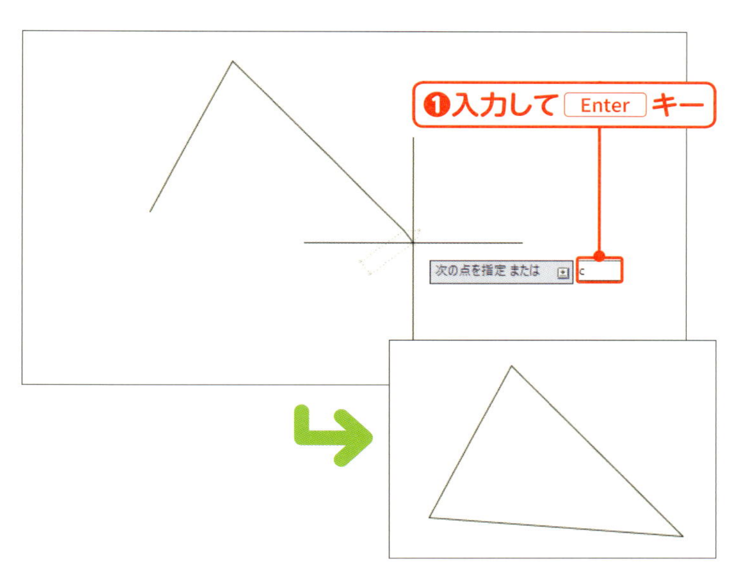

04 三角形が完成する

「C」と入力して Enter キーを押すと❶、［閉じる］オプションが実行されます。始めの点まで線分が引かれて、三角形が完成します。

✓ Check! オプションの実行方法

コマンド実行後にコマンドラインに表示される「または」以降のメッセージをコマンドのオプションといいます。ここでは、［閉じる］オプションを使いました。オプションを使うには、括弧内の英数字を入力して、Enter キーを押します。ダイナミック入力をオンにしているときは、↓キーを押して［閉じる］に●を移動し Enter キーを押すか、［閉じる］をクリックしても選択できます。

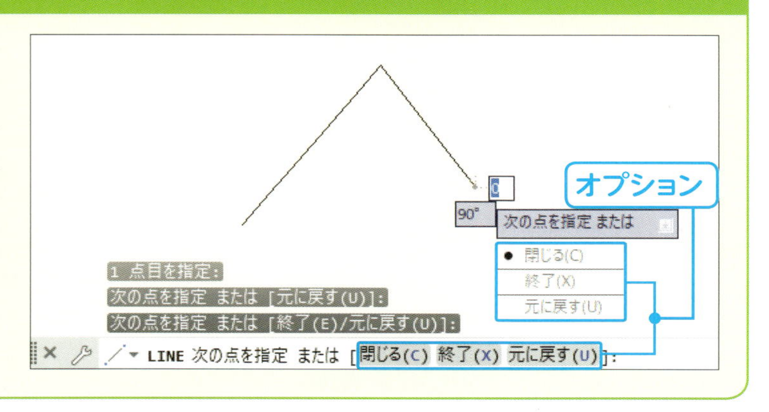

lesson 04

直線の長さを指定して長方形を描こう

練習ファイル ：0104a.dwg
完成ファイル ：0104b.dwg

ここでは、4つの線分を組み合わせて長方形を描きます。
水平な線、垂直な線、長さを指定した線の描き方を練習します。

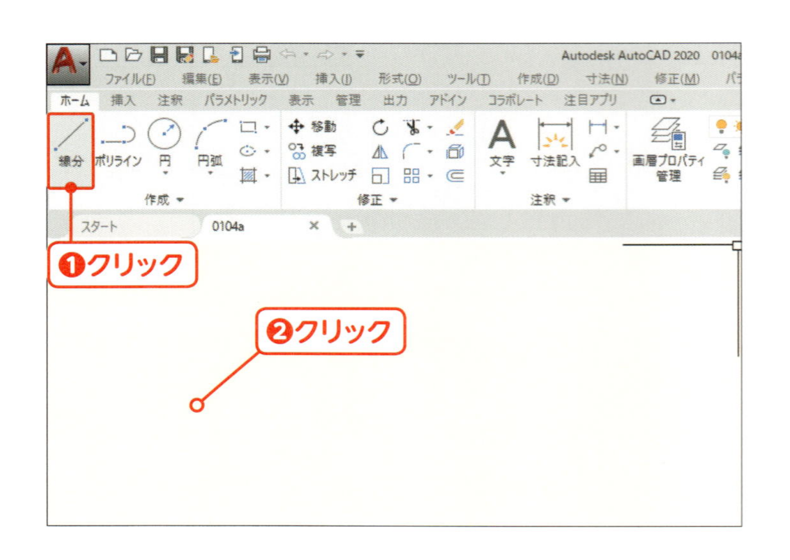

01 線分コマンドを実行する

[ホーム] リボンタブの [線分] をクリックし❶、画面上の適当な位置でクリックします❷。

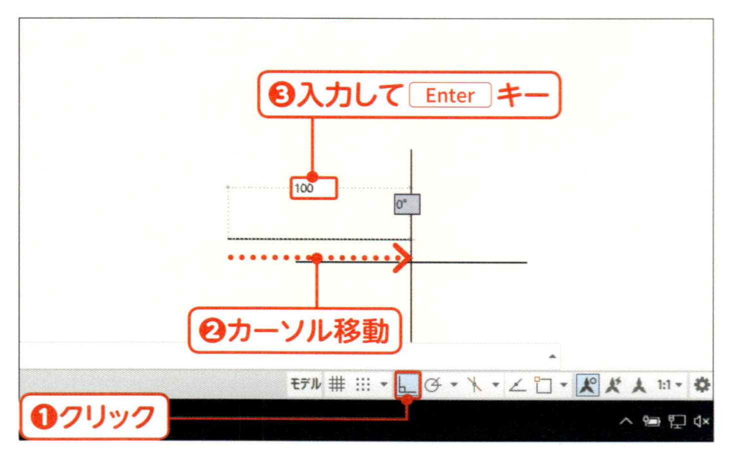

02 長さ「100」の水平な線を作図する

ステータスバーの [直交モード] をクリックしてオンにします❶。カーソルの動きが水平、垂直に固定されます。右方向へカーソルを移動し❷、「100」と入力して Enter キーを押します❸。クリックした点から右方向へ、長さ100の水平な線分が描かれます。

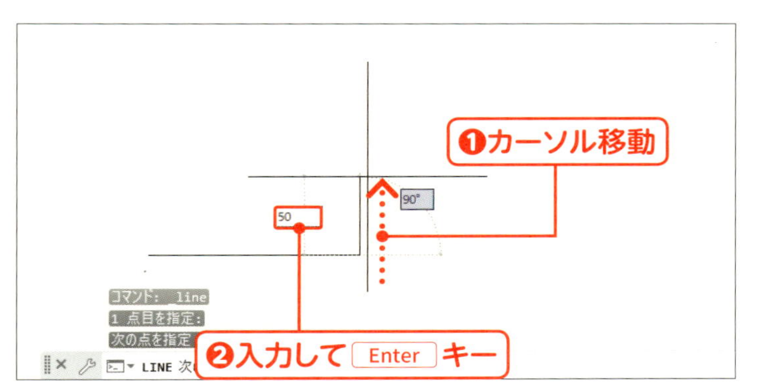

垂直な線を作図する

カーソルを真上に移動し❶、「50」と入力して Enter キーを押します❷。線分の端点から上方向へ、長さ50の垂直な線分が描かれます。

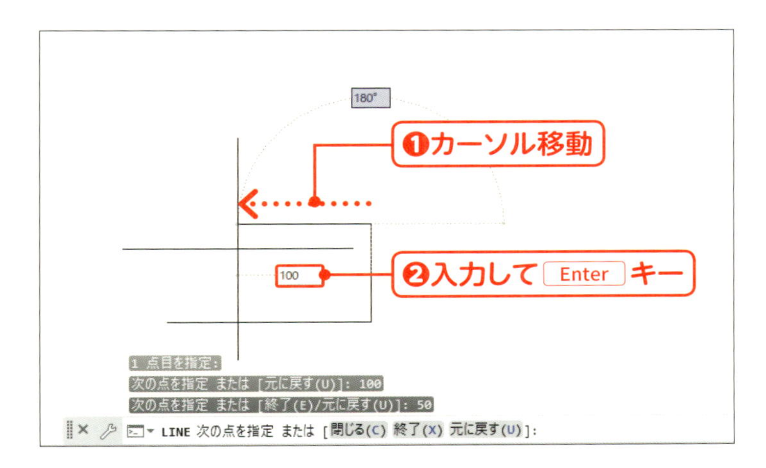

水平な線を作図する

カーソルを左へ移動し❶、「100」と入力して Enter キーを押します❷。

MEMO

カーソルは少し大きく動かして、方向をはっきり指示するとミスが減ります。縦横の方向が定まらないときは、始点付近にカーソルを戻すとうまくいきます。

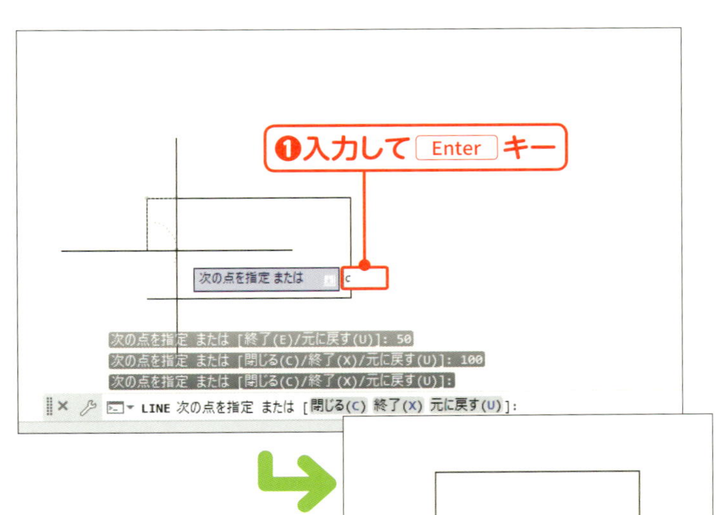

長方形が完成する

「C」と入力して Enter キーを押すと❶、[閉じる]オプションが実行されます。始めの点まで線分が引かれて、長方形が完成します。

練習ファイル ：0105a.dwg
完成ファイル ：0105b.dwg

斜めの線を使って ひし形を描こう

横と縦の距離を指定して、ひし形の斜辺を描きます。
ある点からの距離（x,y）を指定する方法を「相対座標入力」といいます。

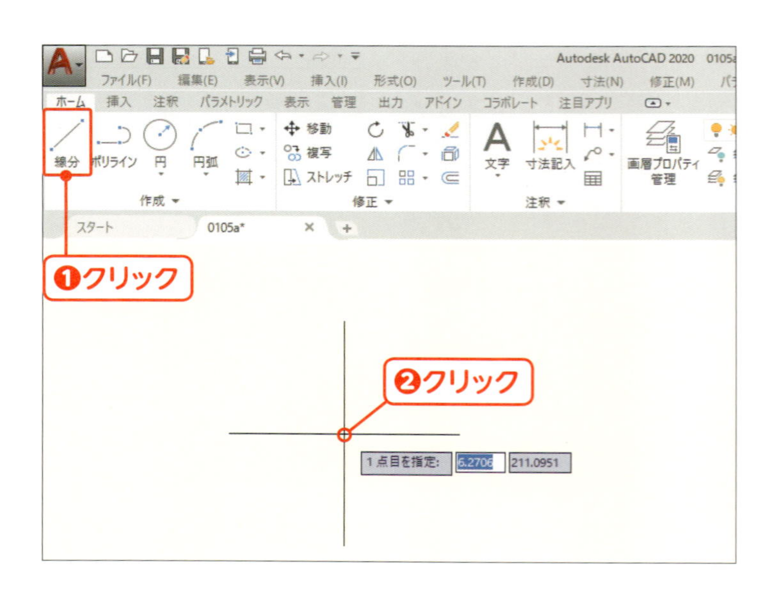

01 線分コマンドを実行する

［ホーム］リボンタブの［線分］をクリックします❶。画面上の適当な位置でクリックし❷、ひし形の1番下の頂点を決めます。

MEMO

直交モードがオンになっているときは、F8キーを押してオフにします。F8キーで直交モードのオン／オフを切り替えられます。

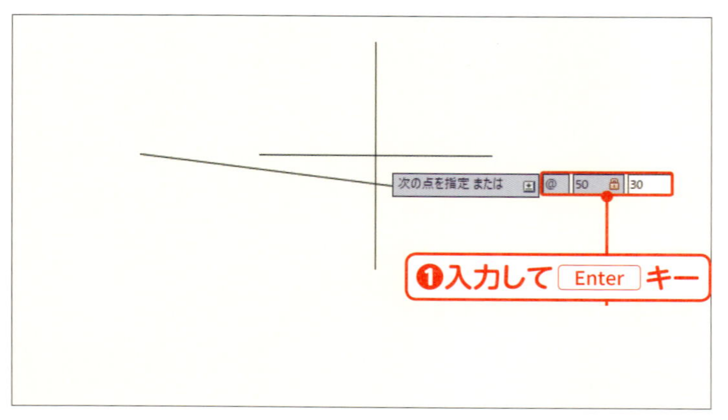

02 右斜め上へ線分を引く

「@50,30」と入力して Enter キーを押します❶。

MEMO

「@50,30」は、1つ前の点を基準にしてx（横）=50、y（縦）=30の位置という意味です。数値の区切りは半角のカンマです。

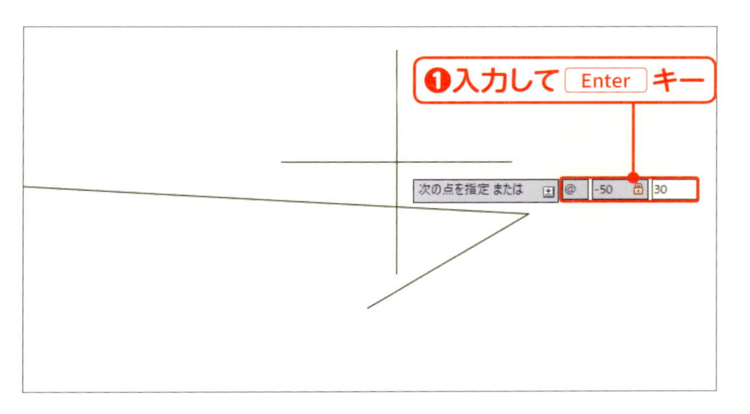

03 左斜め上へ線分を引く

「@-50,30」と入力して Enter キーを押します❶。

MEMO

左方向の距離は、xの値をマイナスにします。

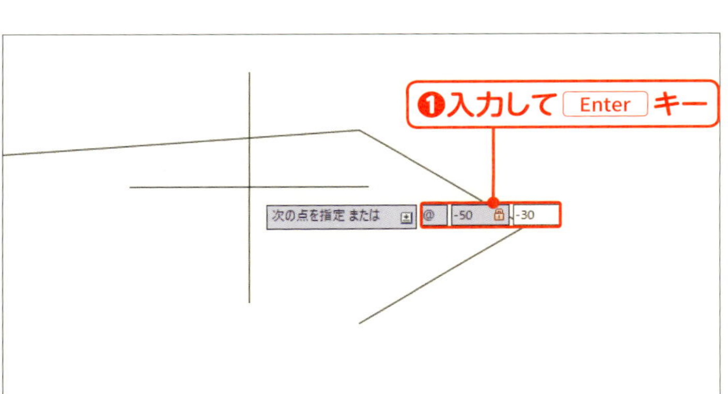

04 左斜め下へ線分を引く

「@-50,-30」と入力して Enter キーを押します❶。

MEMO

下方向の距離は、yの値をマイナスにします。

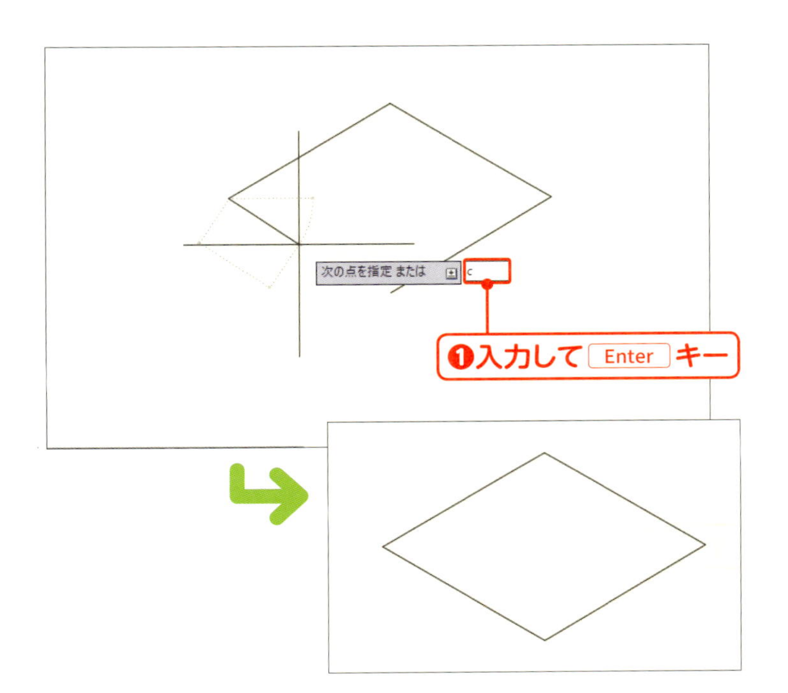

05 ひし形が完成する

「C」と入力して Enter キーを押すと❶、［閉じる］オプションが実行されます。始めの点まで線分が引かれて、ひし形が完成します。

角度を指定して正三角形を描こう

正三角形の3つの角の大きさはすべて60度です。
角度を60度に設定して線分を描き、正三角形を作りましょう。

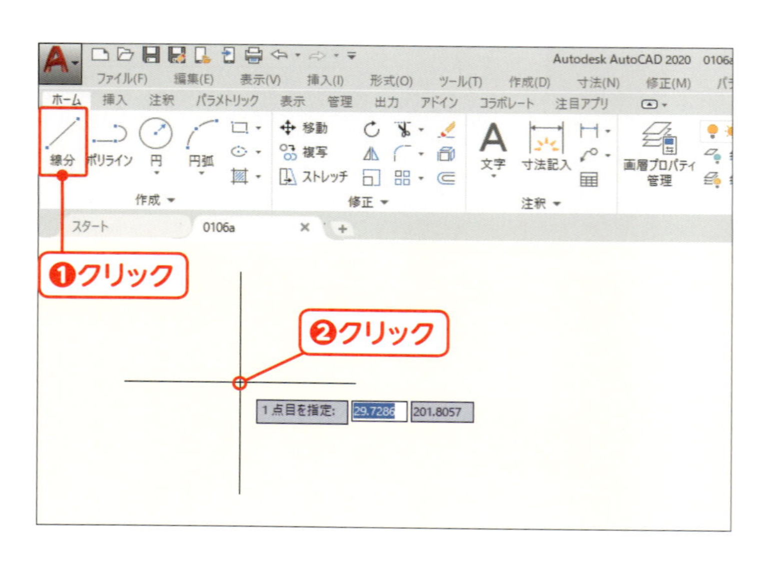

線分コマンドを実行する

[ホーム] リボンタブの [線分] をクリックします❶。画面上の適当な位置でクリックし❷、正三角形の左下頂点を決めます。

MEMO

直交モードがオンになっているときは、F8 キーを押してオフにします。

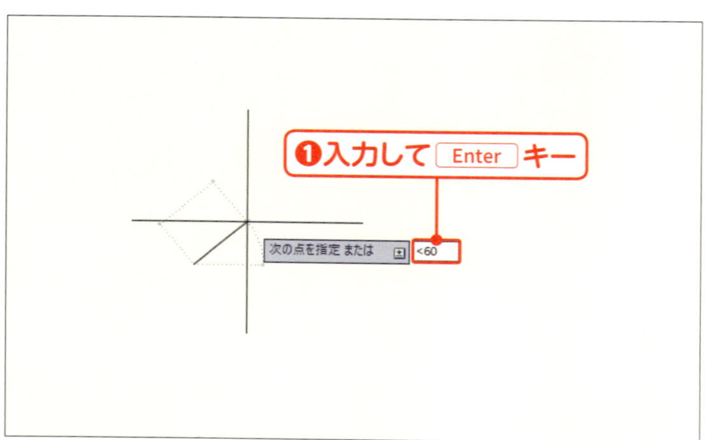

角度を60度に固定する

「<60」と入力して Enter キーを押します❶。カーソルの動きが60度方向に固定されます。

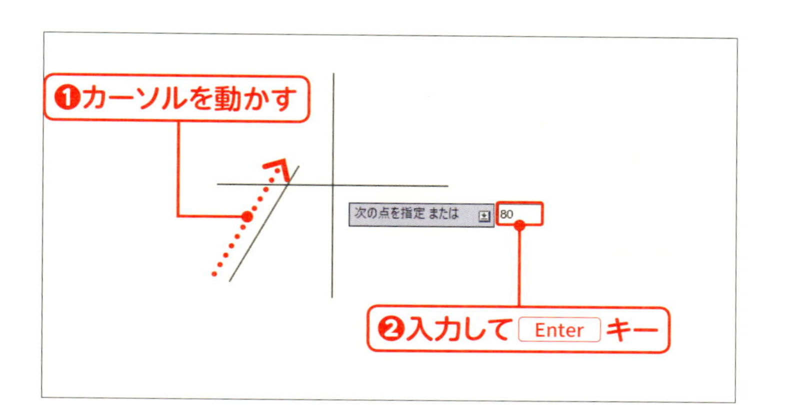

03 線分の長さを指定する

カーソルを右上に移動し❶、線分の向きを決め、「80」と入力して Enter キーを押します❷。60度方向に長さ80の線分が描かれます。

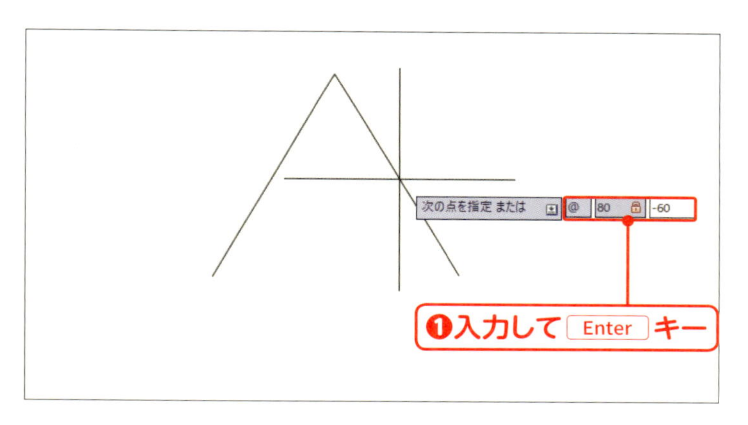

04 長さと角度を指定する

「@80<-60」と入力して Enter キーを押します❶。

MEMO

「@80」は直前の点から80の距離を表し、「<-60」は角度を示します。2つを続けることで、距離と角度を同時に指定できます。

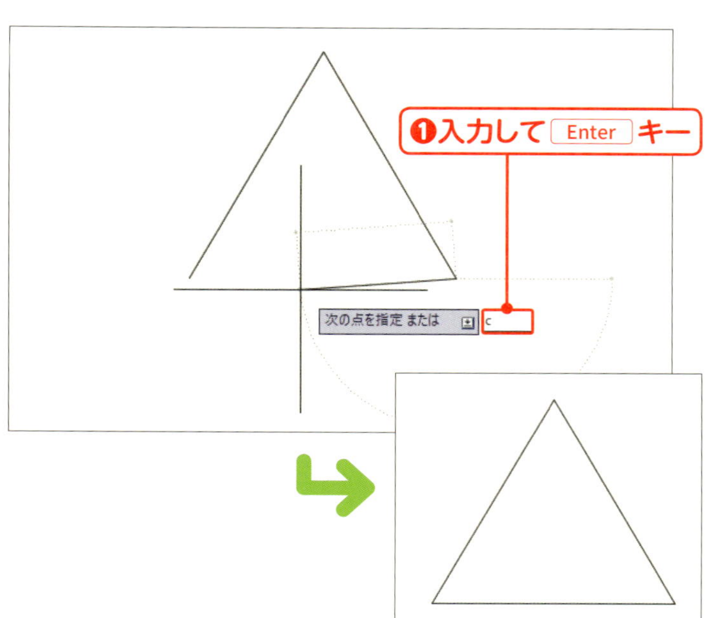

05 正三角形が完成する

「C」と入力して Enter キーを押すと❶、[閉じる]オプションが実行されます。始めの点まで線分が引かれ、正三角形が完成します。

MEMO

角度はX軸方向（右方向）が0度で、反時計回りに測ります。時計回りで指定するときは、マイナスの値にします。また、60度30分15秒のように、度分秒まで指定するには「60d30'15"」と入力します。

lesson 07

選んだ図形だけを削除しよう

練習ファイル ：0107a.dwg
完成ファイル ：なし

図面を効率的に修正できるように、色々な選択方法を練習しましょう。特定の図形だけを選んだり、複数の図形を囲んで選択したりできます。

◎ クリックして選択する

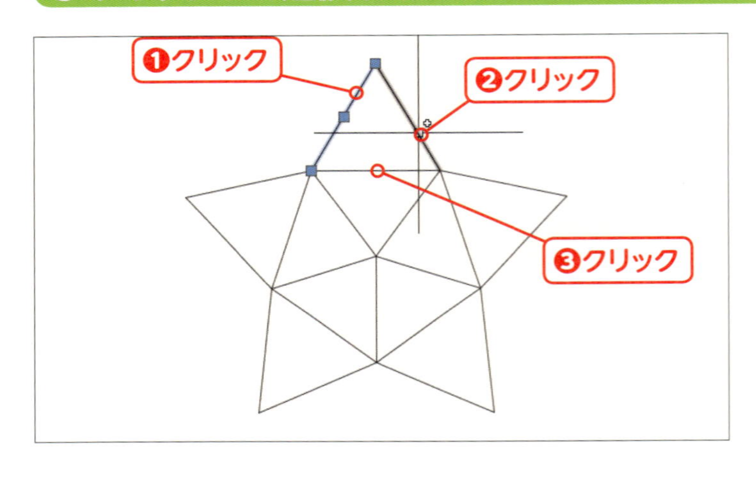

図形をクリックする

線分をクリックして選択状態にします❶。さらに、ほかの２本の線分もクリックします❷❸。

MEMO

選択状態になった図形には色が付きます。また、グリップと呼ばれる青い四角形のマーカーが表示されます。

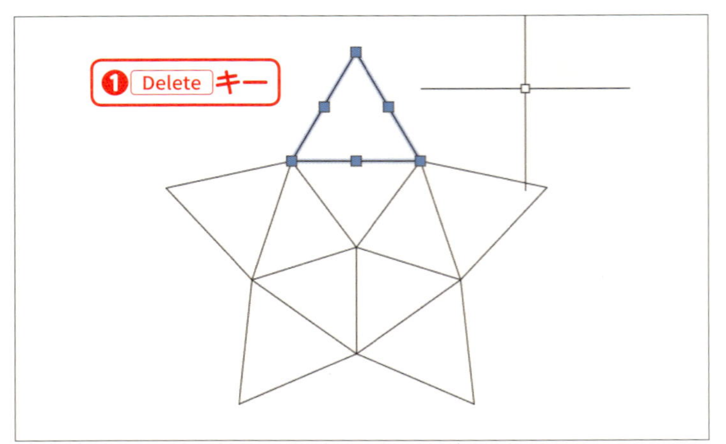

選択した図形を削除する

Delete キーを押します❶。選択した図形が削除されます。

◎ 選択から除外する

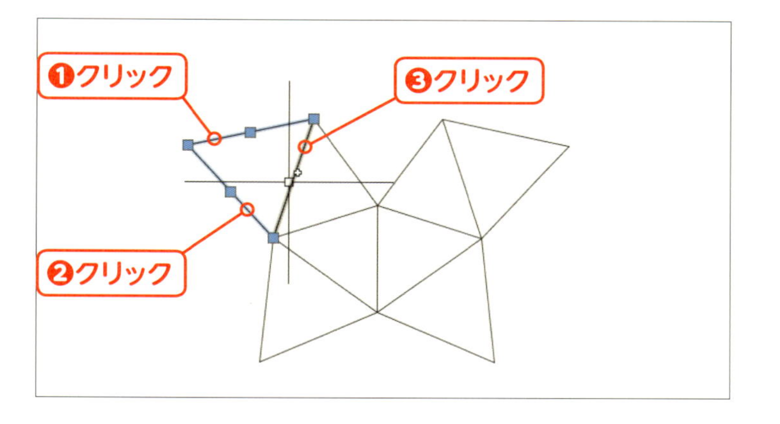

複数の図形を選択する

線分をクリックして選択します❶。さらに、ほかの線分もクリックして選択します❷❸。

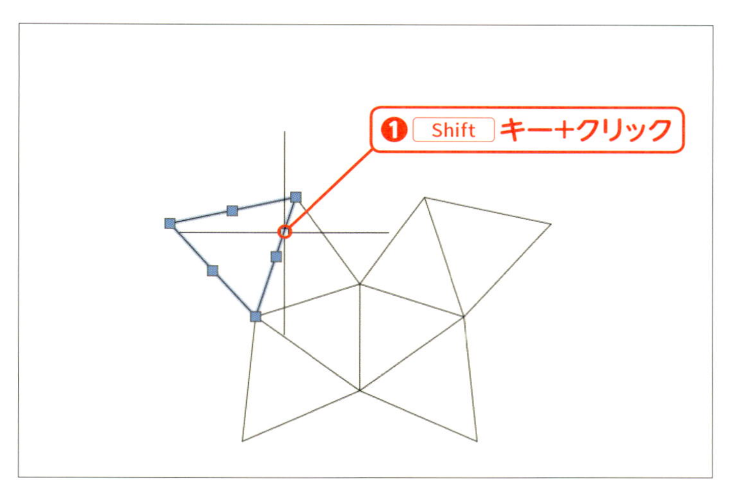

選択から除外する

Shift キーを押しながら、選択状態の線分のグリップ以外の場所をクリックします❶。

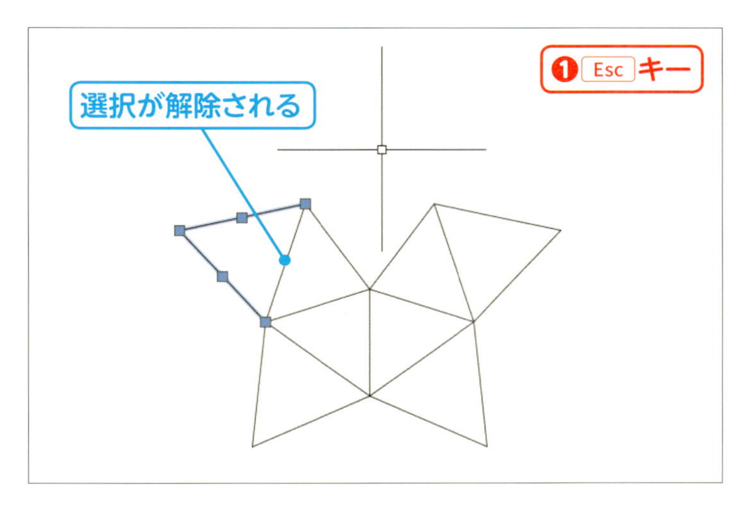

すべての選択を解除する

クリックした線分が選択解除されます。Esc キーを押します❶。すべての選択が解除されます。

◎ 複数の図形を囲んで選択する

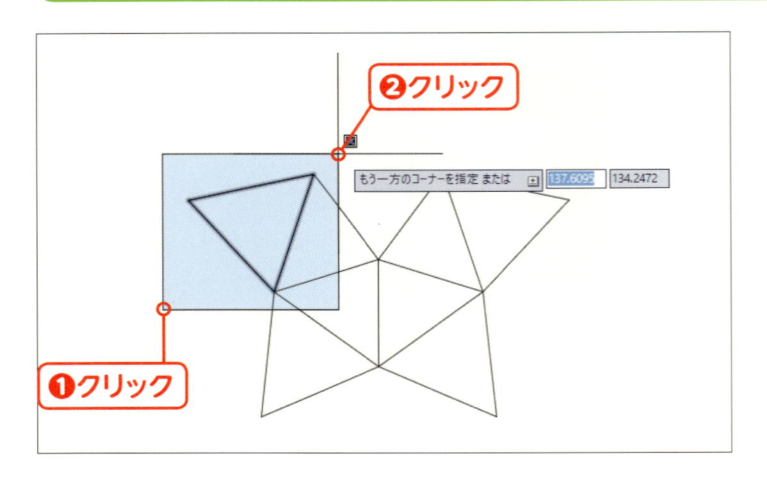

01 複数の図形を左から右へ囲む

完全に囲まれた図形を選択する方法です。1点目をクリックし❶、三角形全体を囲むように2点目をクリックします❷。

MEMO

クリックする2点目は、1点目より右側になるように、左から右へ選択します。

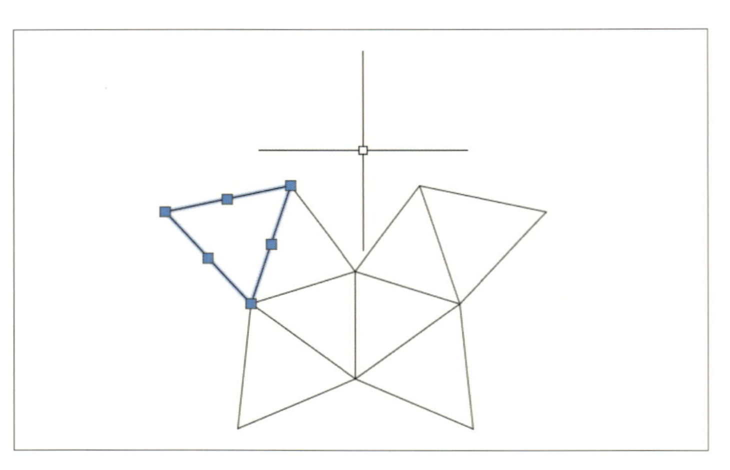

02 複数の図形が選択される

選択窓に完全に囲まれた線分が選択されます。

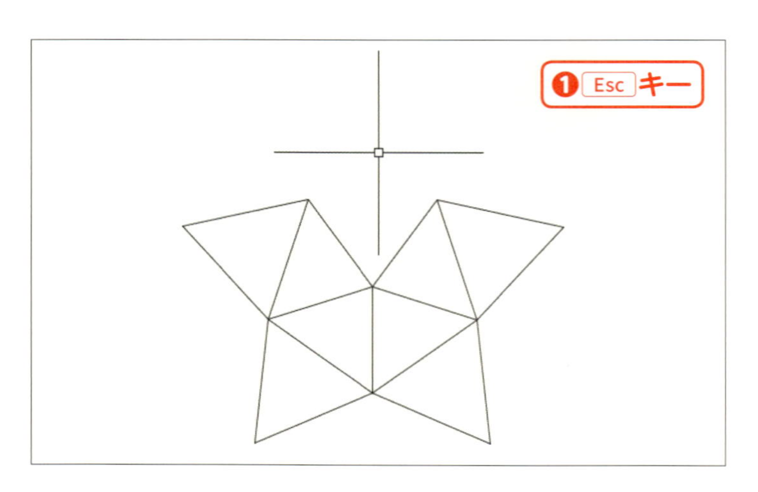

03 選択を解除する

Esc キーを押します❶。すべての選択が解除されます。

◎ 選択窓に交差した図形を選択する

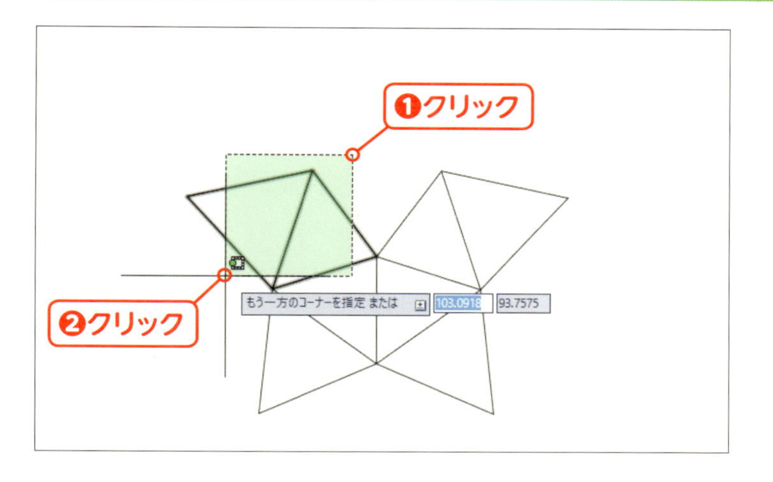

複数の図形を右から左へ囲む

選択窓に囲まれていなくても、選択窓に触れていれば図形を選択できる方法です。図の位置で1点目をクリックし❶、続けて2点目をクリックします❷。

MEMO

クリックする2点目は、1点目より左側になるように、右から左へ選択します。

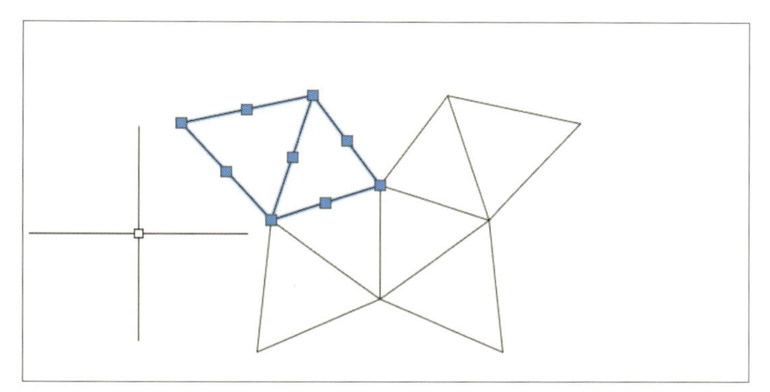

交差した図形が選択される

選択窓に触れた図形が選択されました。

✓ Check! 選択モードの解除

画面上をクリックして「もう一方のコーナーを指定」のメッセージが出ているときに、選択モードを解除するには、Esc キーを押します。

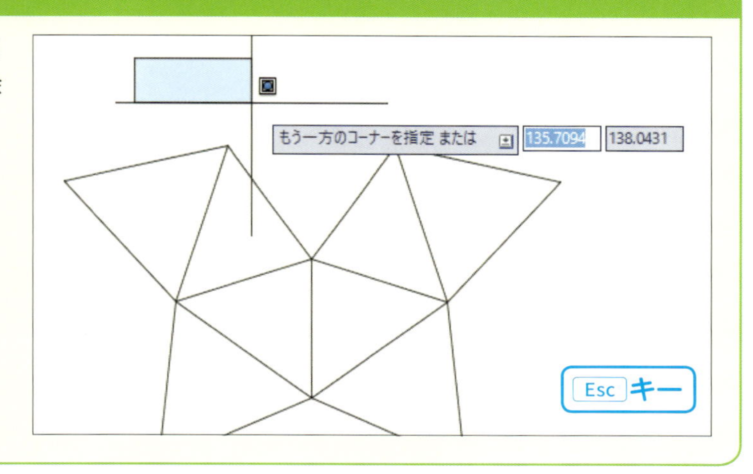

✔ Check!　投げ縄選択

マウスをドラッグして囲むことでも、図形の選択ができます。この機能を投げ縄選択といいます。ドラッグ中に[スペース]キーを何度か押すと、「窓選択」→「フェンス選択」→「交差選択」→「窓選択」の順に選択モードを変更できます。

● 窓
完全に囲まれた図形だけが選択されます。

● フェンス
マウスが通過した図形が選択されます。

● 交差
ドラッグした範囲に囲まれた図形と、マウスが通過した図形が選択されます。

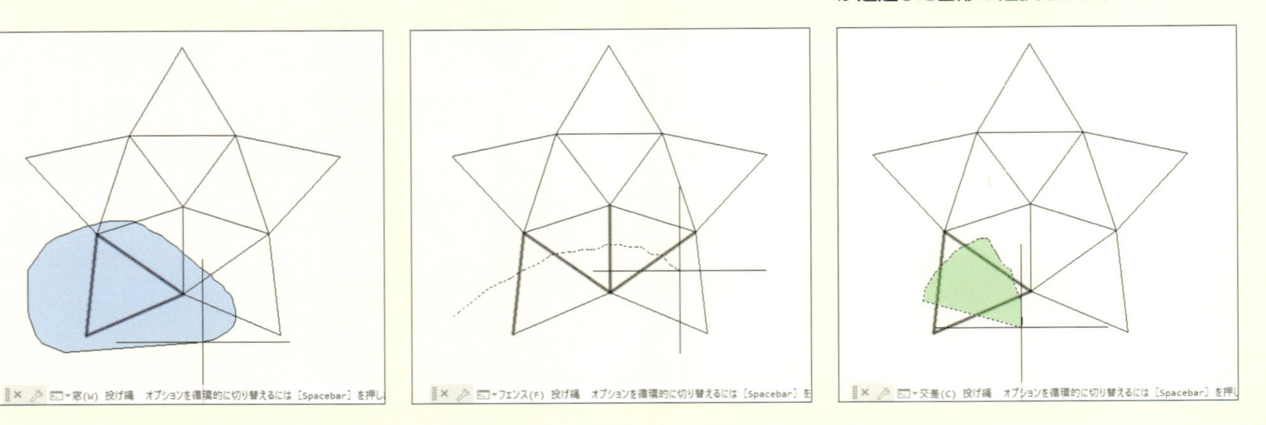
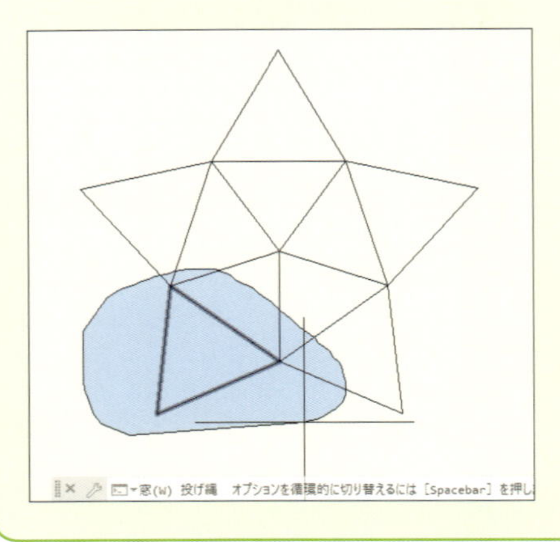
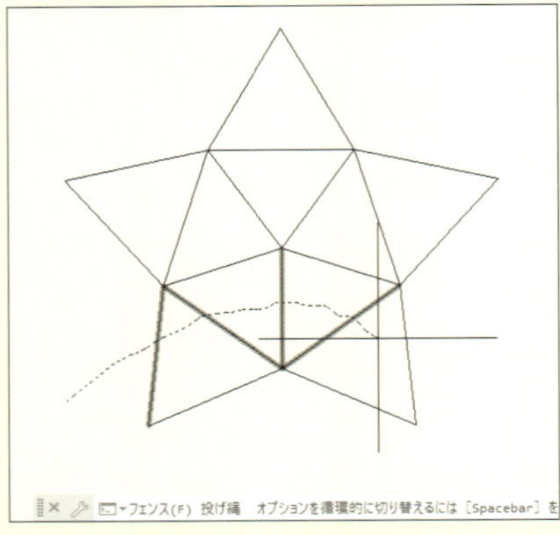

✔ Check!　AutoCADの作図空間

画面の作図領域の左下には、「モデル」と「レイアウト」というタブがあります。通常は「モデル」タブを選択した状態で作図します。「レイアウト」タブは、「モデル」タブに描かれた図形をレイアウトするための空間で、1枚の図面に複数の尺度が存在するときなどに使用されます。本書では、「モデル」タブだけを使って図面を仕上げます。

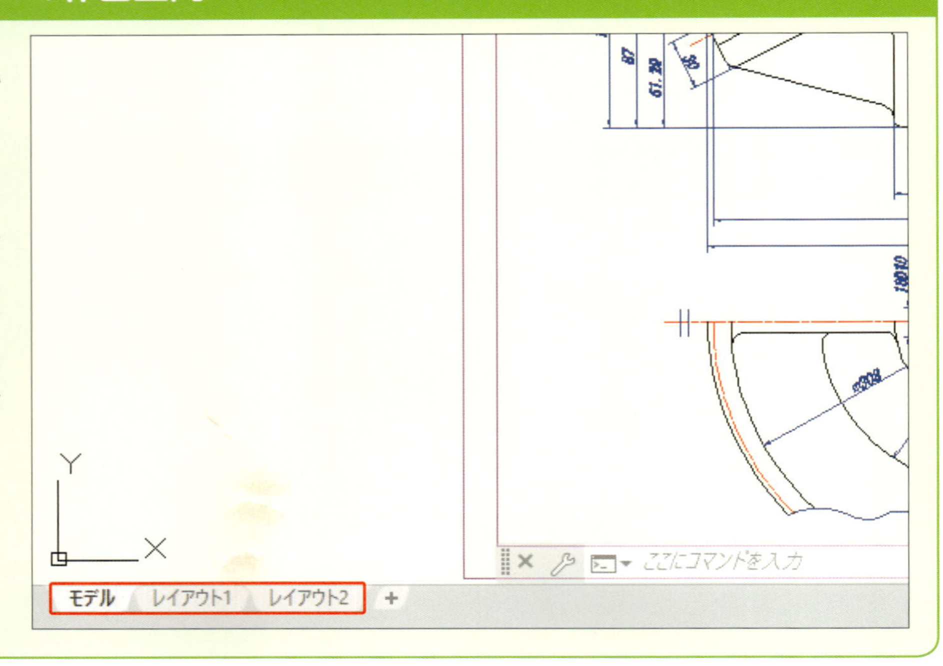

Chapter 2

いろいろな図形を作図しよう

円や正多角形を描きましょう。また、ほかの図形に位置合わせしたり、長さを指定するなど、正確に描く練習をします。

いろいろな図形を作図しよう

この章のポイント

POINT 1 円を描こう

半径や直径の長さを指定して円を描きます。

➡ P.50

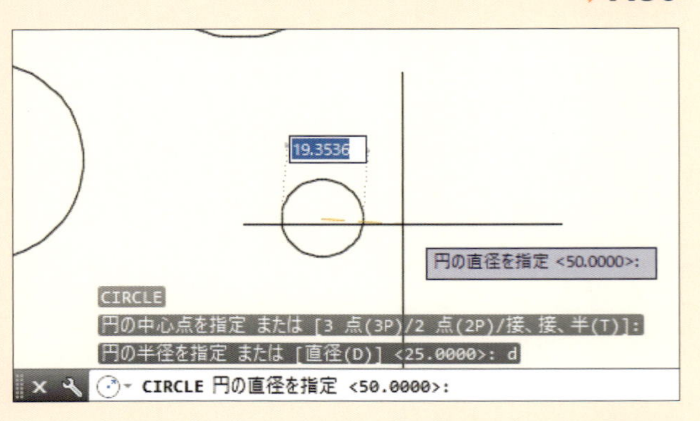

POINT 2 接円を描こう

円コマンドの接点オプションを使って、直線や正多角形に接する円を描きます。

➡ P.54

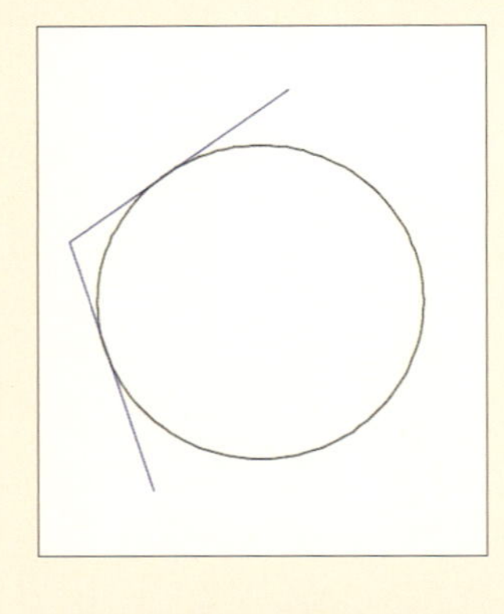

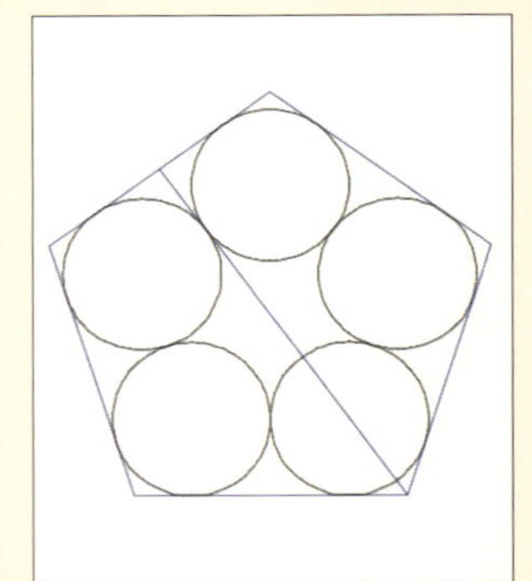

POINT 3 二等辺三角形を描こう

図形の「端点」や「交点」を利用して、二等辺三角形を描きます。

➡ P.58

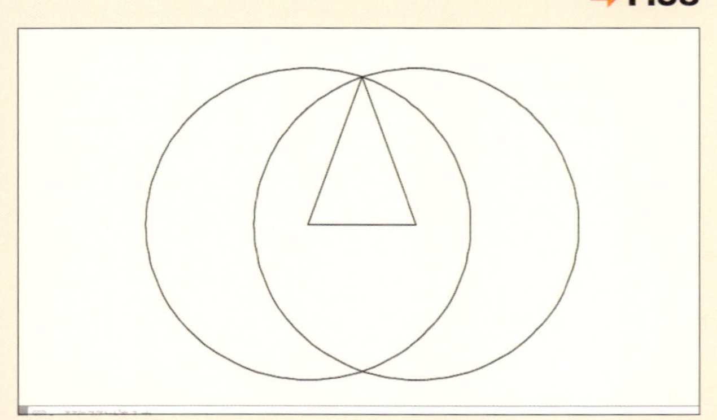

POINT 4 三角形の重心を求めよう

三角形の頂点から斜辺の中点まで線を引き、三角形の重心を求めます。

➡ P.62

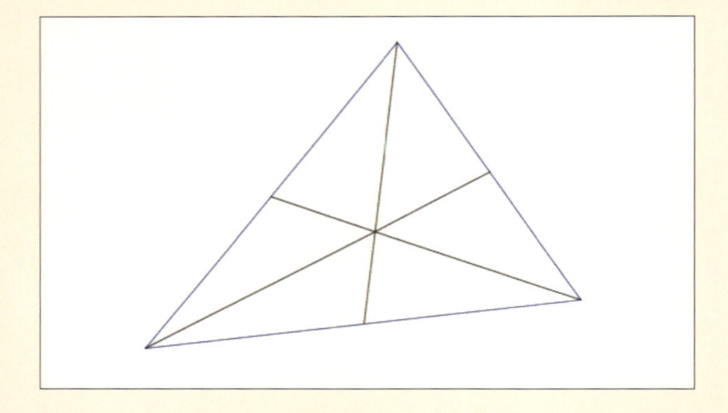

POINT 5 三角形の高さを求めよう

三角形の頂点から斜辺へ垂線を引きます。

➡P.64

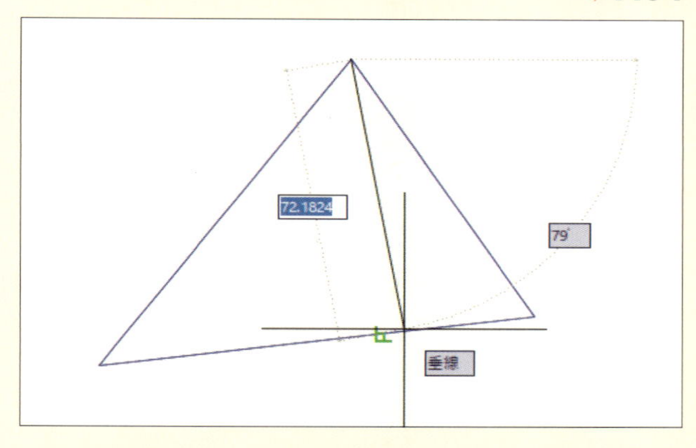

POINT 6 円に内接する正方形を描こう

「四半円点」を利用して、円に内接する正方形を描きます。

➡P.66

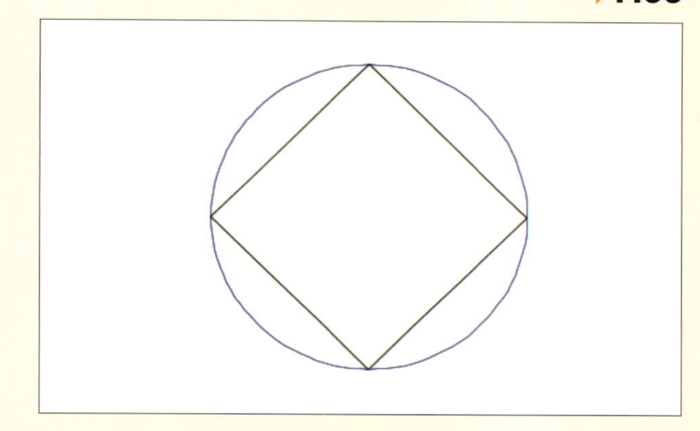

POINT 7 円に接線を引こう

オブジェクトスナップを利用して、円の接線を引きます。

➡P.68

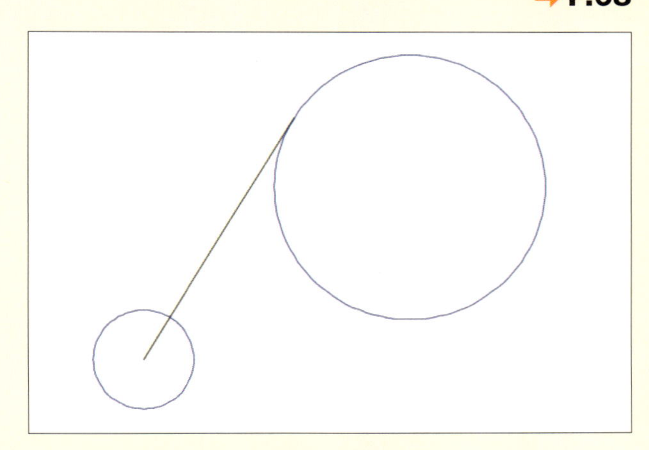

POINT 8 連続した線で長方形や正多角形を描こう

ポリラインを利用して正多角形を描きます。

➡P.70

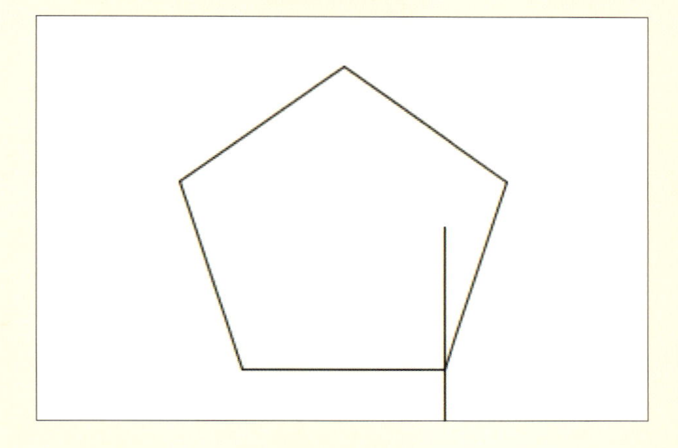

円を描こう

円コマンドは、線分コマンドと同じくらいよく使うコマンドです。
半径の指定、直径の指定など、オプションの使い方を練習しましょう。

◎ 半径を指定して円を描く

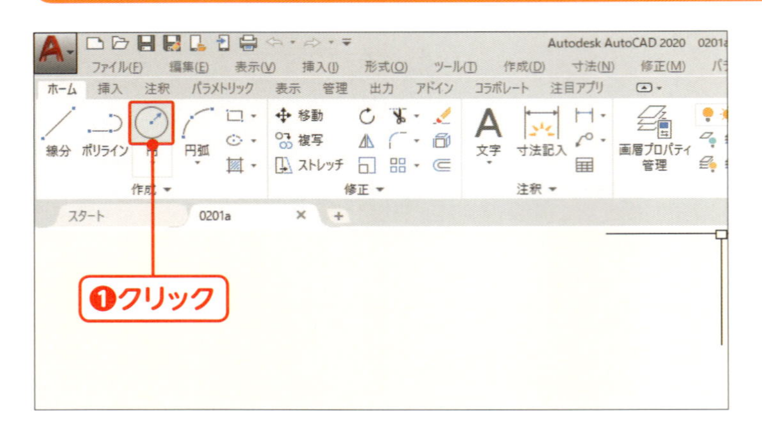

01 円コマンドを実行する

[ホーム] リボンタブの [中心、半径] をクリックします❶。

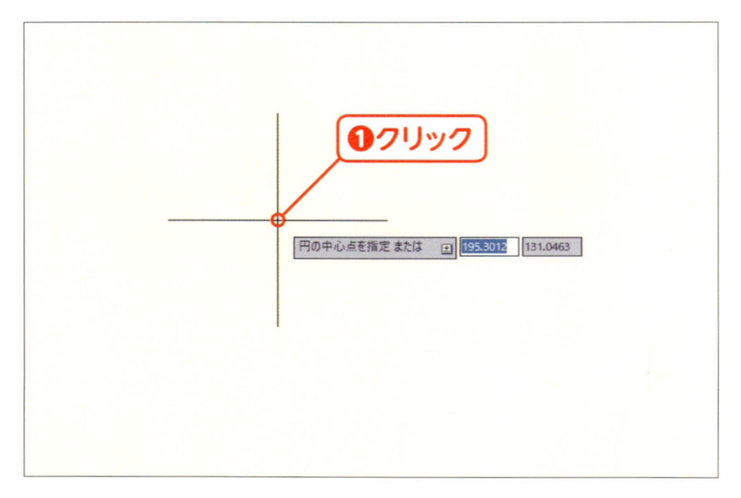

02 円の中心を決める

画面上の適当な位置でクリックします❶。クリックした点が、円の中心になります。

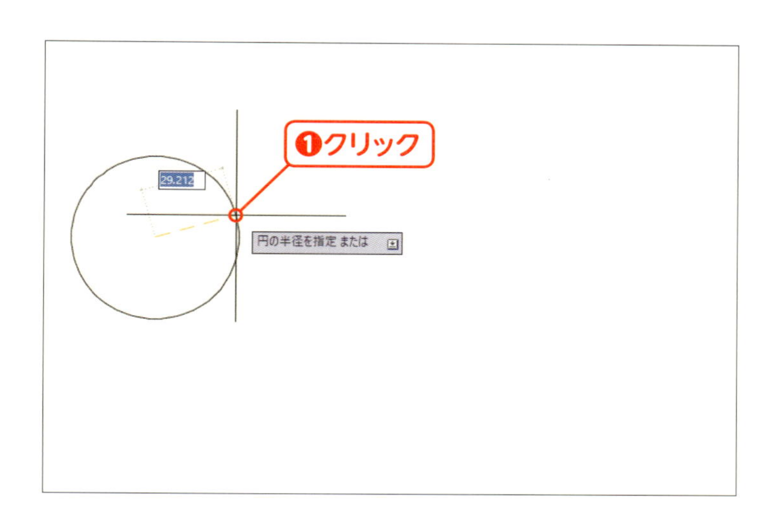

03 任意サイズの円を描く

画面上の適当な位置でクリックします❶。クリックした点を通る円が描かれます。

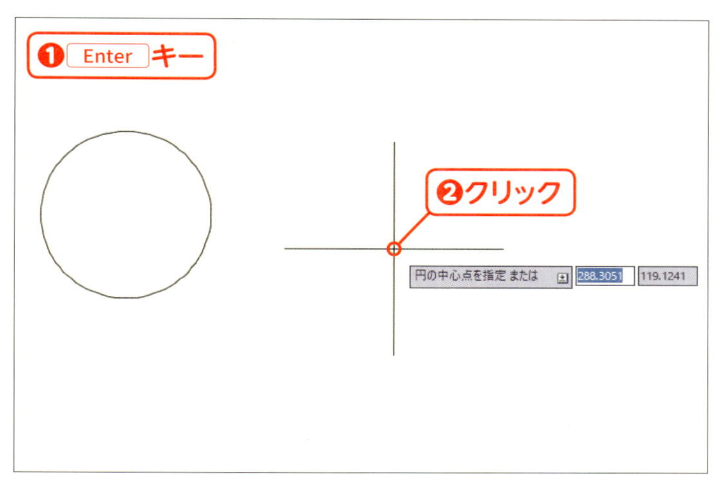

04 続けて円コマンドを実行する

続けて Enter キーを押し❶、直前の円コマンドを再実行します。画面上の適当な位置でクリックし❷、円の中心を決めます。

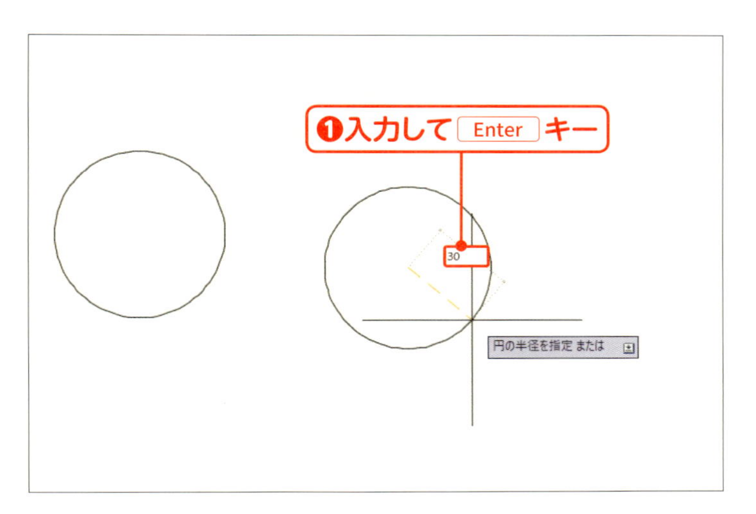

05 円の半径を指定する

「30」と入力して Enter キーを押します❶。半径30の円が描かれます。

◉ 直径を指定して円を描く

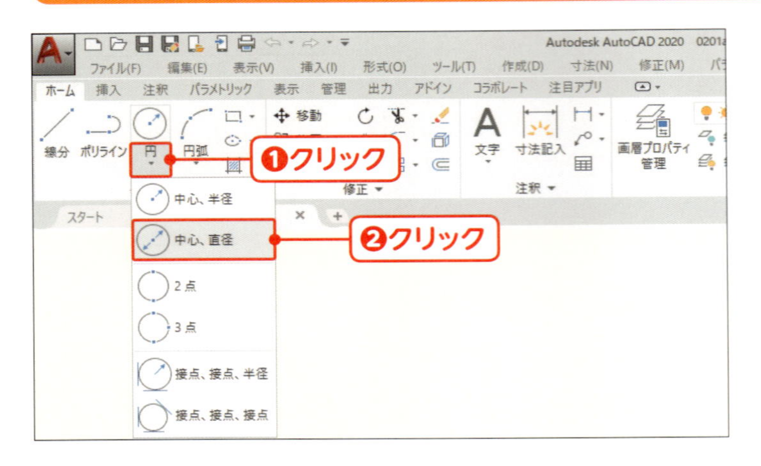

01 円コマンドを実行する

[ホーム] リボンタブの [円] の下の ▼ をクリックし❶、[中心、直径] をクリックします❷。

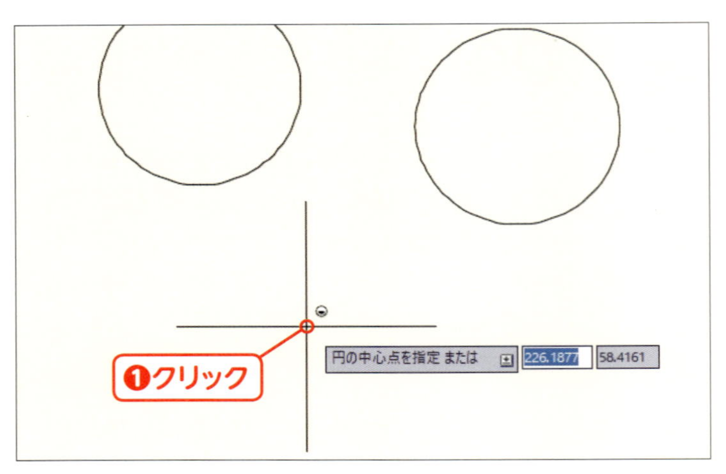

02 円の中心を決める

画面上の適当な位置でクリックし❶、円の中心を決めます。

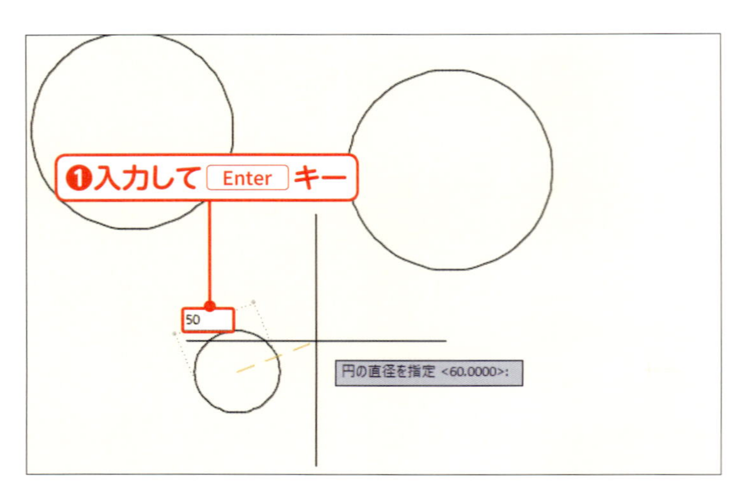

03 円の直径を指定する

「50」と入力して Enter キーを押します❶。直径50の円が描かれます。

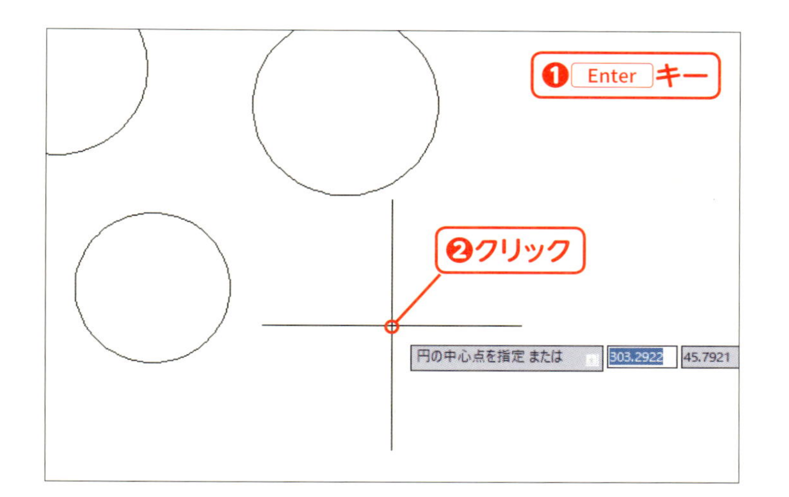

04 続けて円コマンドを実行する

続けて Enter キーを押し❶、円コマンドをもう一度実行します。画面上の適当な位置でクリックし❷、円の中心を決めます。

MEMO

Enter キーを押して円コマンドを再実行すると、[中心、半径] をクリックした場合と同じ動きになります。

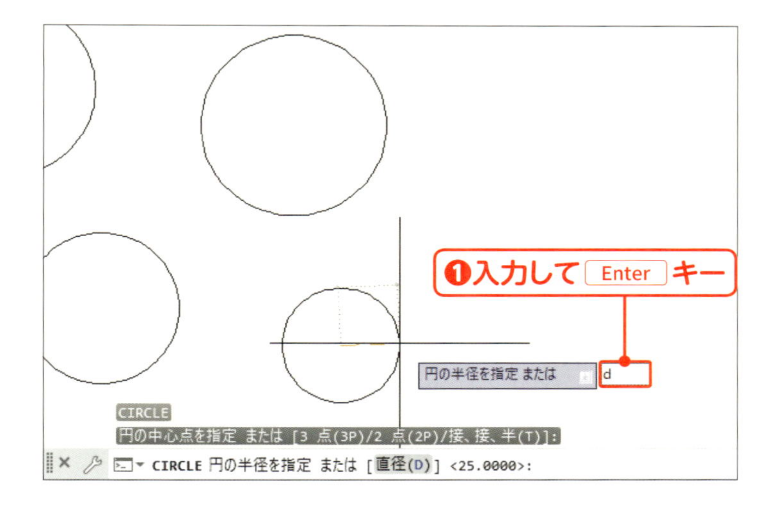

05 直径オプションを選択する

「D」と入力して Enter キーを押します❶。直径オプションが選択され、直径入力に切り替わります。

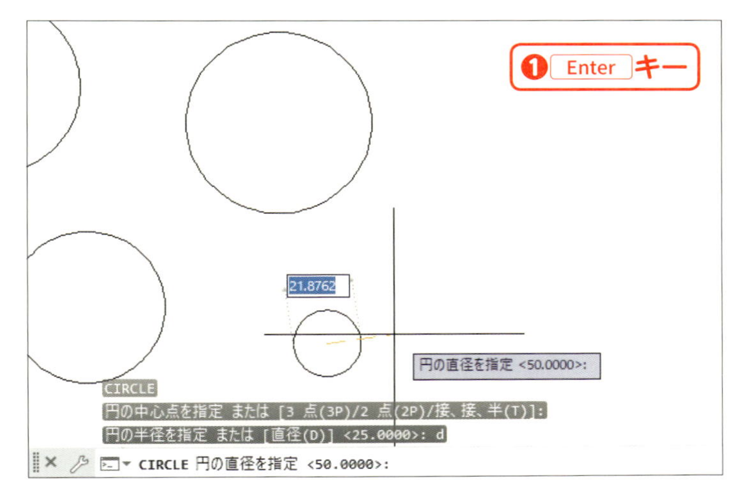

06 前回と同じサイズの円を描く

Enter キーを押します❶。前回と同じ直径50の円が描かれます。

MEMO

数値を入力しないで Enter キーだけを押すと、< >内のデフォルト値が採用されます。円コマンドの場合は、前回入力した値がデフォルト値になります。

接円を描こう

直線やほかの円に接するように、円を描きましょう。
手描きと違い、円コマンドの接点オプションを使えば簡単に作図できます。

◎ 2つの直線に接する半径10の円を描く

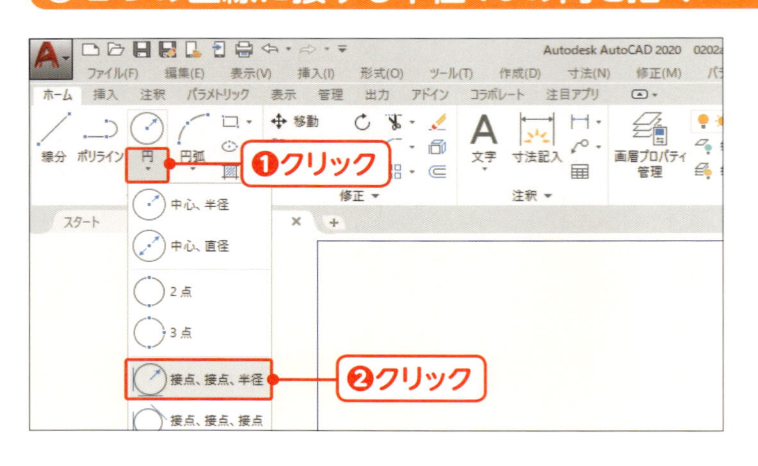

01 円コマンドを実行する

[円] の下の ▾ をクリックし❶、[接点、接点、半径] をクリックします❷。

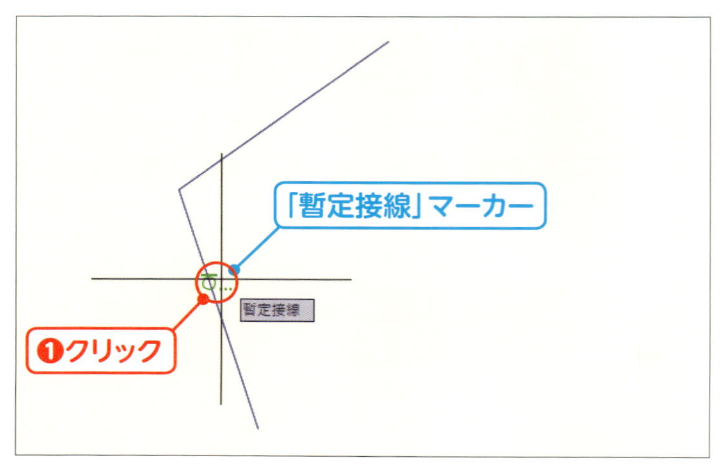

02 円が接する1つ目の線分を選ぶ

2つある線分の1つにカーソルを近づけ、「暫定接線」のマーカーが出たらクリックします❶。

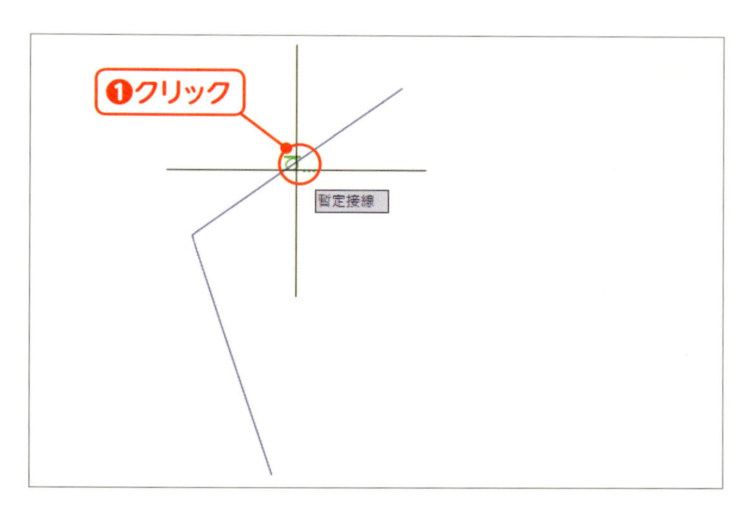

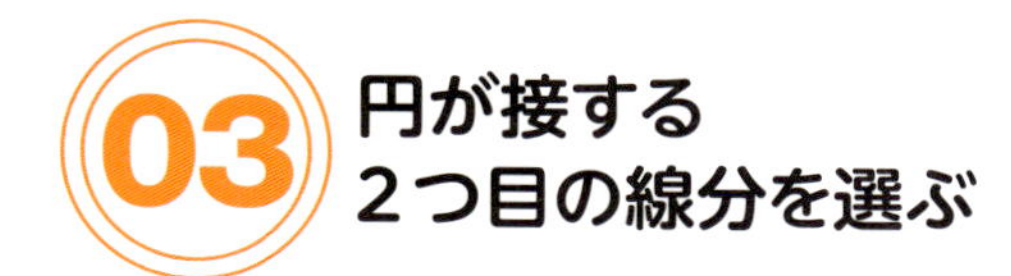

03 円が接する2つ目の線分を選ぶ

もう1つの線分にカーソルを近づけ、「暫定接線」のマーカーが出たらクリックします❶。

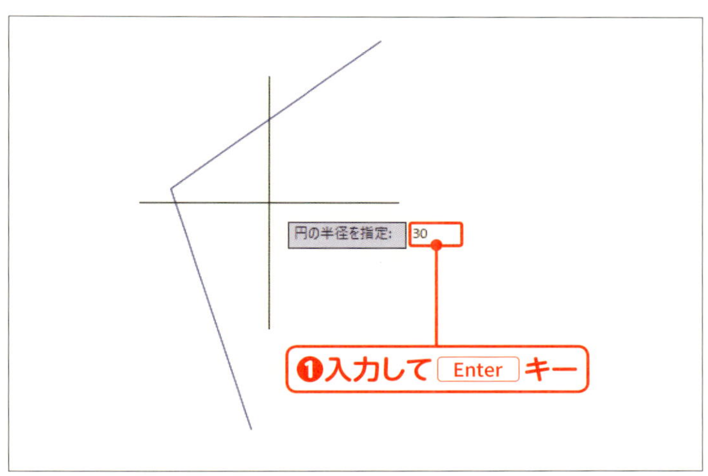

04 円の半径を指定する

「30」と入力して Enter キーを押します❶。

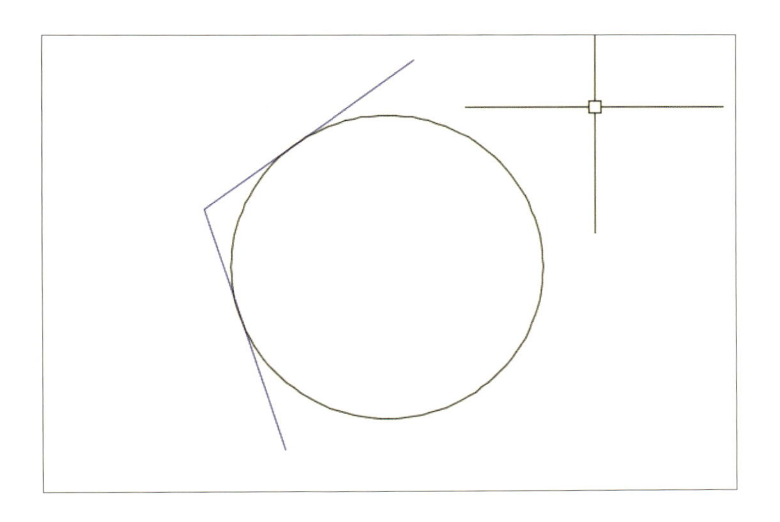

05 接円が作図できた

2つの線分に接する、半径30の円が描かれます。

⊙ 3つの図形に接する円を描く

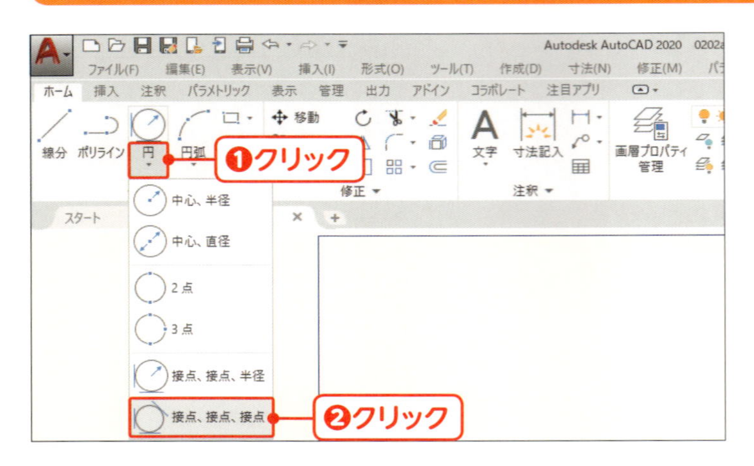

01 円コマンドを実行する

[円] の下の ▼ をクリックし❶、[接点、接点、接点] をクリックします❷。

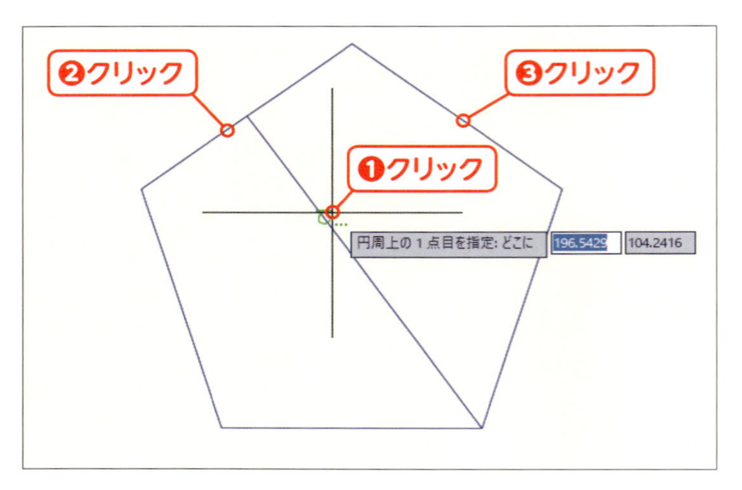

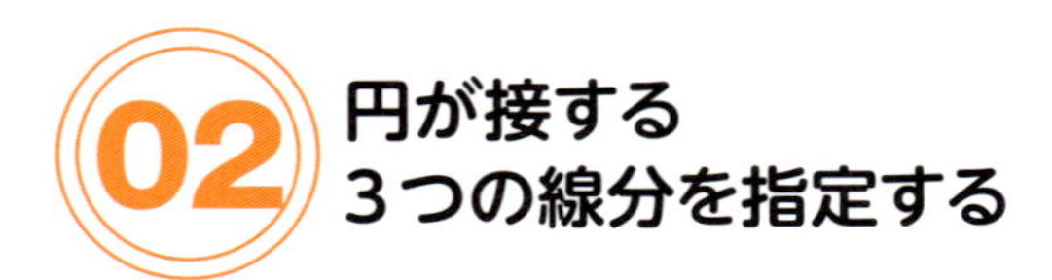

02 円が接する3つの線分を指定する

カーソルを線分の1つに近づけ、「暫定接線」のマーカーが出たらクリックします❶。続けて、左図を参考に、ほかの線分も同様に「暫定接線」のマーカーが出たらクリックします❷❸。

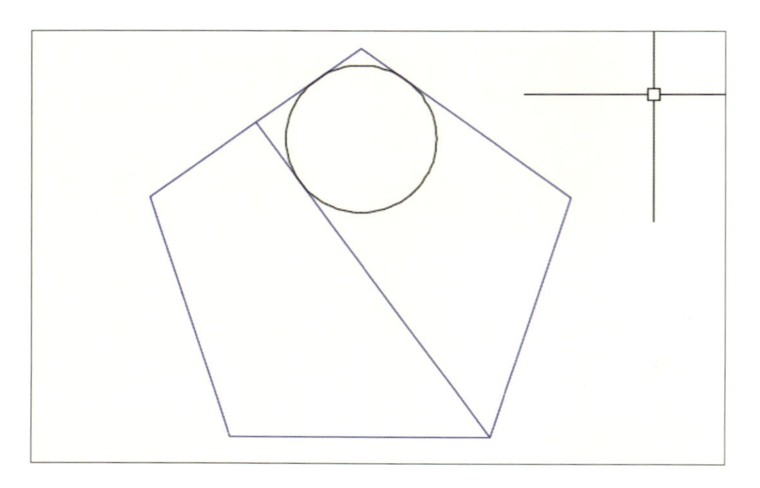

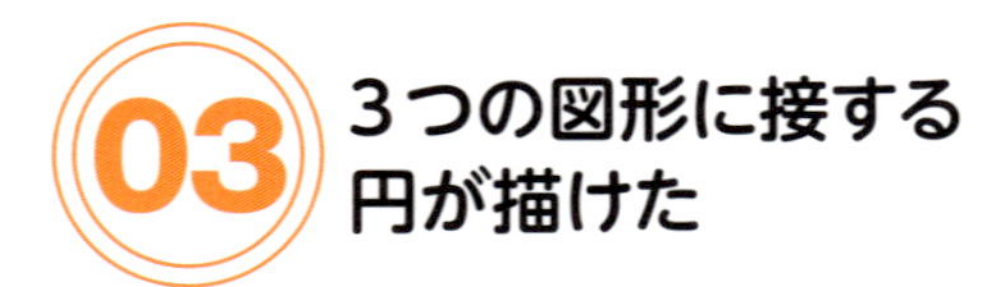

03 3つの図形に接する円が描けた

円の半径は自動的に計算され、指定した3つの図形に接する円が描かれます。

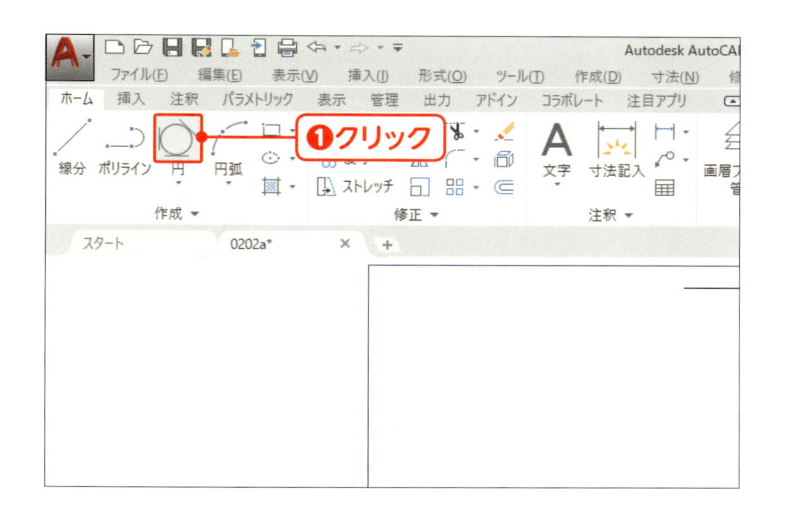

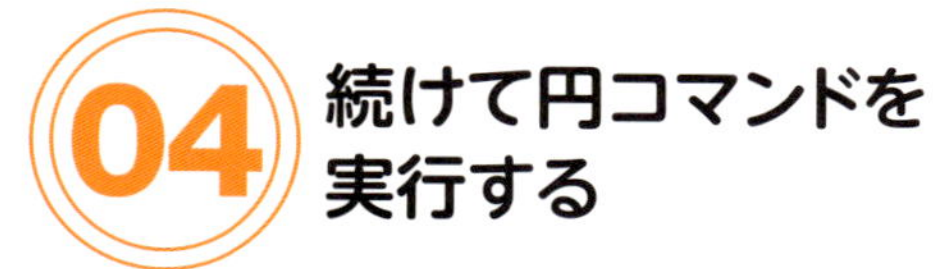

04 続けて円コマンドを実行する

[接点、接点、接点] をクリックします❶。

MEMO

直前に使ったボタンは、リボンパネルの表面に表示されます。

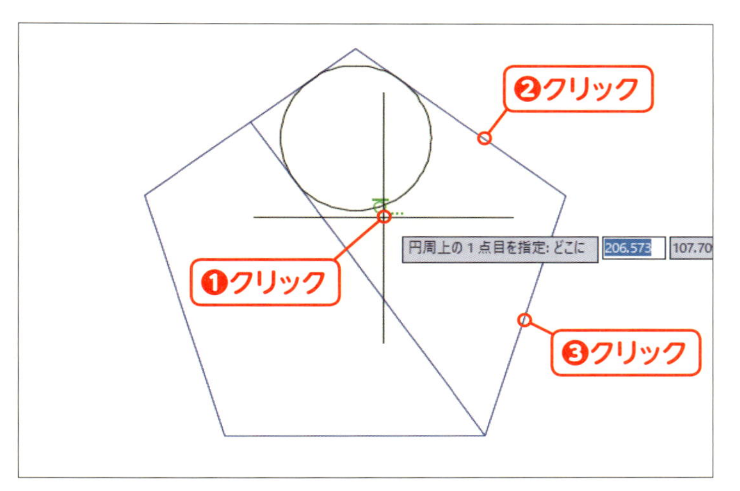

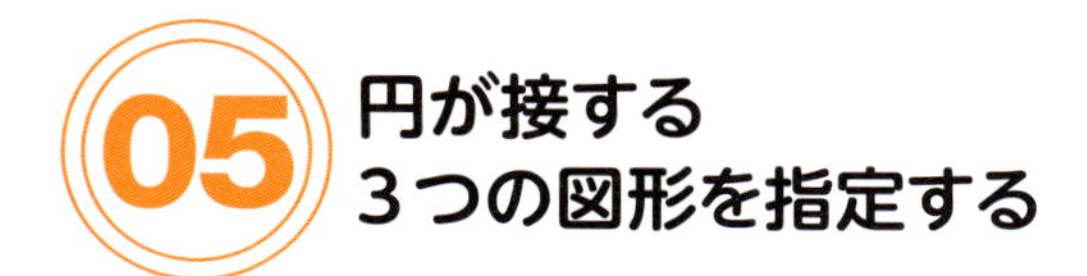

05 円が接する3つの図形を指定する

カーソルを円に近づけ、「暫定接線」のマーカーが出たらクリックします❶。続けて、左図を参考にして、ほかの線分も同様に「暫定接線」のマーカーが出たらクリックします❷❸。

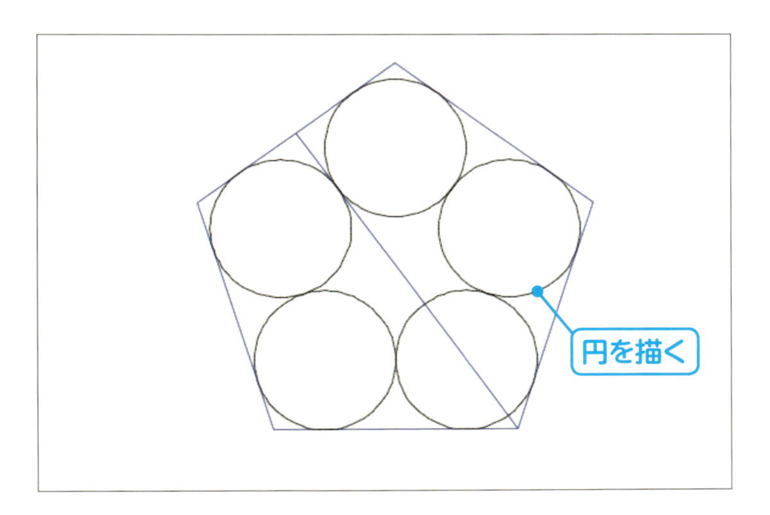

06 接円が描けた

同じようにして、正五角形に内接する5つの円を完成させます。

二等辺三角形を描こう

オブジェクトスナップを使って、図形の端点や交点にカーソルを吸着させる練習をします。与えられた線分を底辺とする二等辺三角形を描きましょう。

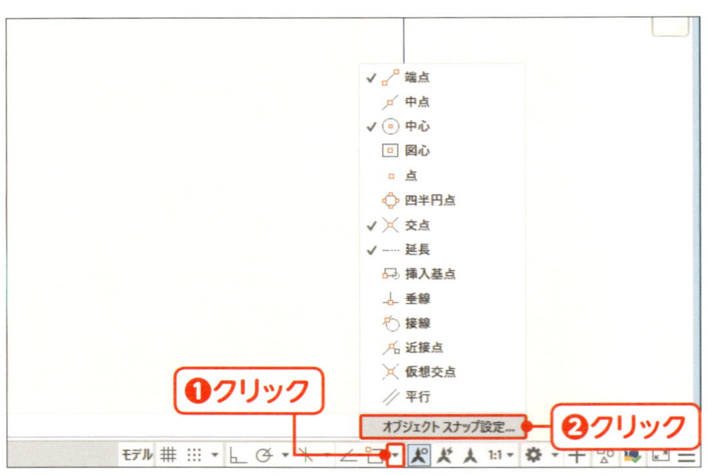

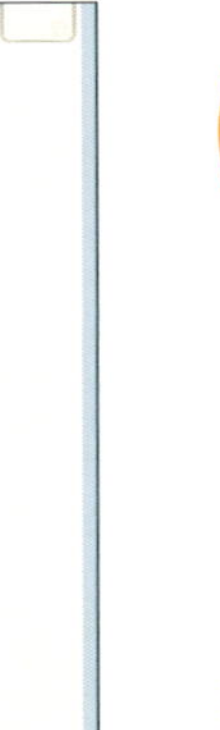

01 設定メニューを選ぶ

ステータスバーの［オブジェクトスナップ］の▼をクリックし❶、［オブジェクトスナップ設定］を選択します❷。

MEMO

「オブジェクトスナップ」は、「OSNAP（オースナップ）」ともいいます。

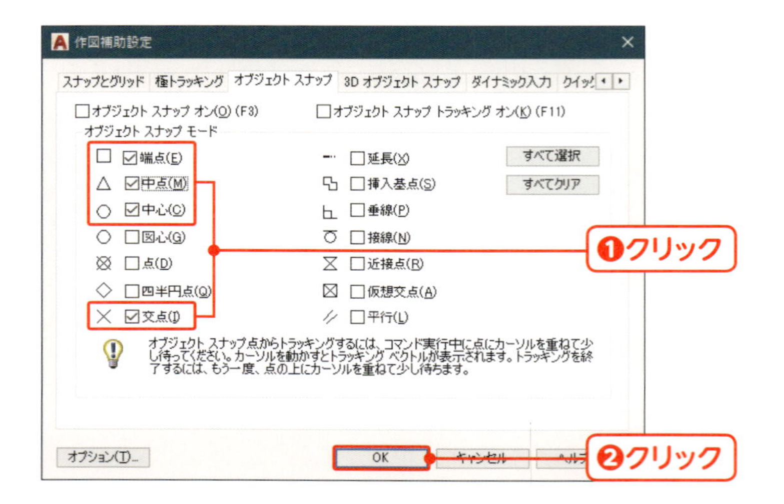

02 スナップする点を設定する

［端点］、［中点］、［中心］、［交点］にチェックを付けます❶。［OK］をクリックし❷、ダイアログボックスを閉じます。

MEMO

そのほかの点はチェックをはずしましょう。

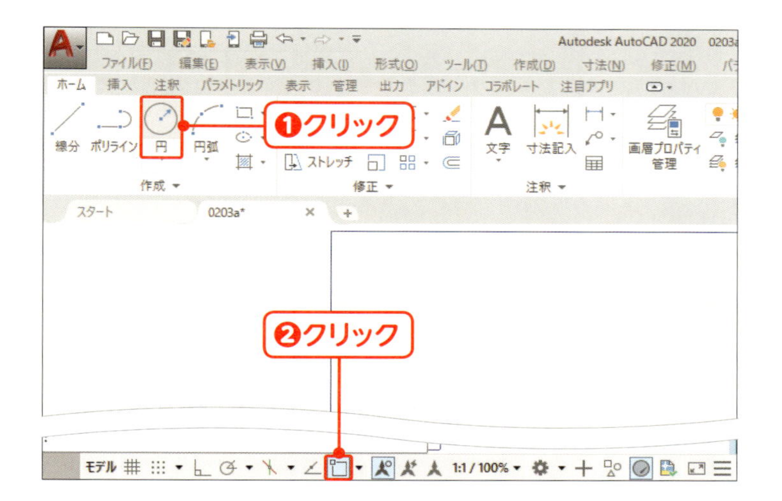

円コマンドを実行する

ステータスバーの［オブジェクトスナップ］をクリックしてオンにします❶。［ホーム］リボンタブの円コマンドの［中心、半径］をクリックします❷。

MEMO

ボタンが［中心、半径］以外の表示になっている場合は、［円］の下の▼をクリックして、［中心、半径］をクリックします。

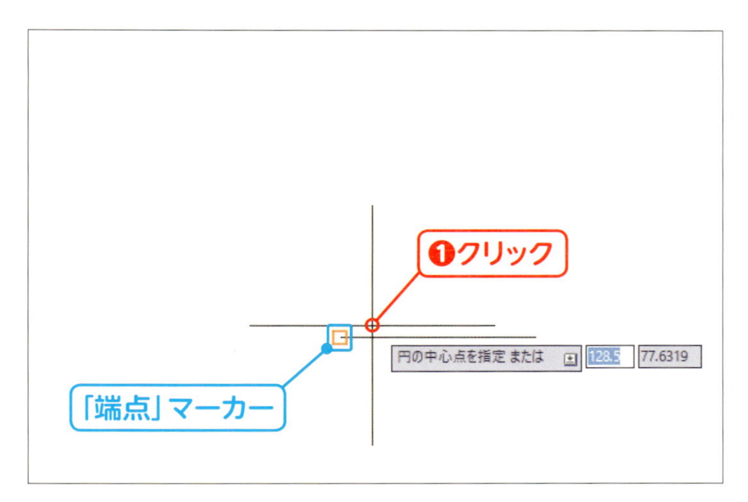

円の中心を指定する

線分の端部にカーソルを近づけ、「端点」のマーカーが出たらクリックします❶。

MEMO

カーソルをぴったり端点に合わせる必要はありません。「端点」のマーカーが出たところでクリックすれば、端点が読み取られます。

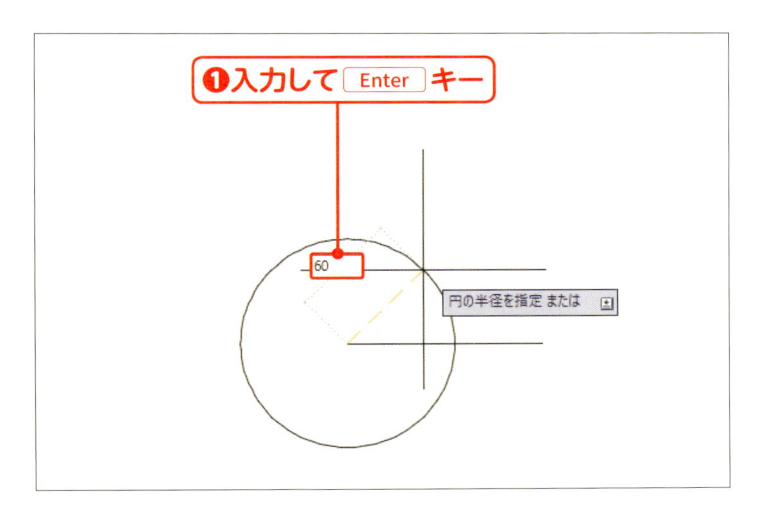

斜辺の長さを半径にして円を描く

「60」と入力して Enter キーを押します❶。

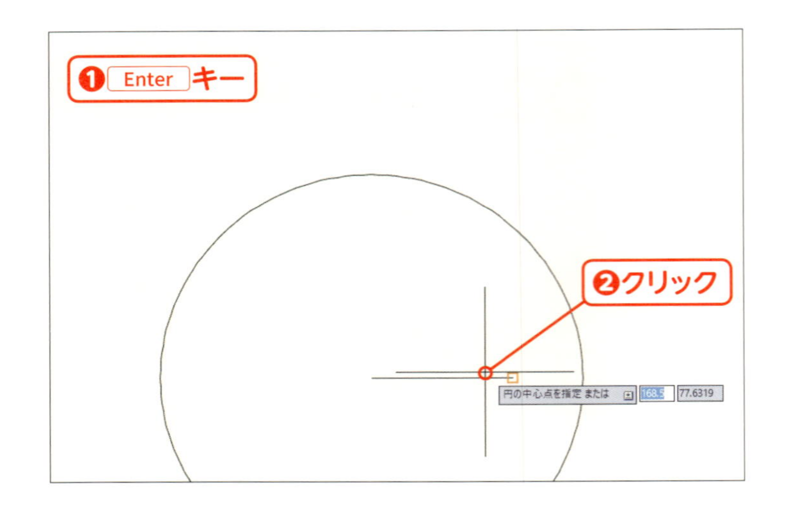

06 円コマンドを再実行する

Enter キーを押してもう一度円コマンドを実行します❶。底辺の反対側の端部にカーソルを近づけ、「端点」のマーカーが出たらクリックします❷。

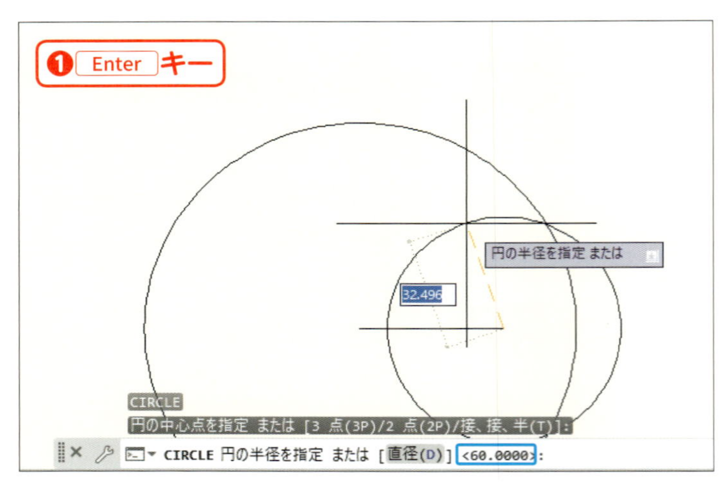

07 同じ半径の円を描く

Enter キーを押します❶。デフォルト値(前回の値:ここでは60)が半径になります。

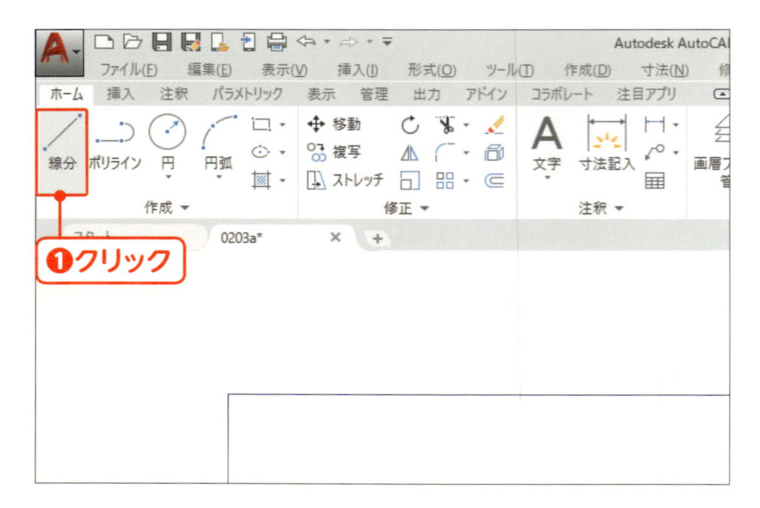

08 線分コマンドを実行する

[線分] をクリックします❶。

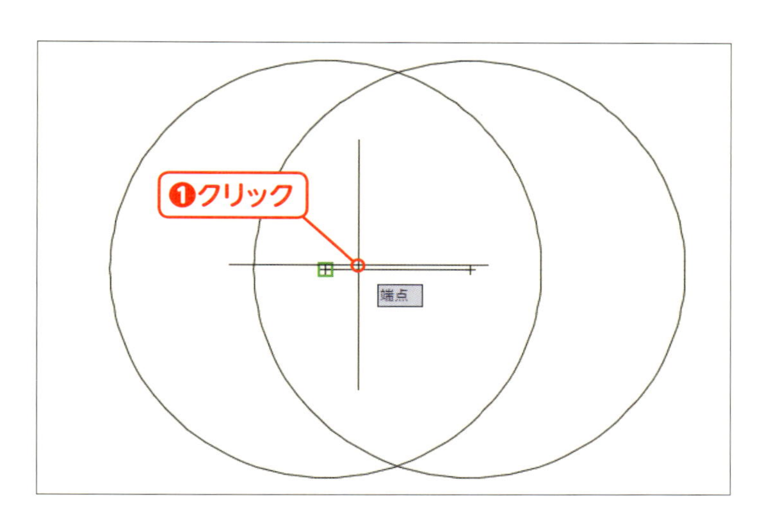

09 底辺の端点を選択する

底辺の端部にカーソルを近づけ、「端点」のマーカーが出たらクリックします❶。

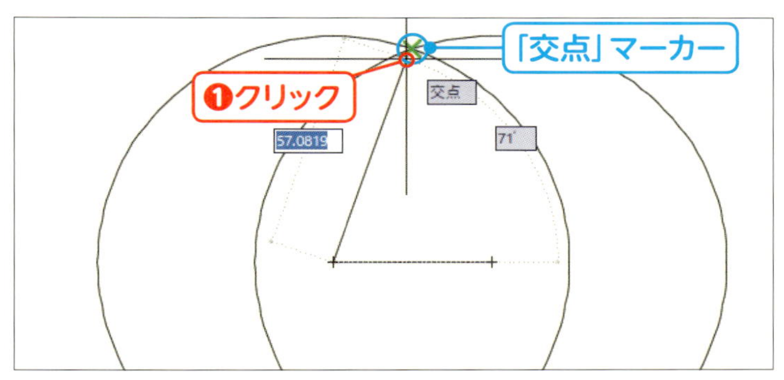

10 円と円の交点を選択する

円と円の交点にカーソルを近づけ、「交点」のマーカーが出たらクリックします❶。

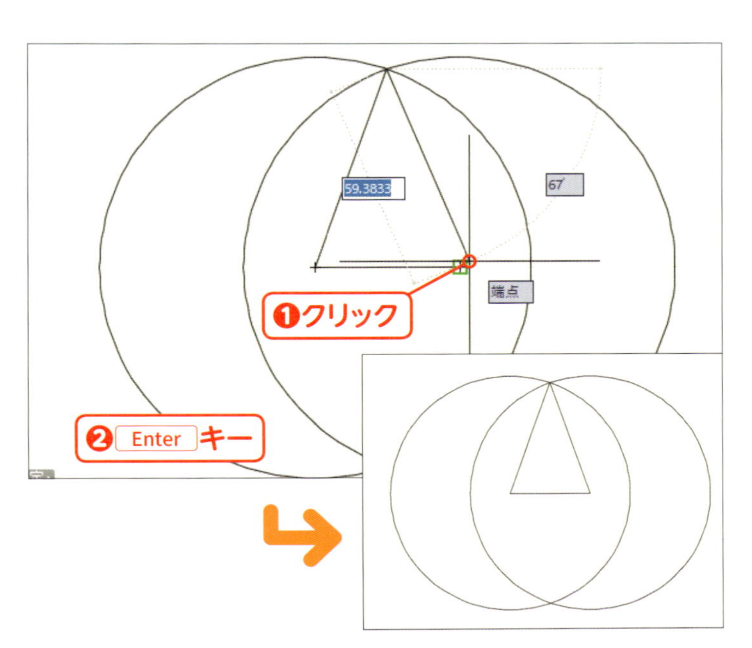

11 2つ目の斜辺を描く

底辺の反対側の端部にカーソルを近づけ、「端点」のマーカーが出たらクリックします❶。Enter キーを押して、コマンドを終了します❷。二等辺三角形が完成します。

三角形の重心を求めよう

三角形の３つの頂点から斜辺の中点まで直線で結び、重心を求めましょう。オブジェクトスナップの［端点］と［中点］を利用すると、簡単に重心が求められます。

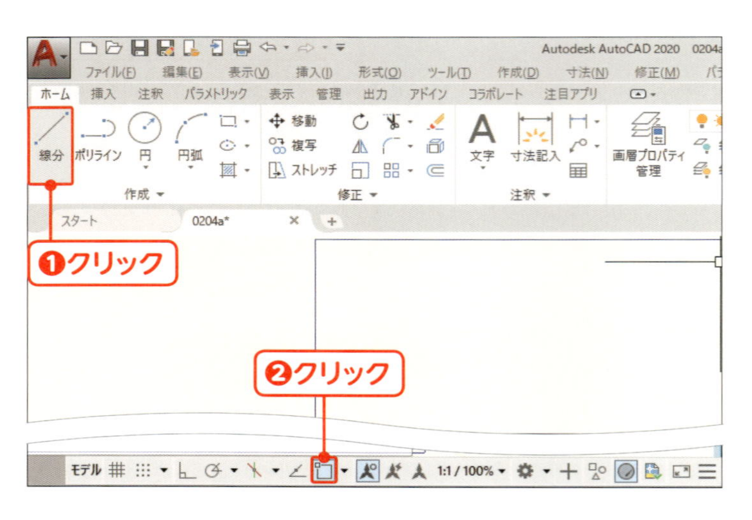

01 線分コマンドを実行する

［ホーム］リボンタブの［線分］をクリックします❶。オブジェクトスナップがオフのときは、ステータスバーの［オブジェクトスナップ］をクリックしてオンにします❷。

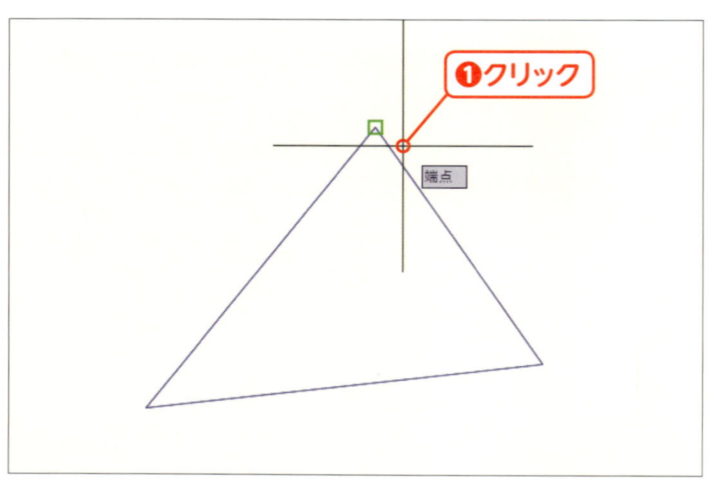

02 頂点から線を引く

三角形の頂点にカーソルを近づけ、「端点」のマーカーが出たらクリックします❶。

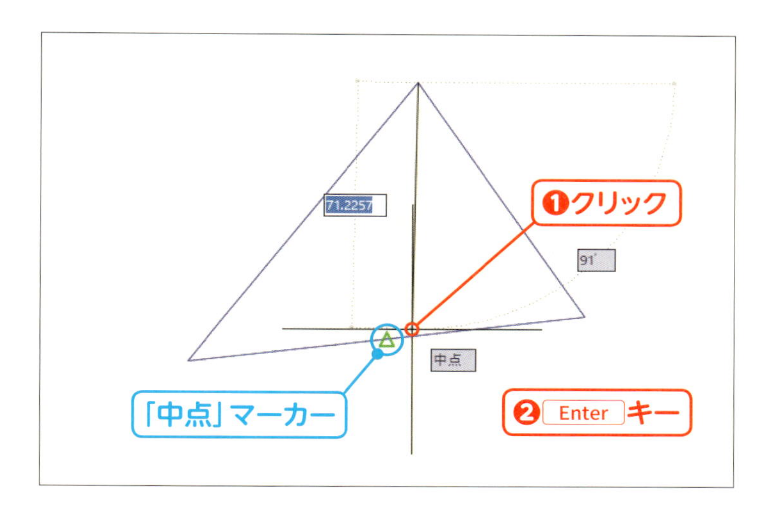

03 底辺の中点まで直線を引く

底辺にカーソルを近づけ、「中点」のマーカーが出たらクリックします❶。Enter キーを押して❷、コマンドを終了します。

MEMO

カーソルの位置によっては「端点」のマーカーが出るので、カーソルを動かして調整します。

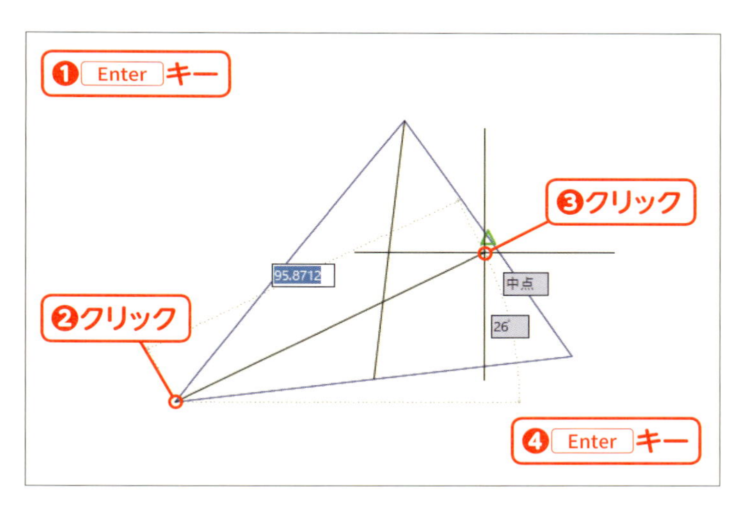

04 ほかの頂点から中点に直線を引く

Enter キーを押して❶、もう一度線分コマンドを実行します。別の頂点にカーソルを近づけ、「端点」のマーカーが出たらクリックします❷。斜辺にカーソルを近づけ、「中点」のマーカーが出たらクリックします❸。Enter キーを押して、コマンドを終了します❹。

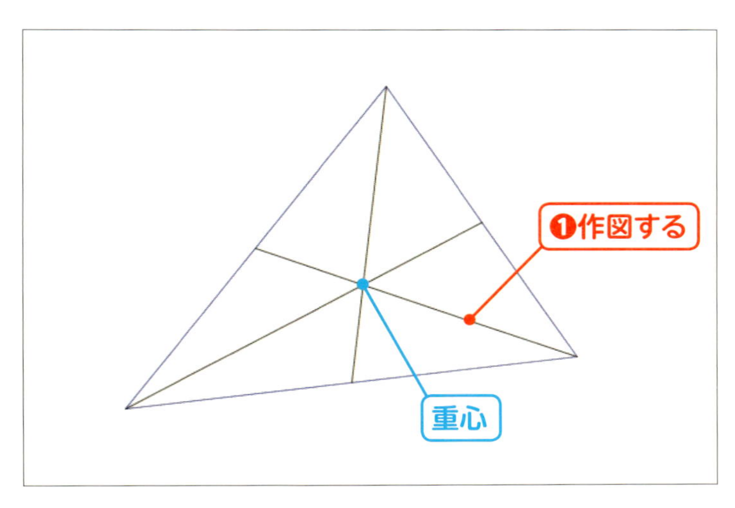

05 3つ目の頂点から中点に直線を引く

同様にして、3つ目の頂点から斜辺の中点に直線を引きます❶。3つの直線が交わった点が重心です。

三角形の高さを求めよう

三角形の頂点から底辺と直角に交わる線（垂線）を引き、三角形の高さを求めましょう。オブジェクトスナップの［垂線］を使用すると、簡単に作図できます。

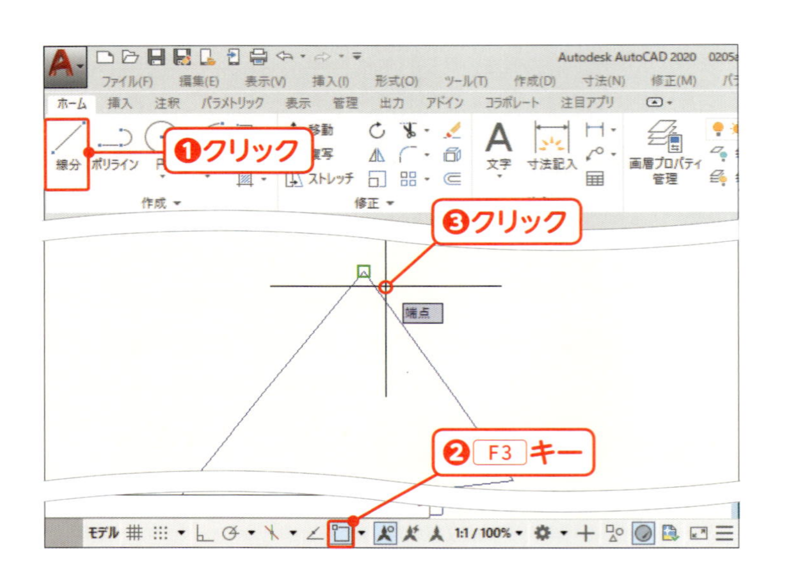

線分コマンドを実行する

［ホーム］リボンタブの［線分］をクリックします❶。オブジェクトスナップがオフのときは、F3 キーを押して、［オブジェクトスナップ］をオンにします❷。三角形の頂点にカーソルを近づけ、「端点」のマーカーが出たらクリックします❸。

MEMO

F3 キーを押すと、オブジェクトスナップのオン／オフを切り替えられます。

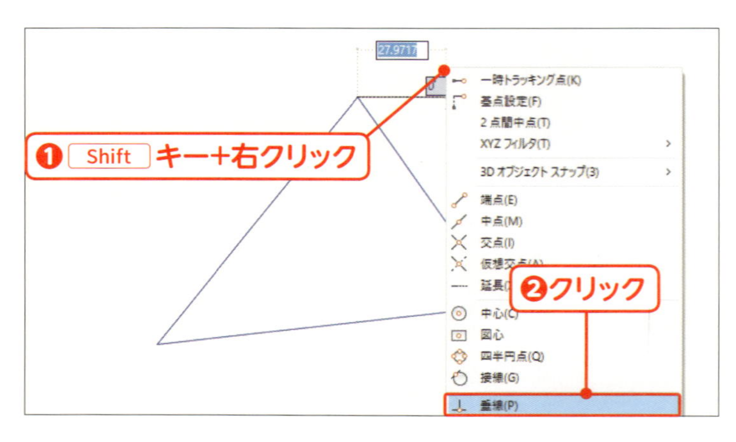

一時オブジェクトスナップを呼び出す

Shift キーを押しながら右クリックし❶、ショートカットメニューから［垂線］を選択します❷。

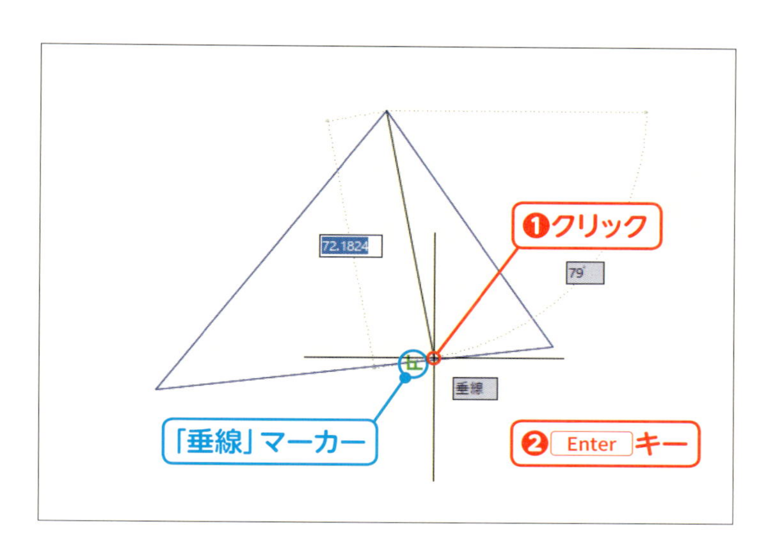

03 底辺の垂線にスナップさせる

底辺にカーソルを近づけ、「垂線」のマーカーが出たらクリックします❶。Enter キーを押して❷、コマンドを終了します。

Check! 一時オブジェクトスナップ

[オブジェクトスナップ]をオンにしたときに自動的にスナップする点は、「作図補助設定」の「オブジェクトスナップ」タブ（58ページ参照）でチェックを付けた点です。チェックが付いていない点にもスナップさせたいときは、一時オブジェクトスナップを使います。よく使う点はオブジェクトスナップの設定でチェックを付けておき、たまに使う点は一時オブジェクトスナップを使うというようにすると便利です。また、ステータスバーの[オブジェクトスナップ]の ▼ をクリックすると、ダイアログボックスでチェックを付けた点にチェックマークが付いています。このメニューで項目をクリックして、チェックのオン／オフを切り替えられます。

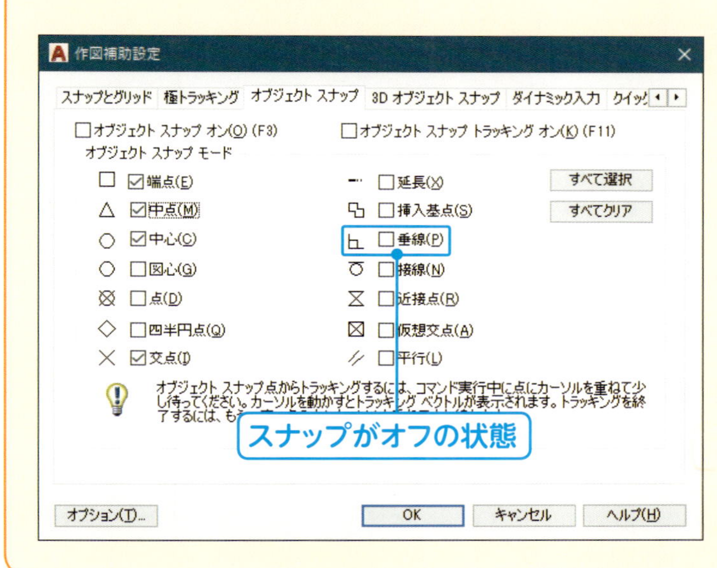

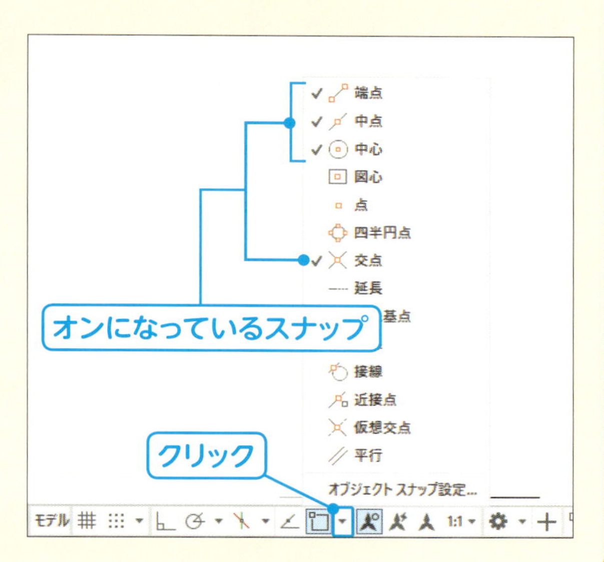

円に内接する正方形を描こう

オブジェクトスナップの［四半円点］は、円周上の上下左右の4つの点にスナップできます。これを利用して、円に内接する正方形を描きましょう。

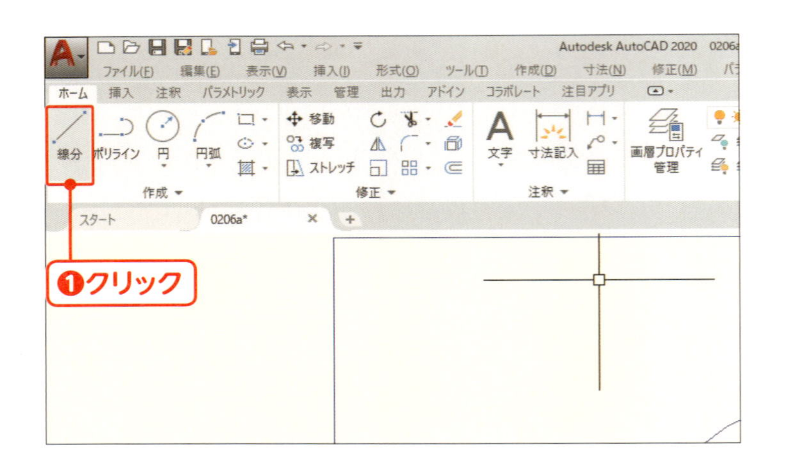

［ホーム］リボンタブの［線分］をクリックします❶。

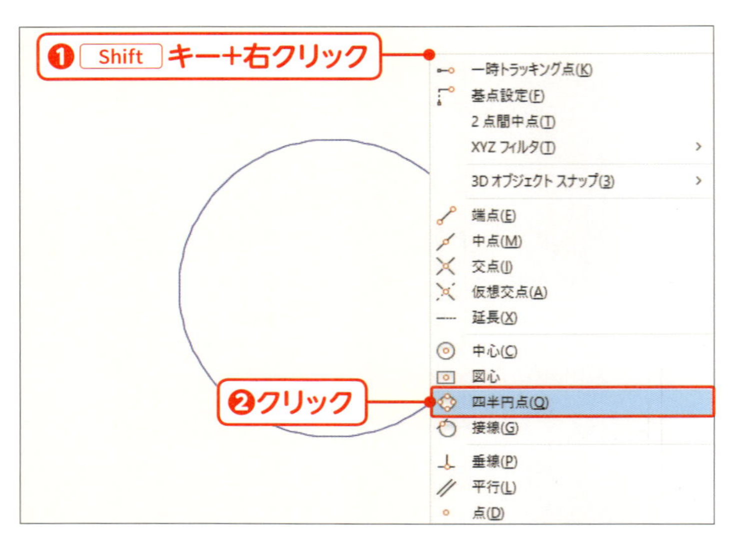

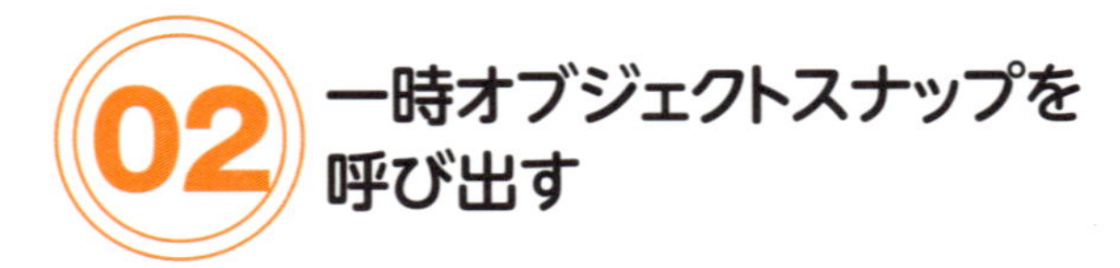

Shift キーを押しながら右クリックし❶、ショートカットメニューから［四半円点］を選択します❷。

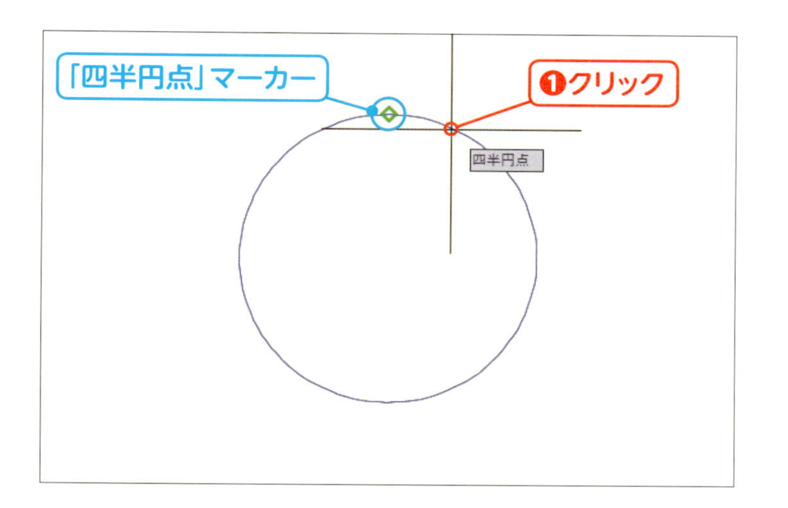

03 四半円点にスナップさせる

円にカーソルを近づけ、「四半円点」のマーカーが出たらクリックします❶。

MEMO

四半円点は上下左右の4か所あります。そのうちのカーソルに一番近い点のマーカーが出ます。

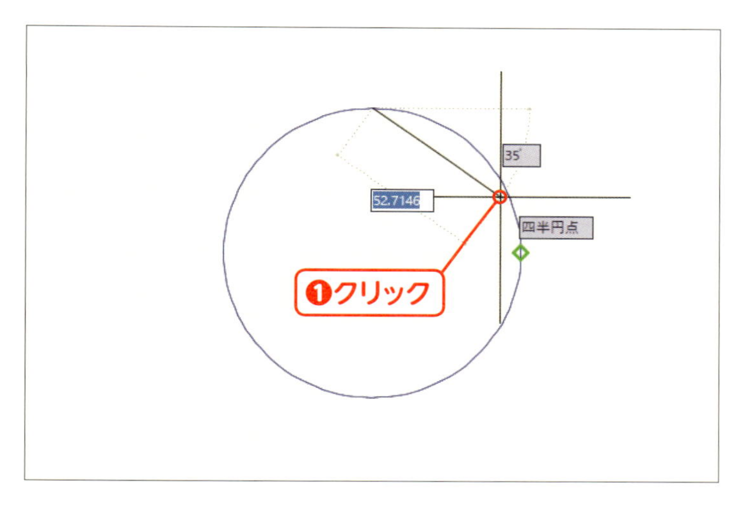

04 隣の四半円点にスナップさせる

手順02と同様に、Shift キーを押しながら右クリックし、[四半円点] を選択します。円にカーソルを近づけ、「四半円点」のマーカーが出たらクリックします❶。

MEMO

一時オブジェクトスナップは、毎回実行します。

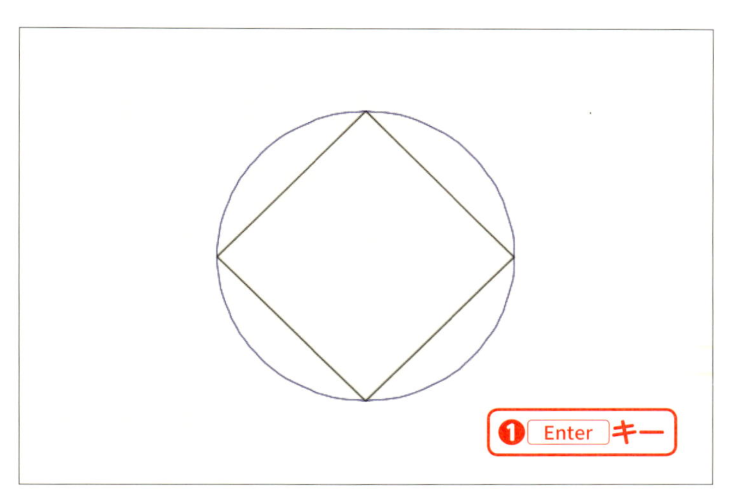

05 同じようにして正方形を完成させる

手順04と同様に、同様に、一時オブジェクトスナップで [四半円点] を選択し、正方形を完成させます。正方形が完成したら、Enter キーを押して❶、コマンドを終了します。

lesson 07

円に接線を引こう

練習ファイル ：0207a.dwg
完成ファイル ：0207b.dwg

円に接線を引くためには、接点の位置が必要です。AutoCADでは、オブジェクトスナップの［接線］を使うことで、接点の位置を計算して決めてくれます。

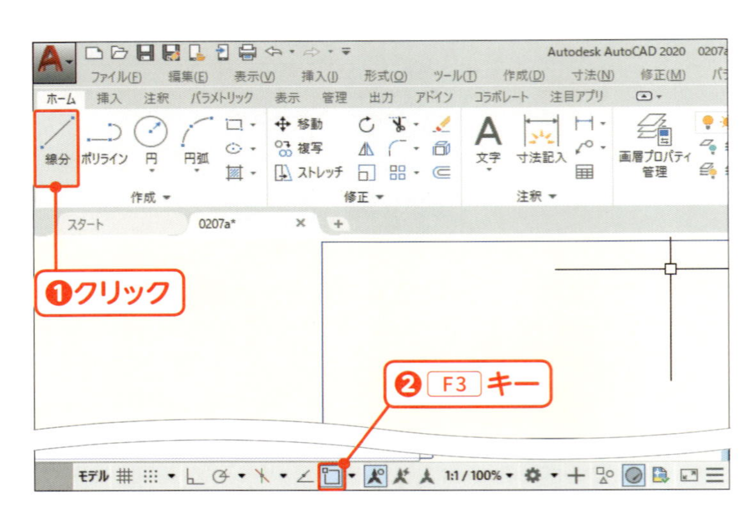

［ホーム］リボンタブの［線分］をクリックします❶。キーボードの F3 キーを押して❷、ステータスバーの［オブジェクトスナップ］をオンにします。

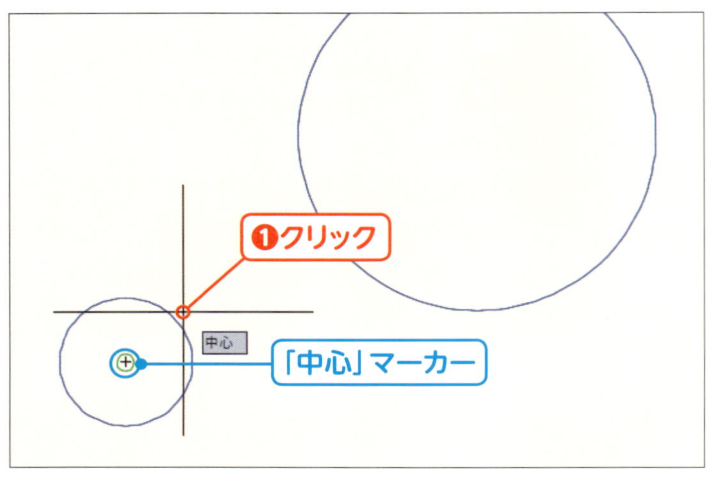

円にカーソルを近づけ、「中心」のマーカーが出たらクリックします❶。

MEMO

円の中心にスナップさせるときでも、カーソルは円周上に近づけます。

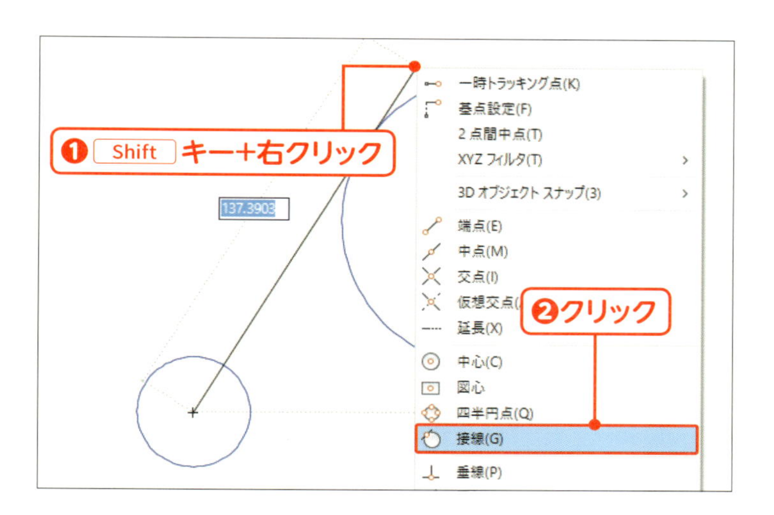

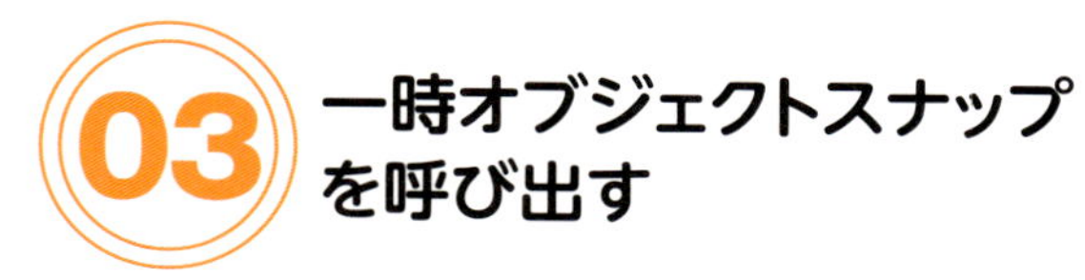

Shift キーを押しながら右クリックし❶、ショートカットメニューから［接線］を選択します❷。

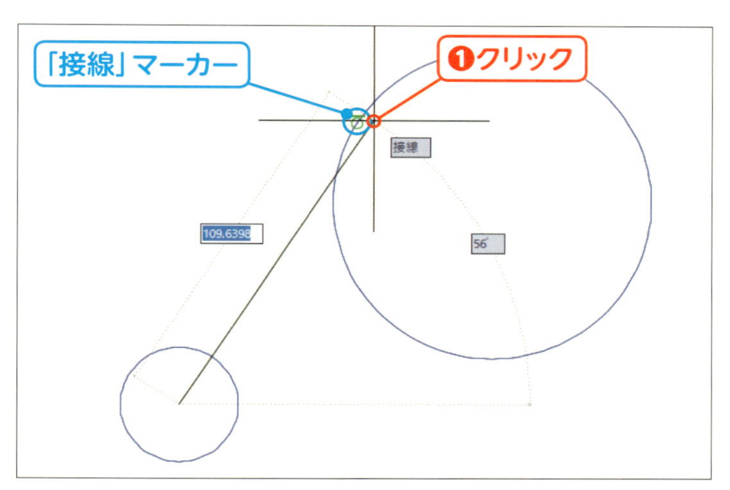

もう１つの円にカーソルを近づけ、「接線」のマーカーが出たらクリックします❶。

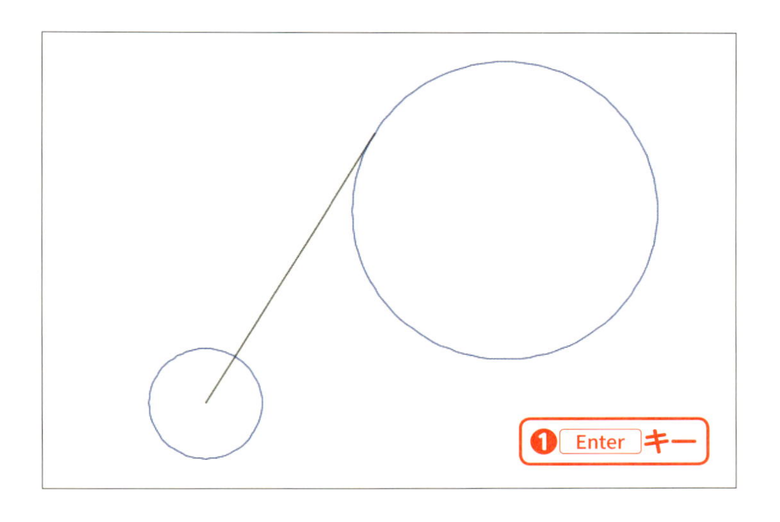

Enter キーを押して❶、コマンドを終了します。

MEMO

２つの円に接線を引く場合は、１点目と２点目のそれぞれで、一時オブジェクトスナップの［接線］を選んでスナップさせます。

長方形や正多角形を描こう

前節までは、線分を組み合わせて三角形や長方形を描きました。
ここでは、ポリラインという連続した線を使って多角形を描きましょう。

◎ 長方形を描く

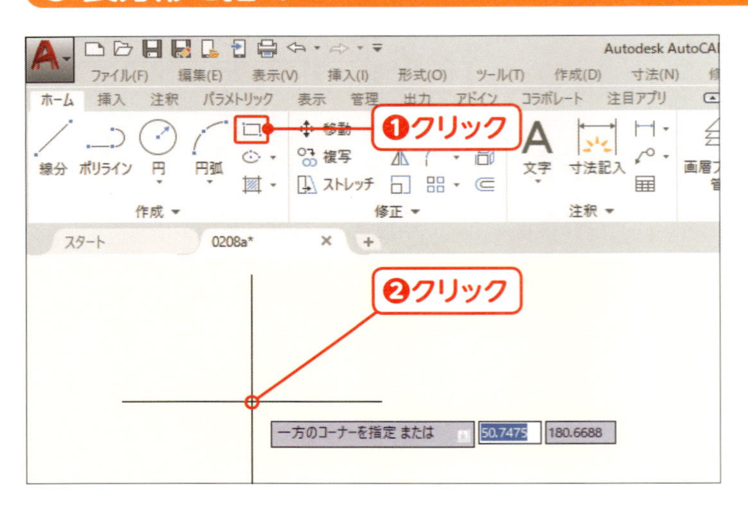

01 長方形コマンドを実行する

［ホーム］リボンタブの［長方形］をクリックします❶。画面上の適当な位置をクリックします❷。クリックした点が、長方形のコーナーになります。

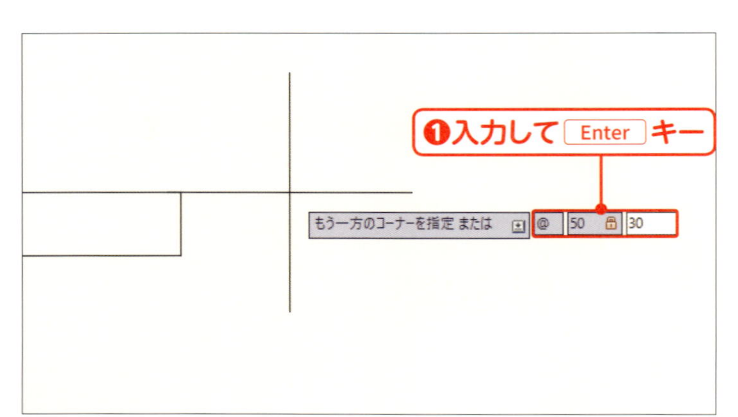

02 横と縦の長さを指定する

「@50,30」と入力して Enter キーを押します❶。

MEMO

「@」は直前の点の意味です。はじめにクリックした点を基準に、X方向（横）の距離、Y方向（縦）の距離をカンマで区切って入力します。

◎ 正五角形を描く

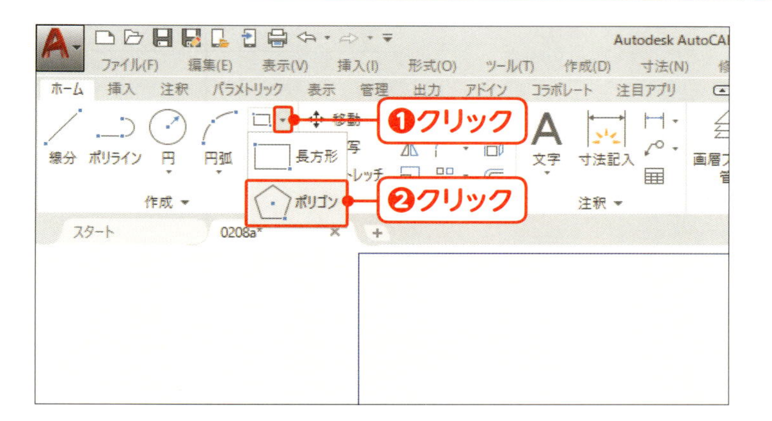

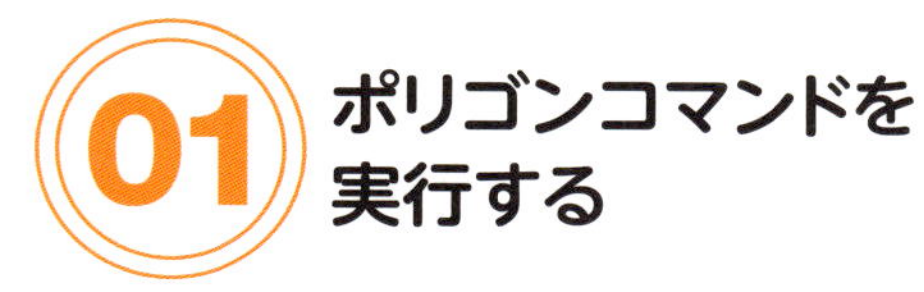

01 ポリゴンコマンドを実行する

[長方形] の ▾ をクリックして❶、[ポリゴン] をクリックします❷。

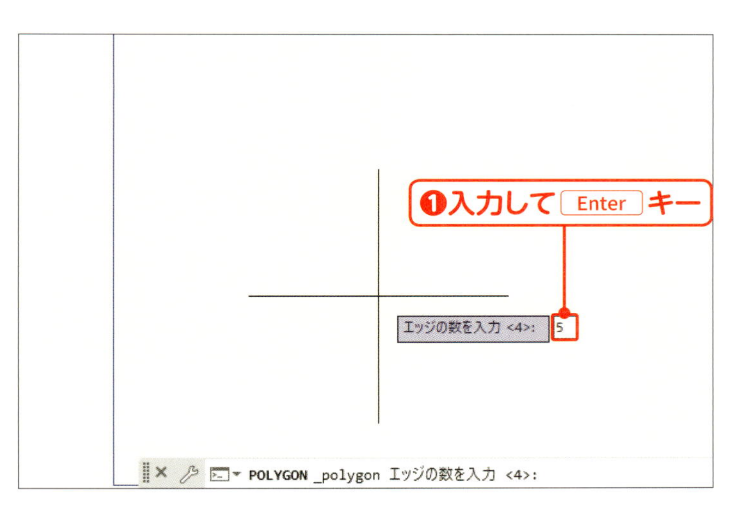

02 辺の数を入力する

「5」と入力して Enter キーを押します❶。

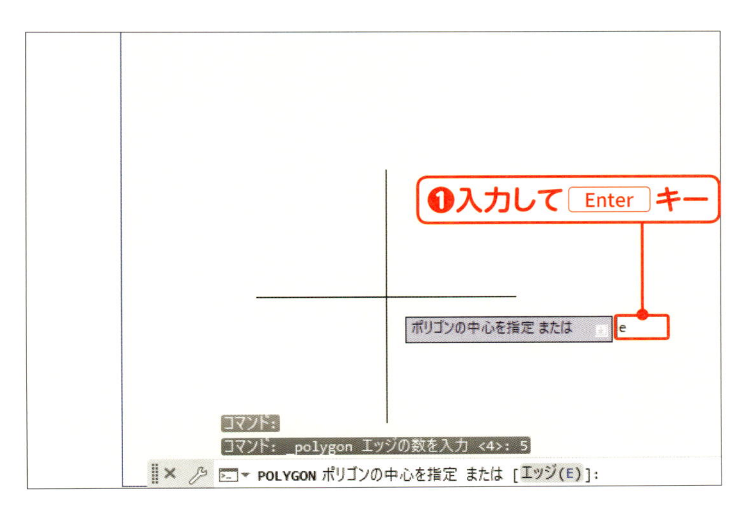

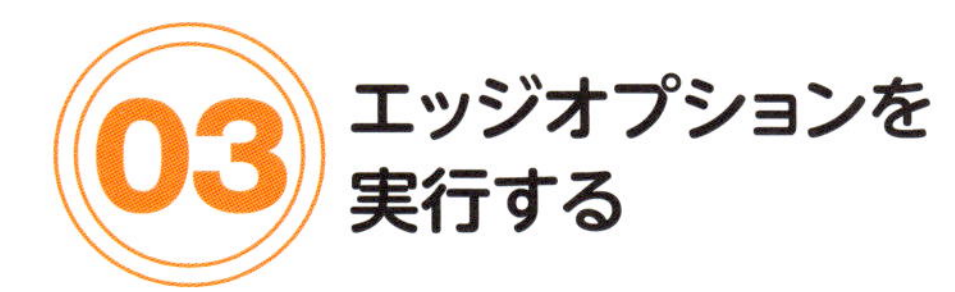

03 エッジオプションを実行する

「E」と入力して Enter キーを押します❶。

MEMO

エッジオプションを実行すると、辺の長さを指定できます。

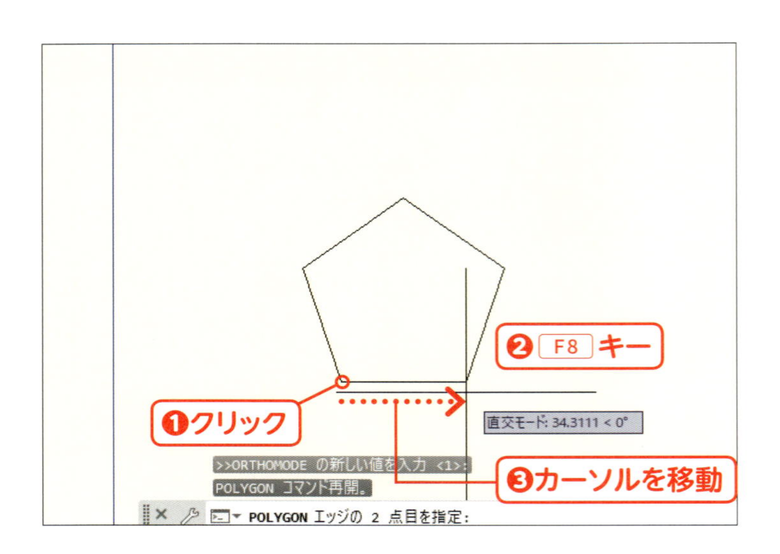

底辺の1点目を指定する

画面上の適当な位置をクリックします❶。クリックした点が底辺の1点目になります。キーボードの F8 キーを押して❷、ステータスバーの［直交モード］をオンにします。カーソルを右の方向へ動かします❸。

MEMO

左へ動かすと、上下逆さまに描かれます。

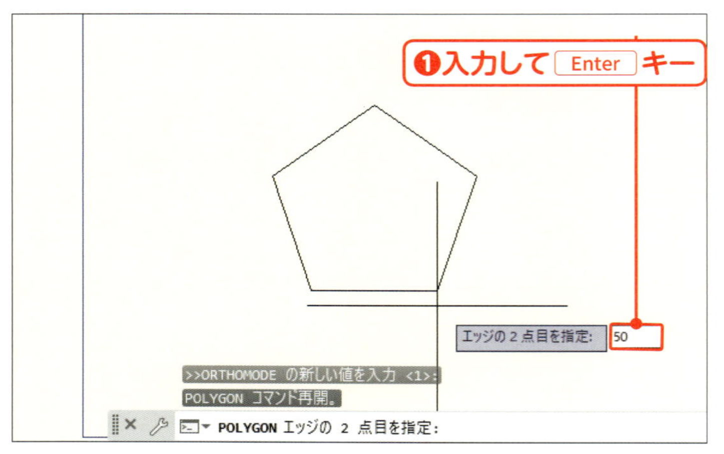

05 底辺の長さを入力する

「50」と入力して Enter キーを押します❶。1辺の長さが50の正五角形が描けます。

Check! そのほかの正多角形の描き方

エッジオプションを使わない場合は、正多角形の中心から頂点までの距離を指定する内接オプション、中心から辺の中点までの距離を指定する外接オプションのどちらかで作図します。

● 内接

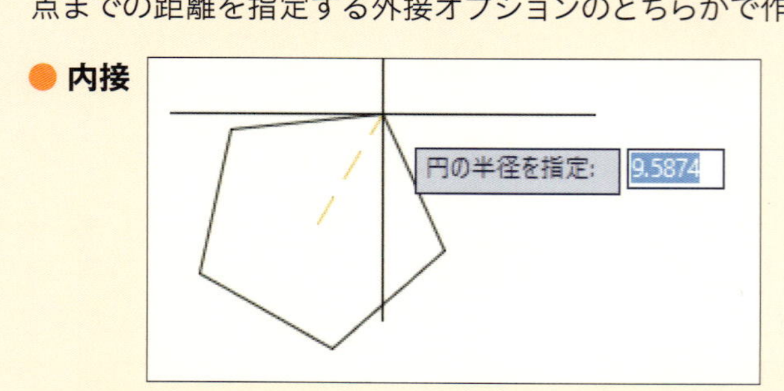

● 外接

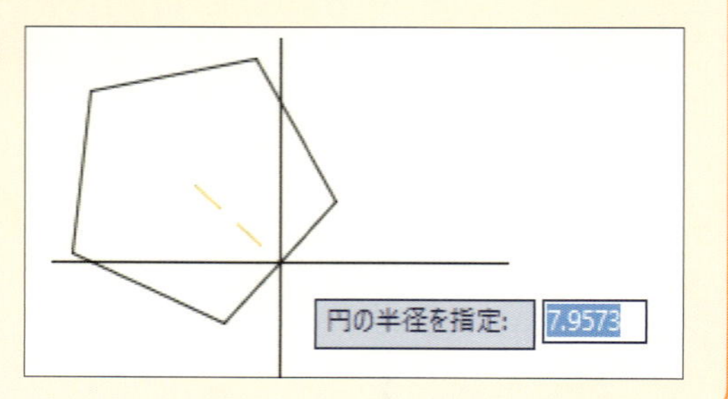

Chapter 3

図形を修正しよう

図形の移動、複写、回転など、画面に描かれている図形の形を変えるためのコマンドを練習します。

図形を修正しよう

この章のポイント

POINT 1 図形を別の位置に移動しよう

移動コマンドを使って、図形を指定の位置に移動します。

➡ P.76

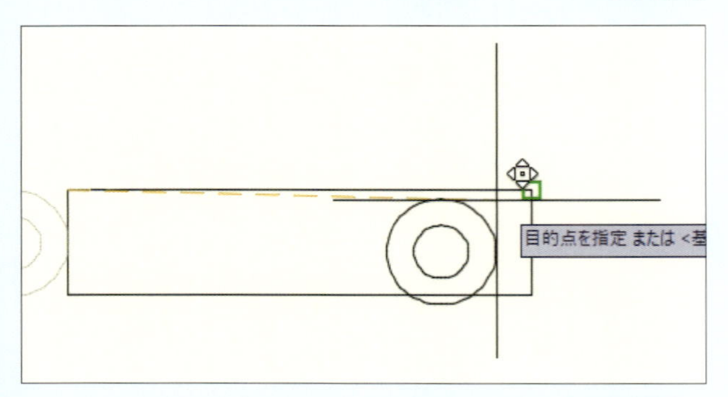

POINT 2 図形を複写しよう

複写コマンドやオフセットコマンドを使って、線や図形を複写します。

➡ P.78,80

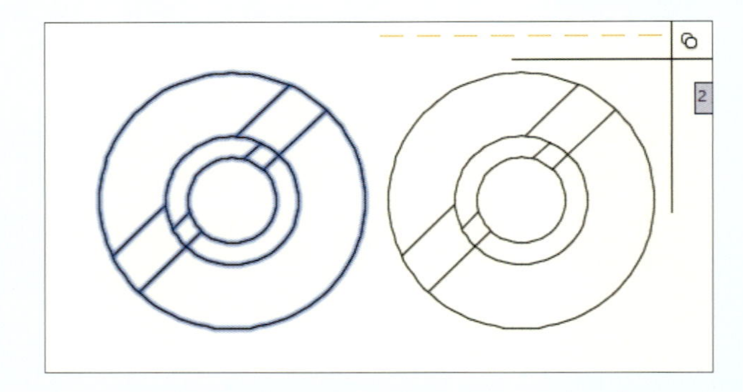

POINT 3 ほかの図形まで線を延ばそう

延長コマンドを使って、基準線まで線を延長します。

➡ P.84

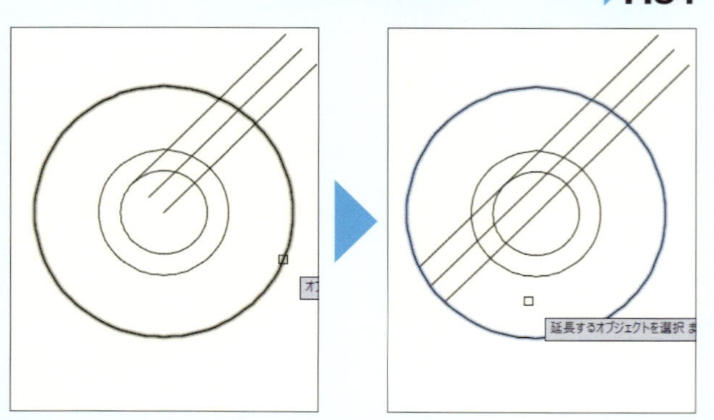

POINT 4 図形の一部を切り取ろう

トリムコマンドを使って、基準線からはみ出した部分を切り取ります。

➡ P.86

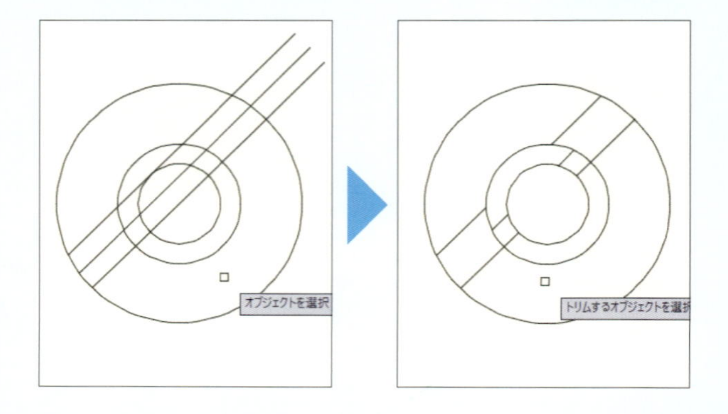

POINT 5 鏡に映したように反転しよう

鏡像コマンドを使って、図形を反転して複写します。

➡ P.88

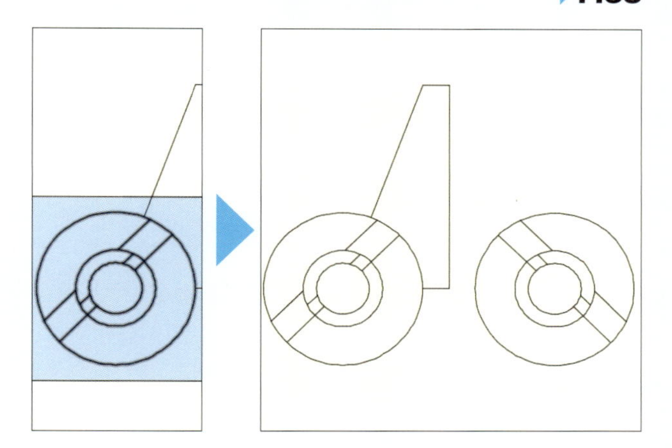

POINT  図形の一部分を伸縮しよう

ストレッチコマンドを使って、図形の一部を伸ばします。

➡ P.90

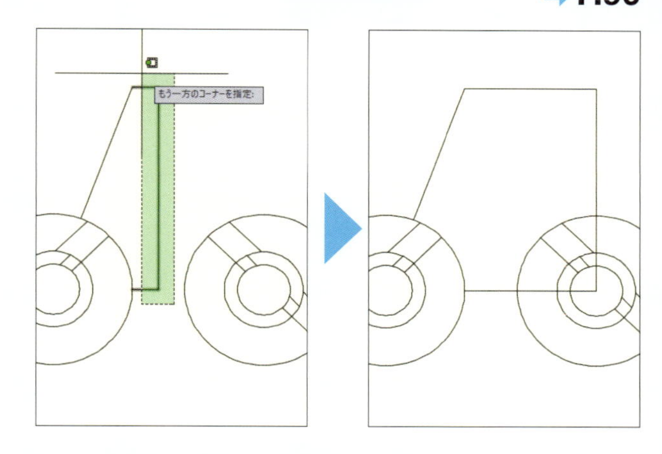

POINT  指定した角度に傾けよう

回転コマンドを使って、
指定した角度に図形を傾けます。

➡ P.92

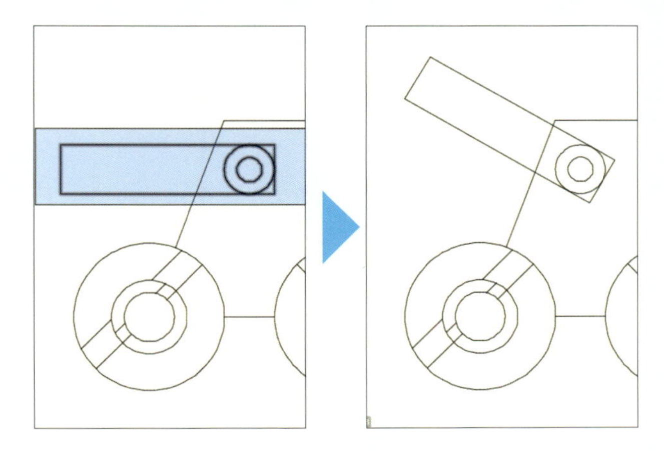

POINT  角を丸めよう

フィレットコマンドを使って、
角を丸めます。

➡ P.94

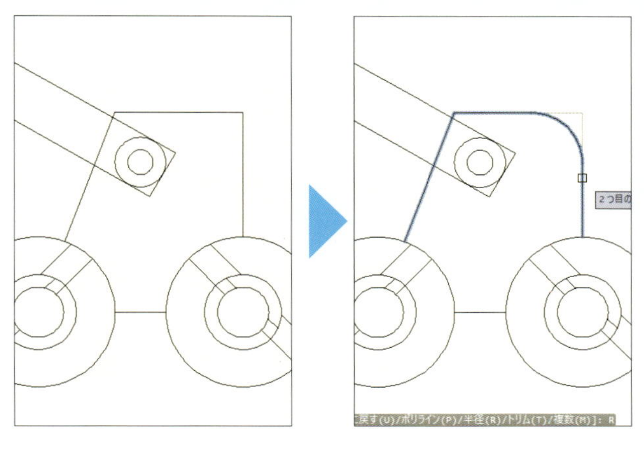

図形を別の位置に移動しよう

図を別の場所へ移動するには、移動コマンドを使います。
移動先を指定して、正確な位置へ移動できるのがCADの特徴です。

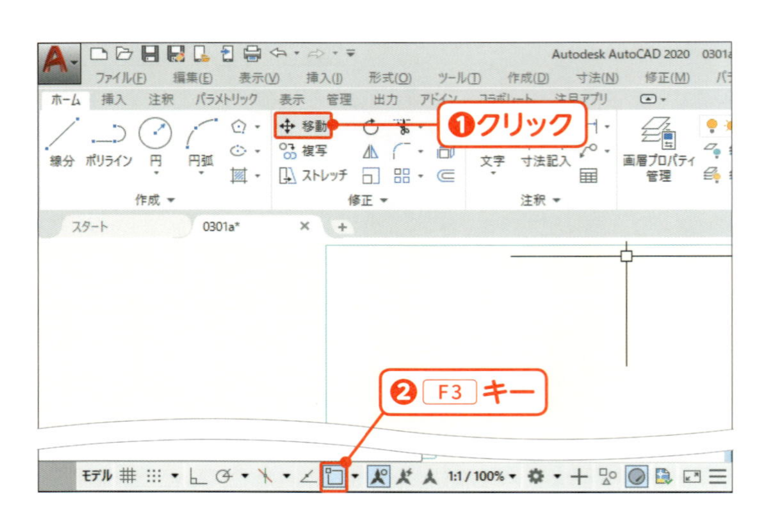

[ホーム] リボンタブの [移動] をクリックします❶。オブジェクトスナップがオフになっている場合は、F3 キーを押して❷、ステータスバーの [オブジェクトスナップ] をオンにします。

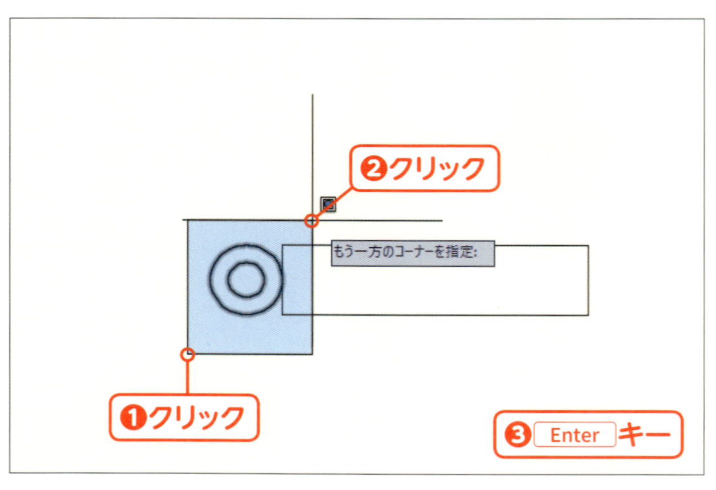

円の左側でクリックし❶、2つの円を囲むようにして、円の右側でクリックします❷。Enter キーを押して選択を確定します❸。

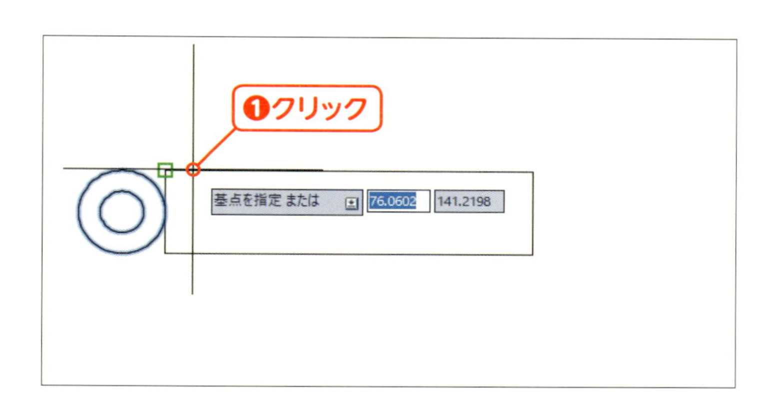

03 移動元の基点を選ぶ

長方形の左側の辺にカーソルを近づけ、「端点」のマーカーがでたらクリックします❶。

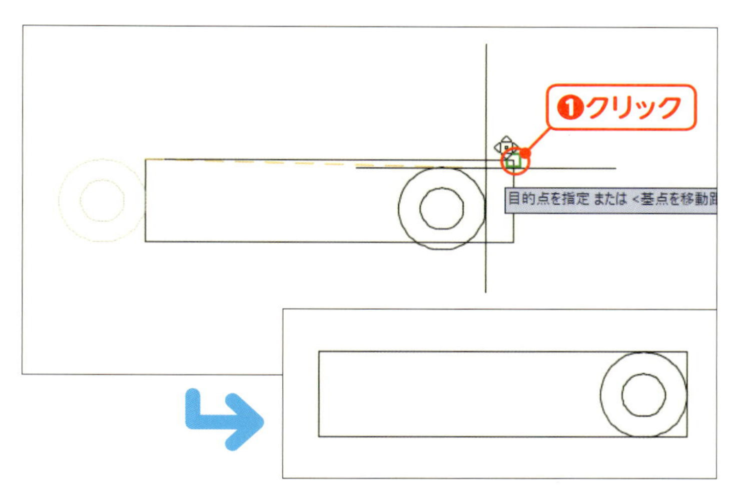

04 移動先（目的点）を指示する

長方形の右側の辺にカーソルを近づけ、「端点」のマーカーが出たらクリックします❶。円が移動します。

✔ Check!　コマンドが先か、選択が先か

今回は［移動］をクリックしてから図形を選択しましたが、図形を選択してからコマンドを実行するという手順でも移動できます。また、図形を選択した状態で右クリックし、ショートカットメニューからも［移動］を選択できます。ショートカットメニューに表示される［複写］や［回転］なども、コマンドを実行してから図形を選択しても、図形を選択してからコマンドを実行しても、どちらの手順でも実行できます。

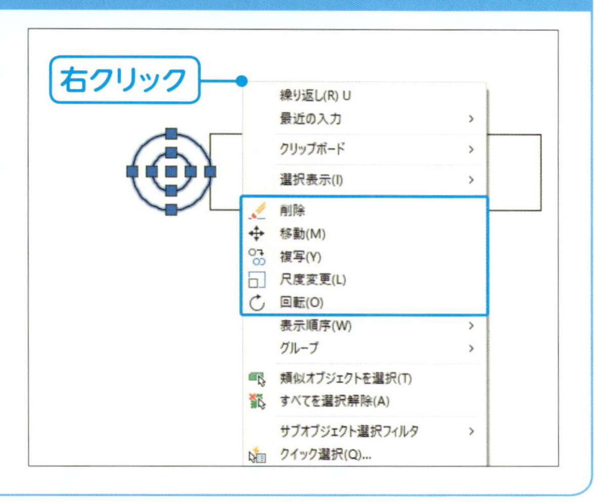

図形を複写しよう

複写コマンドの操作方法は、前節の移動コマンドと同じです。
ここでは、複写先までの距離を指定します。

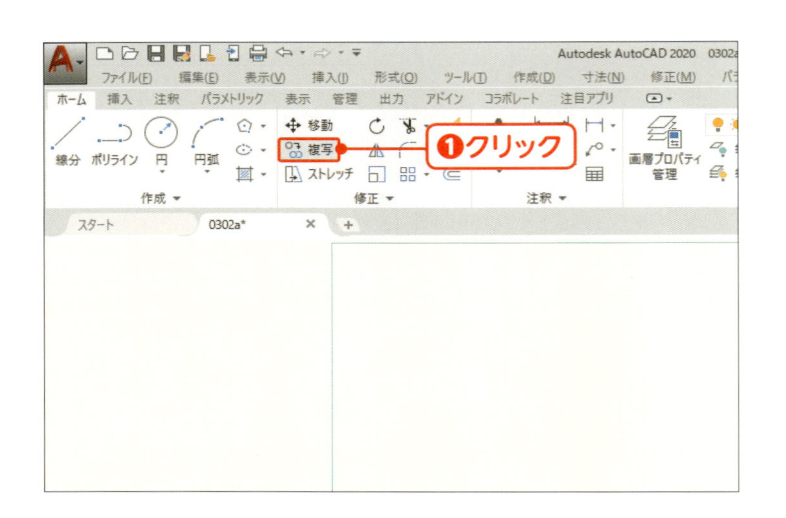

複写コマンドを実行する

[ホーム] リボンタブの [複写] をクリックします❶。

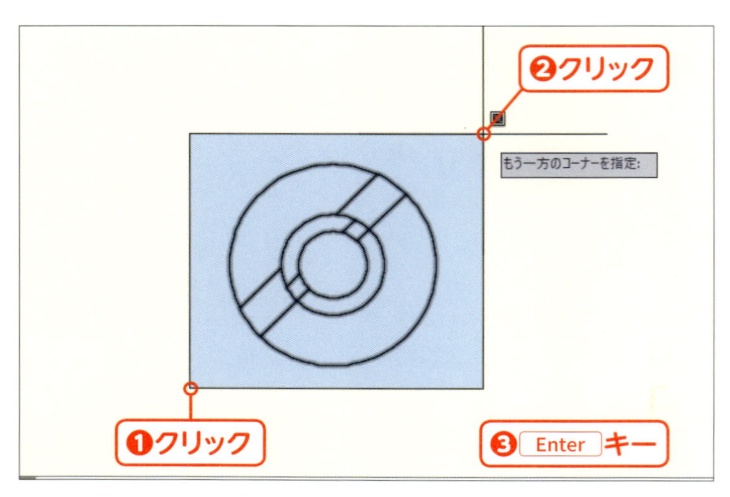

複写する図形を選択する

図形の左下でクリックし❶、図形全体を囲んだら図形の右上をクリックします❷。Enter キーを押して❸、選択を確定します。

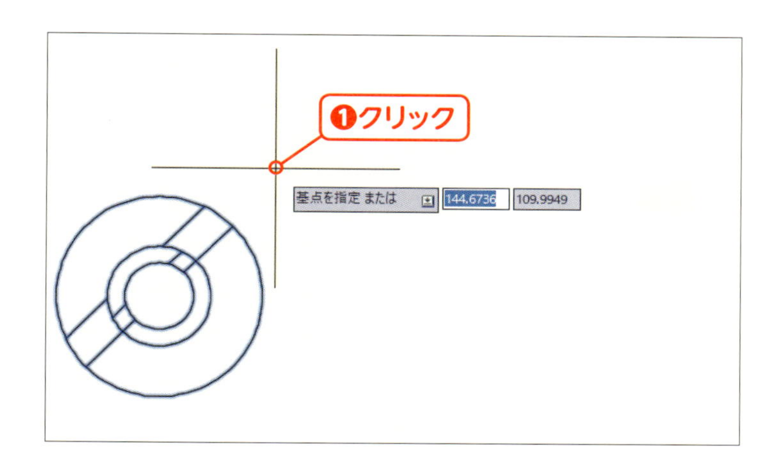

複写元の基点を選ぶ

画面上の適当な位置をクリックします❶。

MEMO

距離を指定して複写するときは、どこを基点にしても同じ結果になります。

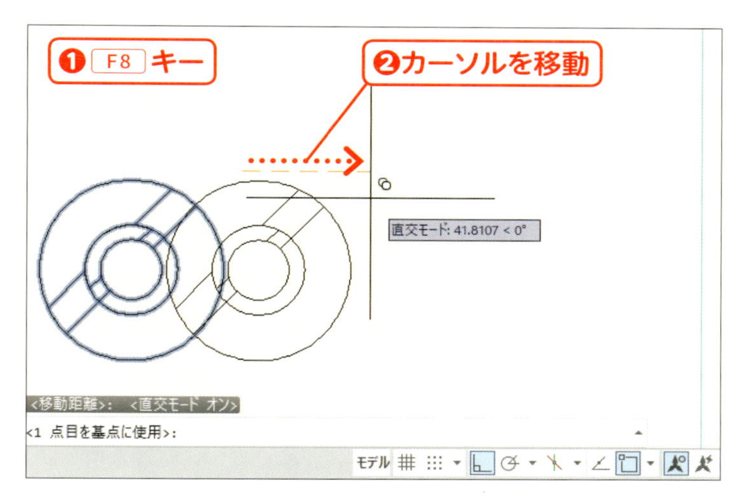

複写方向を決める

F8 キーを押して❶、ステータスバーの [直交モード] をオンにします。カーソルを右方向へ動かします❷。

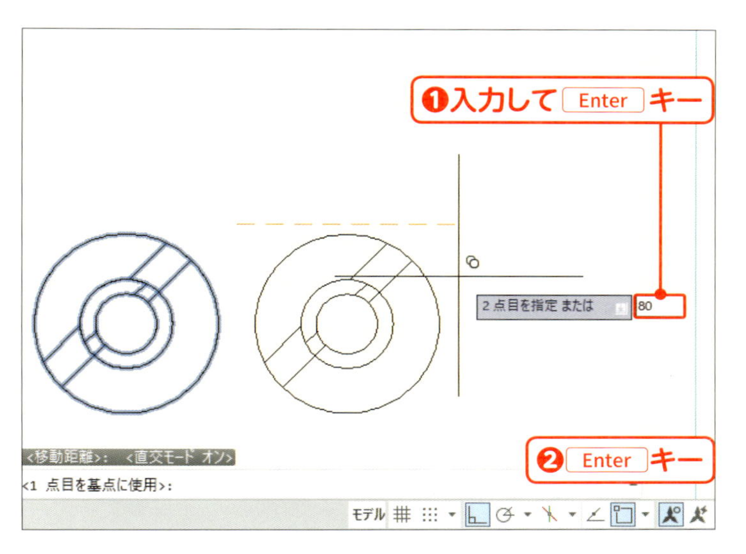

複写先までの距離を入力する

「80」と入力して Enter キーを押します❶。選択した図形が複写されます。引き続き複写先を聞いてくるので、 Enter キーを押してコマンドを終了します❷。

MEMO

「@80,20」と入力すると、横に80、縦に20の位置に複写できます。

線を平行に複写しよう

[オフセット]は、元の線からの間隔を指定して平行に複写するコマンドです。複写する線を選択する前に、距離を入力するのがポイントです。

01 オフセットコマンドを実行する

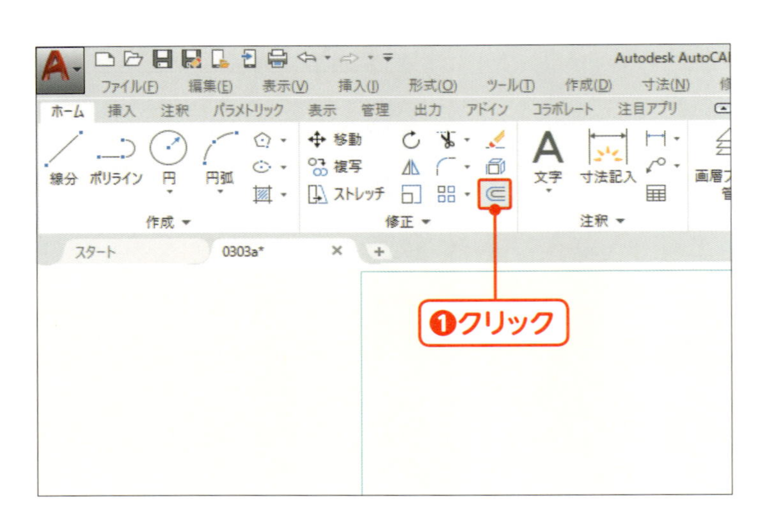

[ホーム]リボンタブの[オフセット]をクリックします❶。

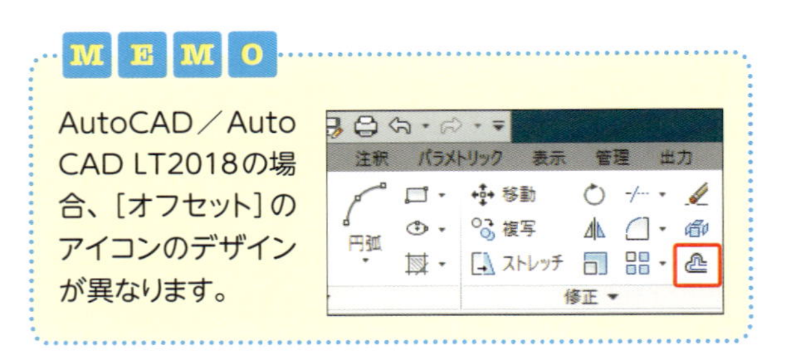

02 オフセット距離を入力する

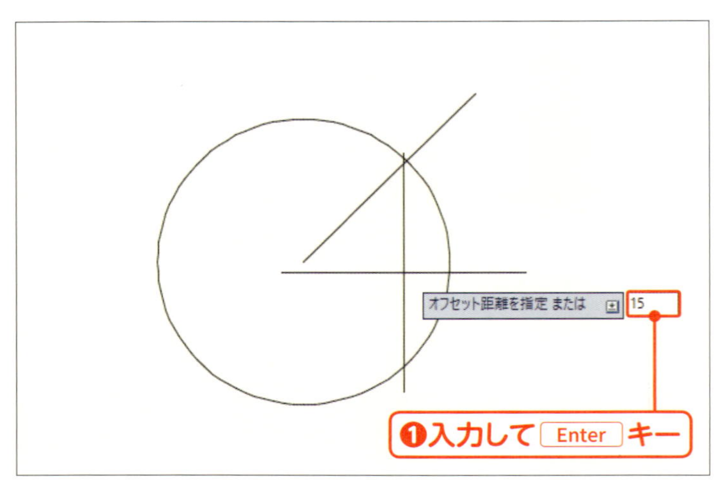

「15」と入力して Enter キーを押します❶。

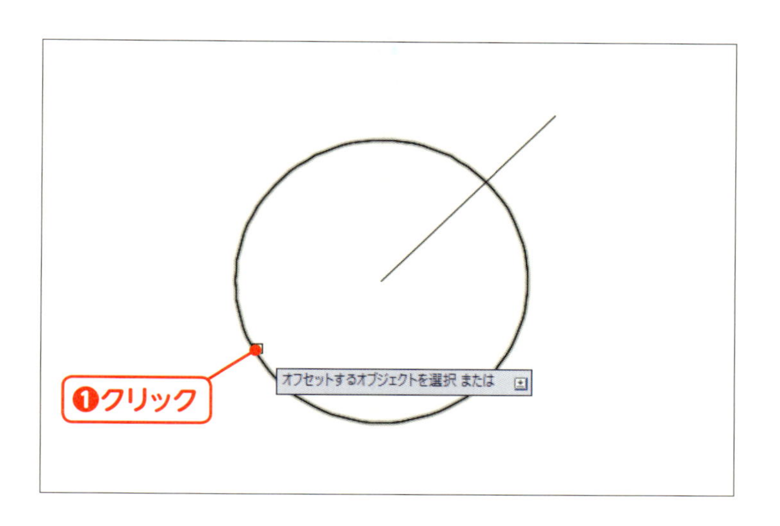

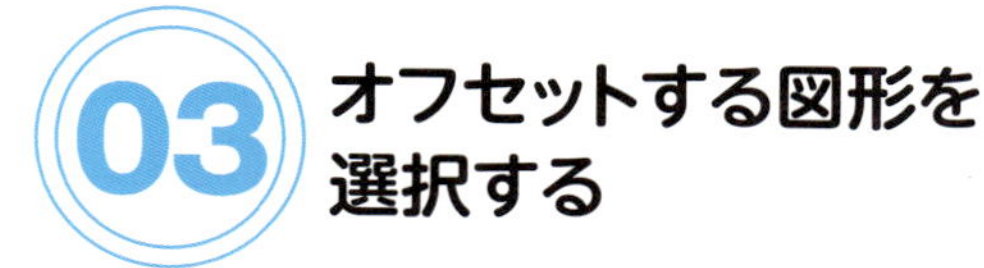

03 オフセットする図形を選択する

円をクリックします❶。

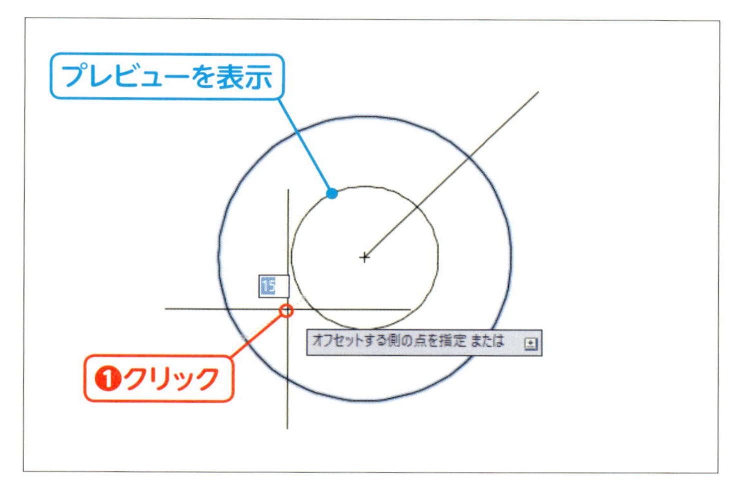

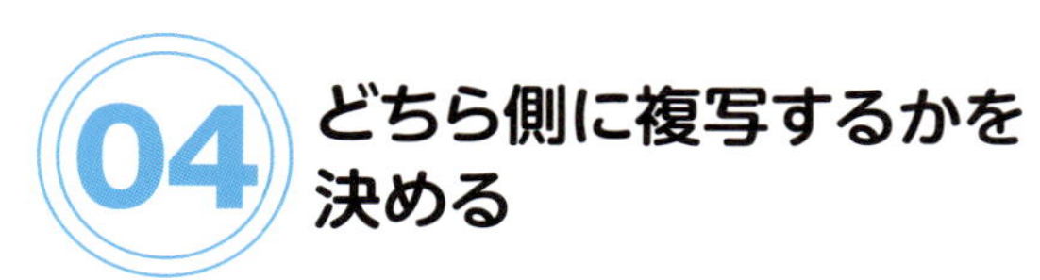

04 どちら側に複写するかを決める

複写結果がプレビュー表示されるので、円の内側の何もない場所をクリックして確定します❶。

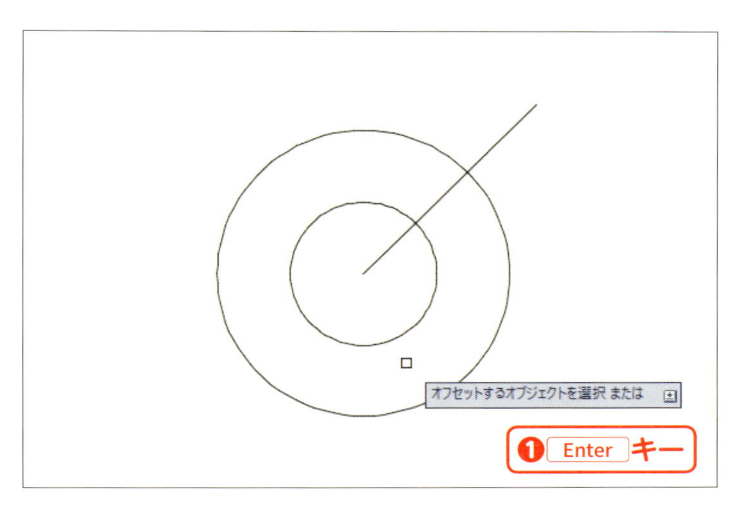

05 コマンドを終了する

円が内側にオフセットされます。Enter キーを押して❶、コマンドを終了します。

06 距離を変えてオフセットする

Enter キーを押して❶、もう一度オフセットコマンドを実行します。「5」と入力して Enter キーを押します❷。

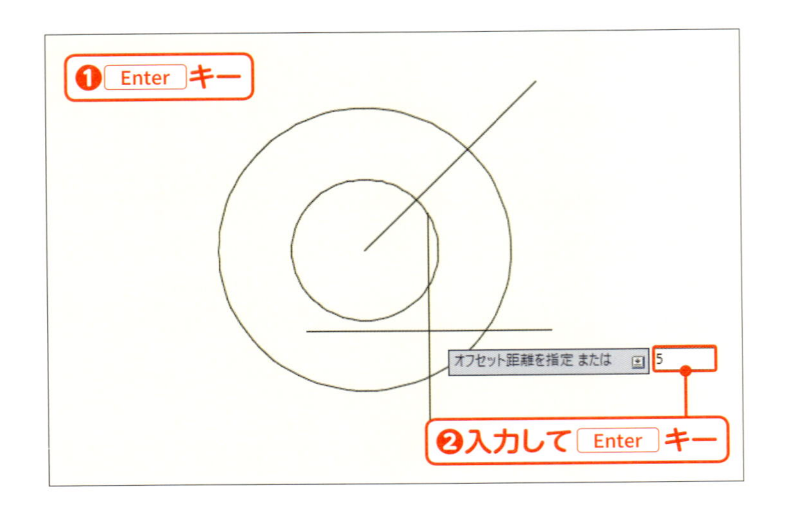

07 内側の円をオフセットする

内側の円をクリックします❶。さらに内側の、何もない場所をクリックします❷。

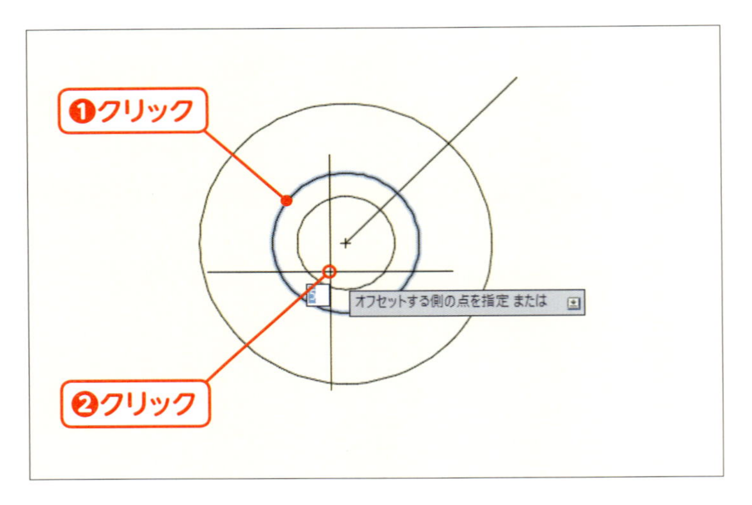

08 コマンドを終了する

円が内側にオフセットされます。Enter キーを押してコマンドを終了します❶。

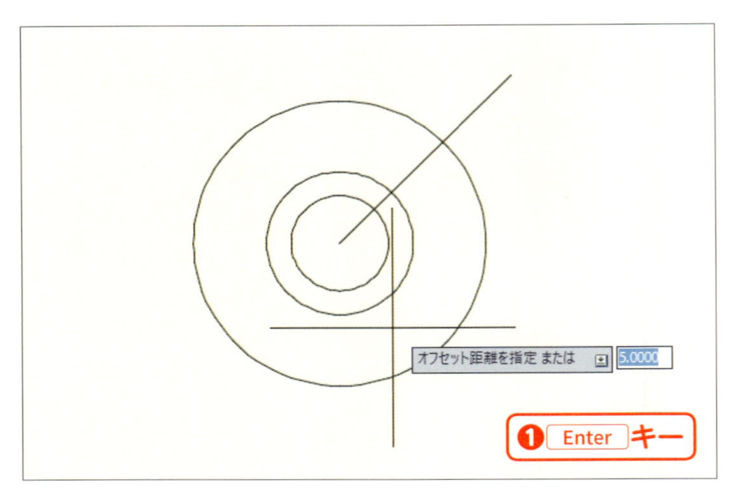

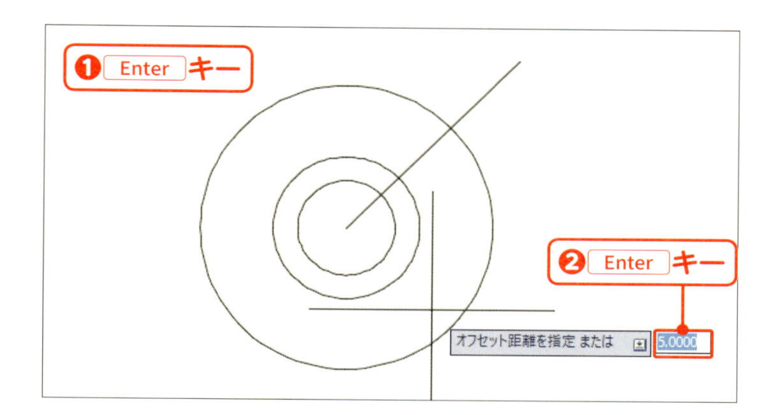

09 同じ距離でオフセットする

Enter キーを押して❶、もう一度オフセットコマンドを実行します。表示されている前回の距離<5.0000>を使うので、そのまま Enter キーを押します❷。

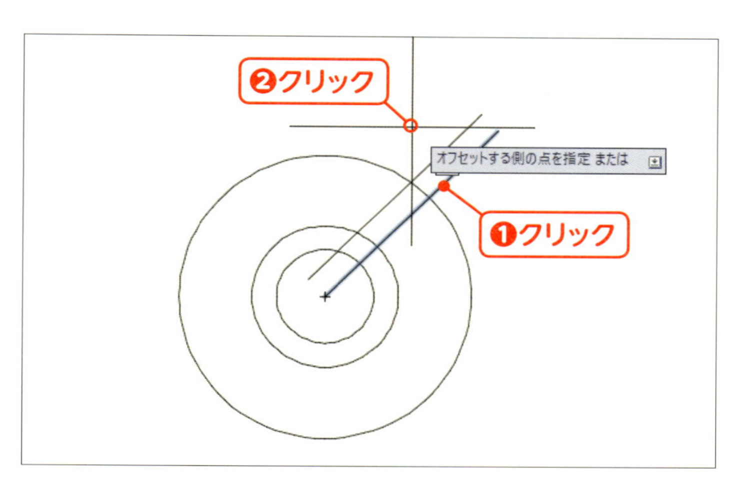

10 線分をオフセットする

線分をクリックし❶、オフセットする側（ここでは上方向）の何もない場所でクリックします❷。線分が上にオフセットされます。

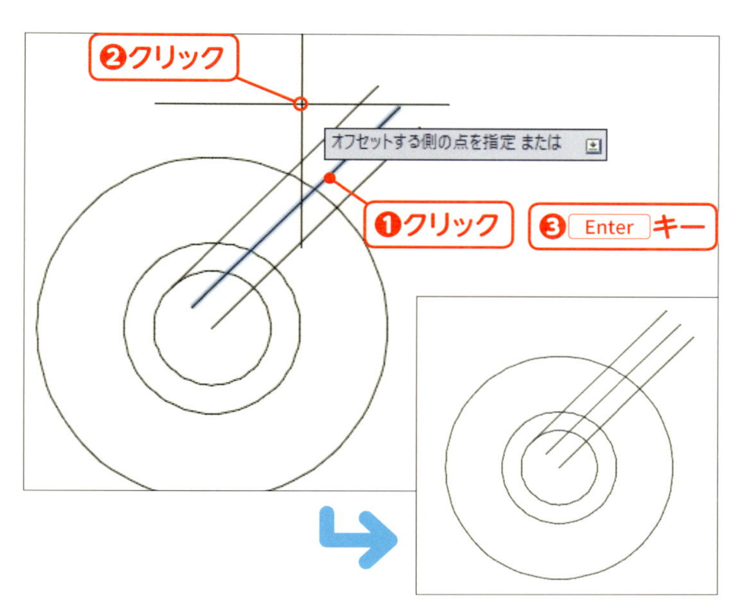

11 続けてオフセットする

オフセットした線分をクリックし❶、オフセットする側（ここでは上方向）の何もない場所でクリックします❷。Enter キーを押して❸、コマンドを終了します。

練習ファイル ：0304a.dwg
完成ファイル ：0304b.dwg

ほかの図形まで線を延ばそう

延長コマンドで指定した基準の線までほかの線を延ばしましょう。クリックした位置から、近い方の端点が延びます。

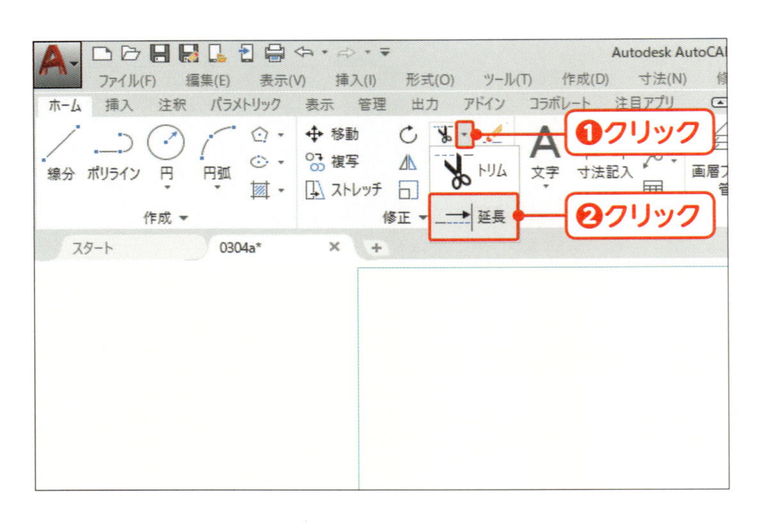

延長コマンドを実行する

[ホーム]リボンタブの[トリム／延長]の▾をクリックし❶、[延長]をクリックします❷。

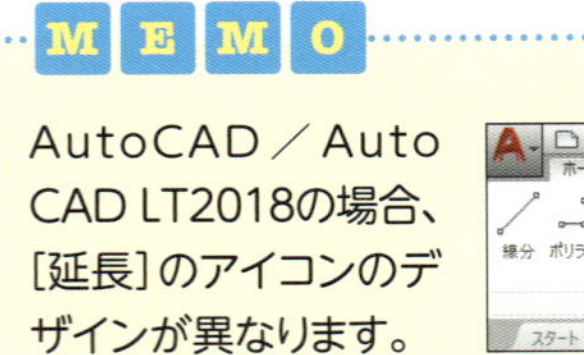

MEMO

AutoCAD／AutoCAD LT2018の場合、[延長]のアイコンのデザインが異なります。

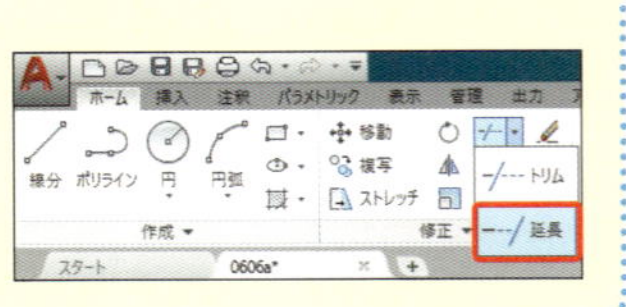

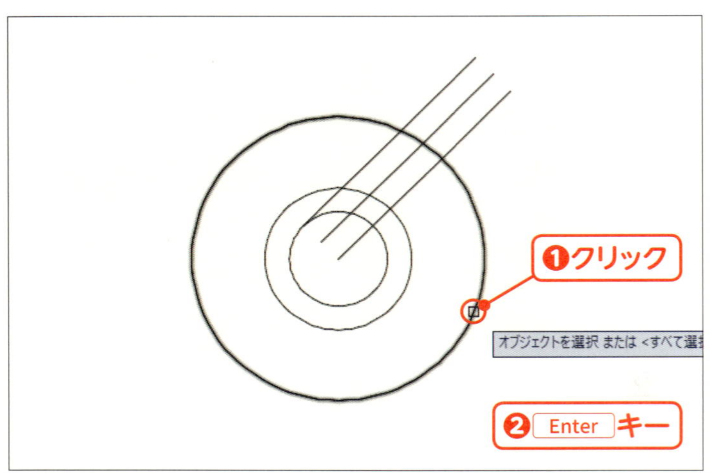

延長先の円を選択する

一番外側の円をクリックし❶、Enter キーを押します❷。

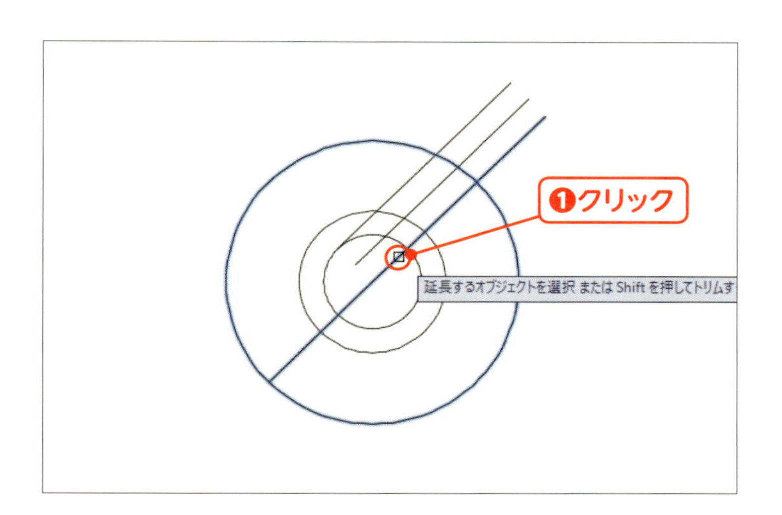

延長する線を選択する

線分にカーソルを近づけると、延長結果がプレビュー表示されます。線分の中点より左側をクリックします❶。

MEMO

クリックした位置に近い方の端点が、延長の対象になります。

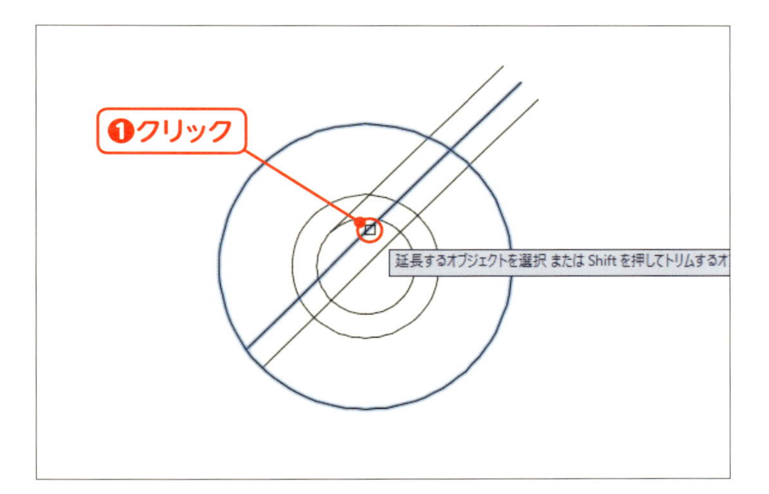

ほかの線も延長する

同じようにして、ほかの線分も中点より左側をクリックします❶。

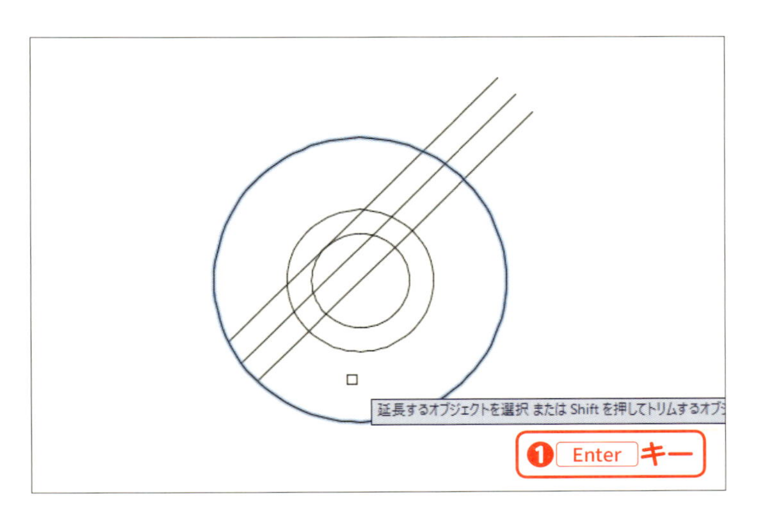

05 コマンドを終了する

Enter キーを押して❶、コマンドを終了します。

3 図形を修正しよう

図形の一部を切り取ろう

トリムコマンドで基準にする切り取り線を指定し、その線からはみ出した部分を切り取りましょう。ここではオプションを使って、すべての線を切り取り線に指定します。

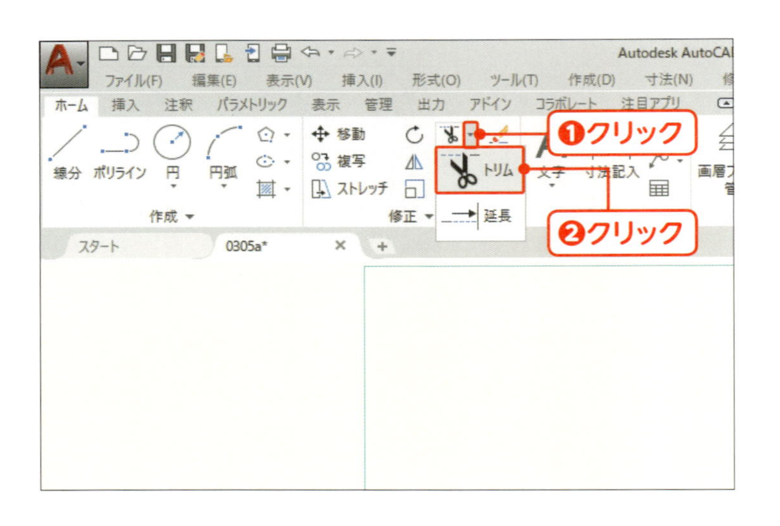

01 トリムコマンドを実行する

[ホーム] リボンタブの [トリム / 延長] の ▾ をクリックし❶、[トリム] をクリックします❷。

AutoCAD／AutoCAD LT2018の場合、[トリム]のアイコンのデザインが異なります。

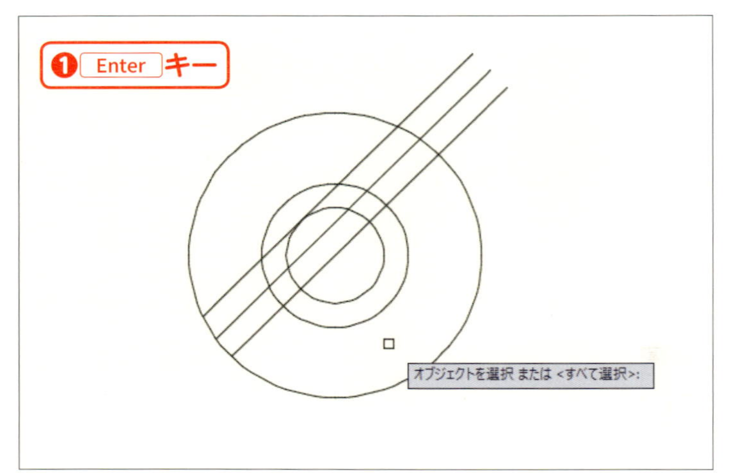

02 すべての線を切り取り線にする

Enter キーを押します❶。

MEMO

トリムコマンドを実行してすぐに Enter キーを押すと、デフォルトオプションの[すべてを選択]を選んだことになります。このオプションは、延長コマンドにもあります。

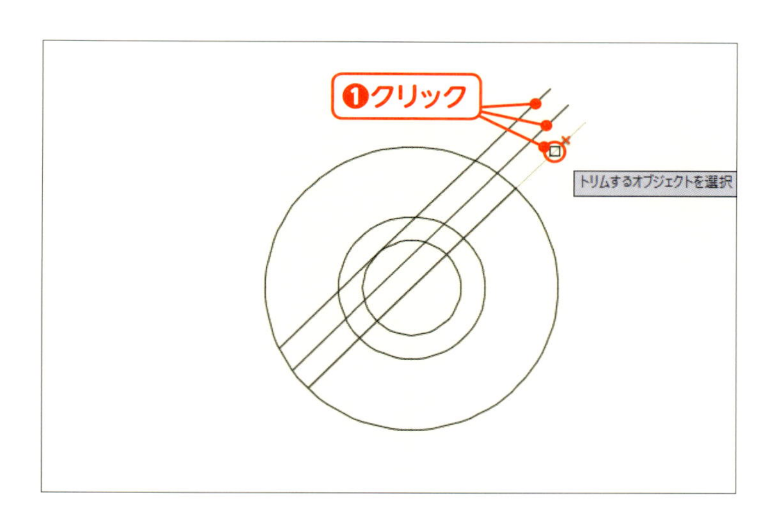

03 切り取る線を選択する

外側の円からはみ出ている3つの線をそれぞれクリックします❶。

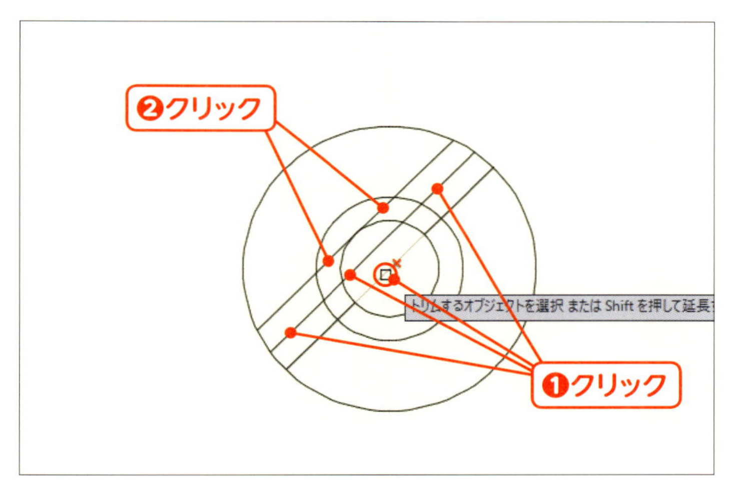

04 円の内側の線を切り取る

円にはさまれている部分をクリックし❶❷、線分を切り取ります。

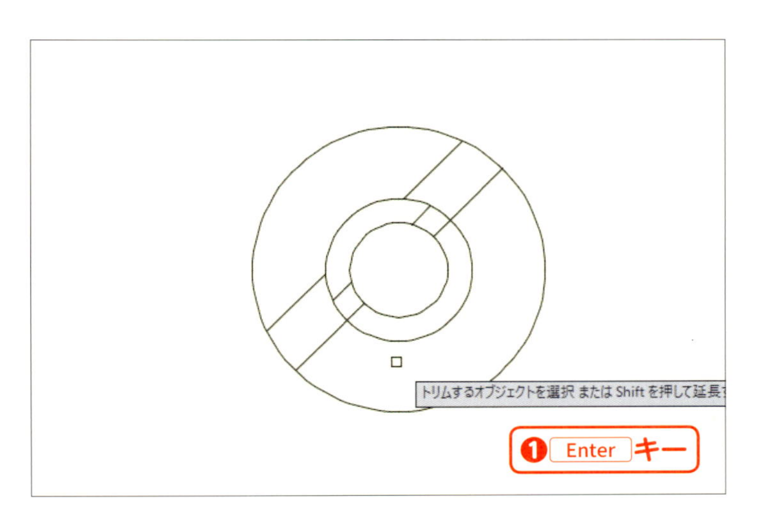

05 コマンドを終了する

Enter キーを押して❶、コマンドを終了します。

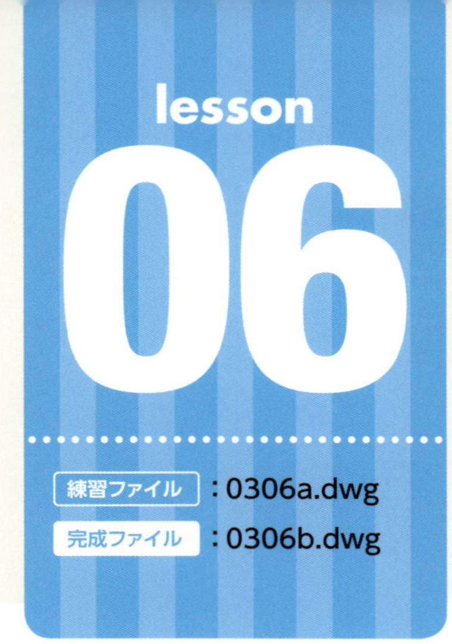

鏡に映したように反転しよう

図形を反転させるときは、鏡像コマンドを使います。
2つの点を指示して、鏡を置く位置（反転させる軸）を決めます。

01 鏡像コマンドを実行する

［ホーム］リボンタブの［鏡像］をクリックします❶。

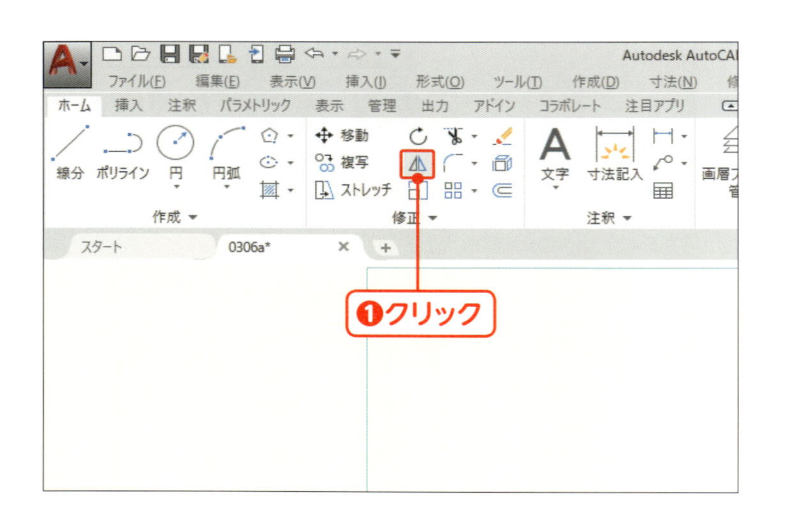

02 反転させる図形を選択する

円とその内側の線分を囲むようにクリックして選択し❶❷、Enter キーを押して確定します❸。

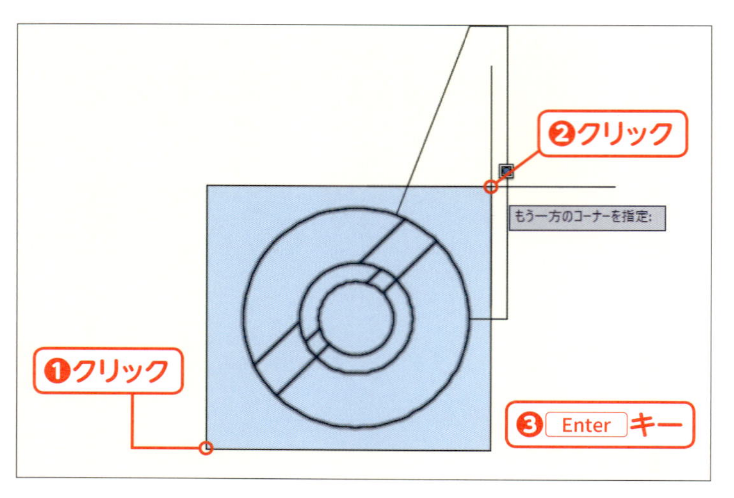

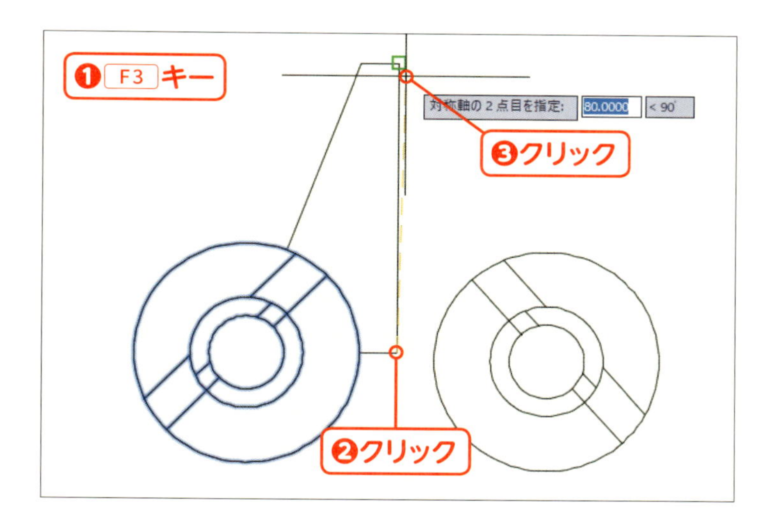

03 鏡の位置を指定する

F3 キーを押して❶、オブジェクトスナップをオンにします。垂直な線の「端点」にスナップしたらクリックします❷。さらに、反対側の「端点」にスナップしたらクリックします❸。

MEMO

ここでは、対象軸を下から上にクリックしていますが、上の端点から下の端点をクリックしても結果は同じになります。

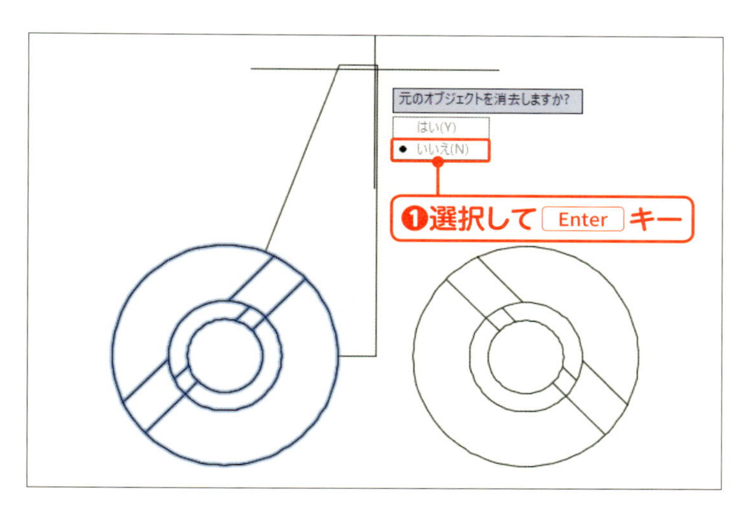

04 反転コピーする

「元のオブジェクトを消去しますか？」の問いに「いいえ」を選択して、 Enter キーを押します❶。

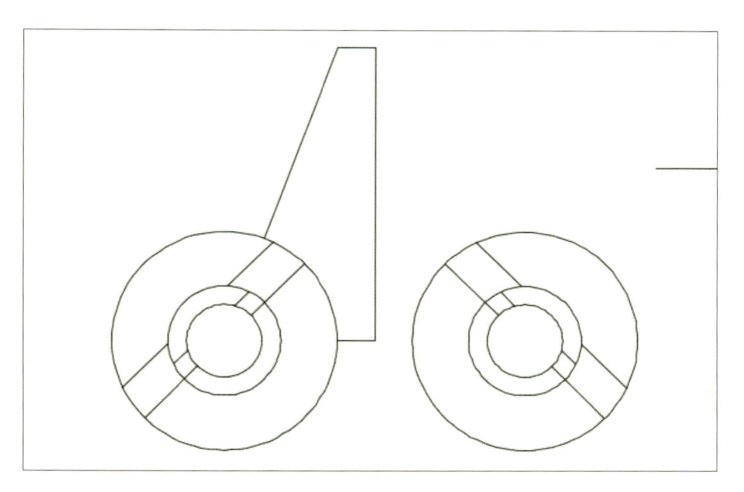

05 反転して複写された

垂直な線を基準に、左右対称に複写できます。

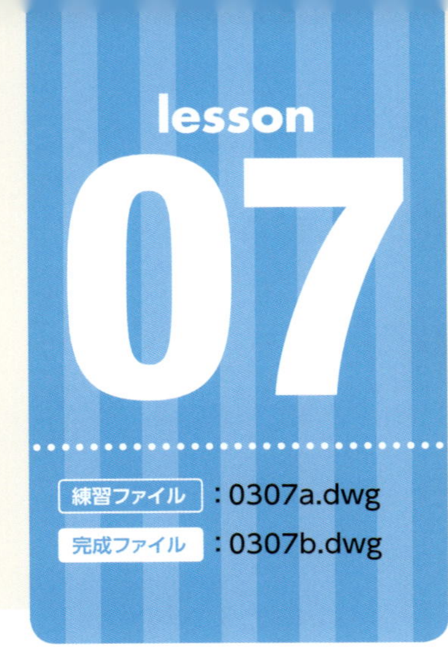

図形の一部分を伸縮させよう

図形の一部を伸縮させるには、ストレッチコマンドを使います。
図面を修正するときに、とても役に立つコマンドです。

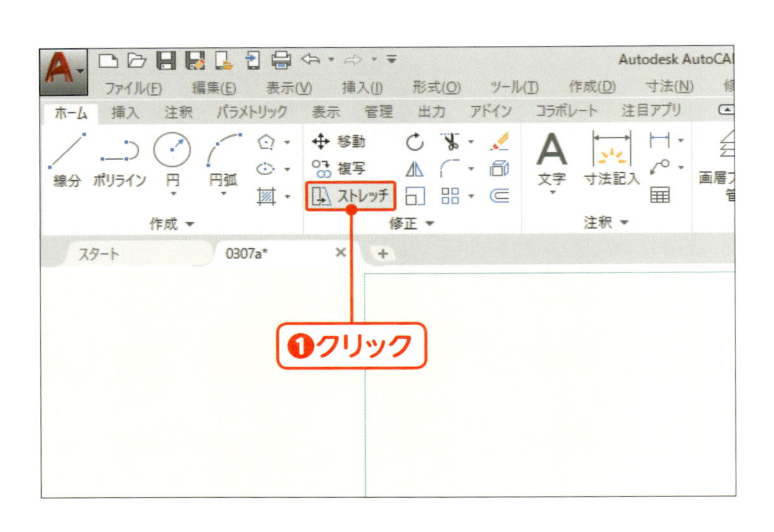

01 ストレッチコマンドを実行する

[ホーム] リボンタブの [ストレッチ] をクリックします❶。

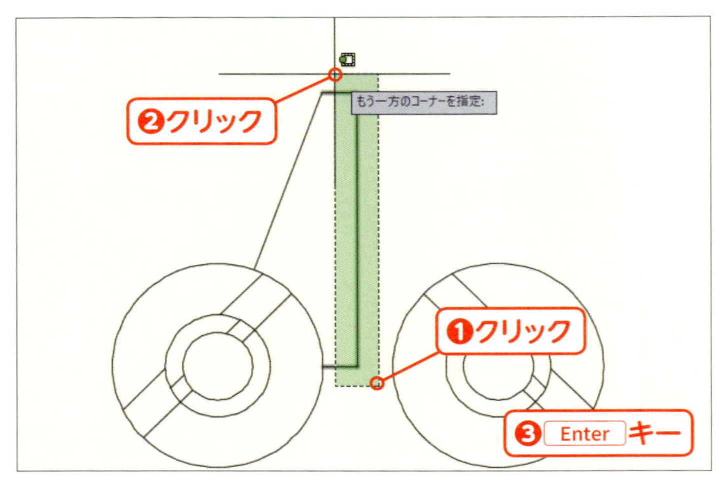

02 動かす部分だけを交差選択する

台形の右下でクリックし❶、垂直な線が囲まれるように左上の2点目をクリックします❷。Enter キーを押して❸、選択を確定します。

MEMO

ストレッチコマンドを使うときは、動かす点を交差選択で選択するのがポイントです。

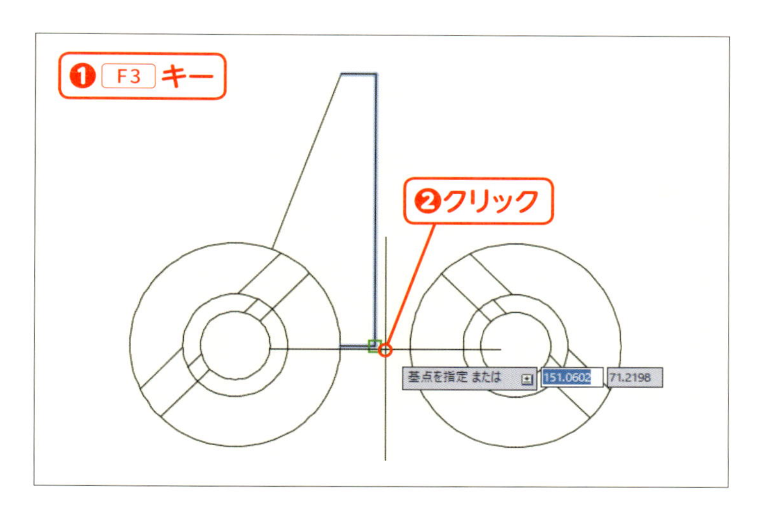

03 基点を指定する

F3 キーを押して❶、オブジェクトスナップをオンにします。台形右下の「端点」にスナップしたらクリックします❷。

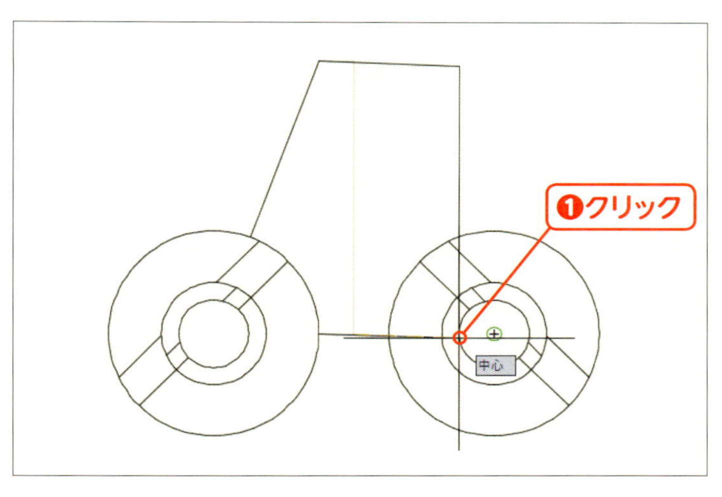

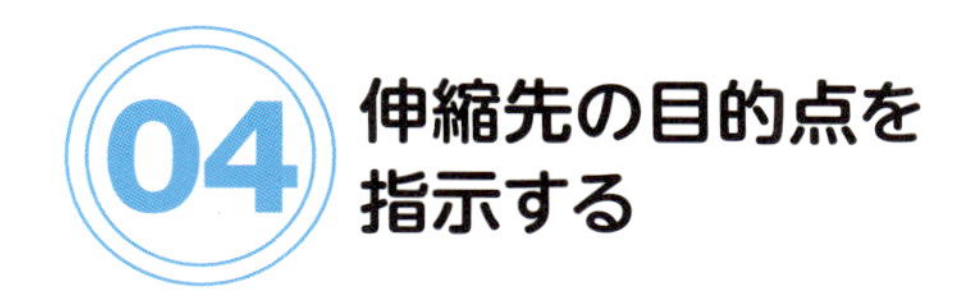

04 伸縮先の目的点を指示する

右側の円にカーソルを近づけ、中心のマーカーが出たらクリックします❶。

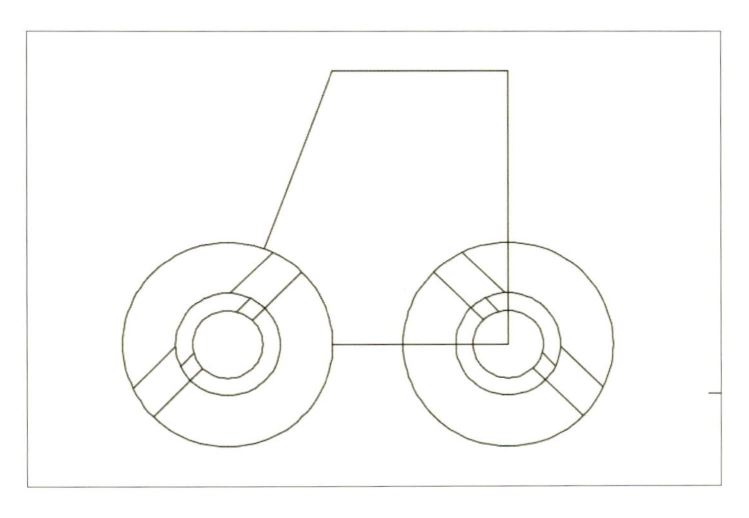

05 ストレッチできた

交差選択の選択窓に入っていた点だけが移動して、ストレッチできます。

MEMO

目的点を指示するときにキーボードから数値を入力すると、カーソルが向いている方向に入力した距離だけ伸縮します。直交モードと組み合わせると便利です。

指定した角度に傾けよう

作図した図形を傾けるには、回転コマンドを使います。
回転コマンドでは、角度を指定するときの符号に注意しましょう。

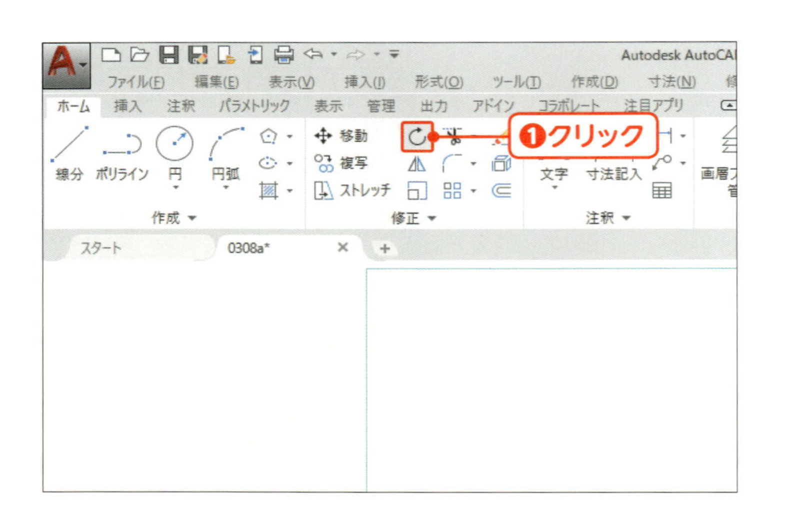

[ホーム] リボンタブの [回転] をクリックします❶。

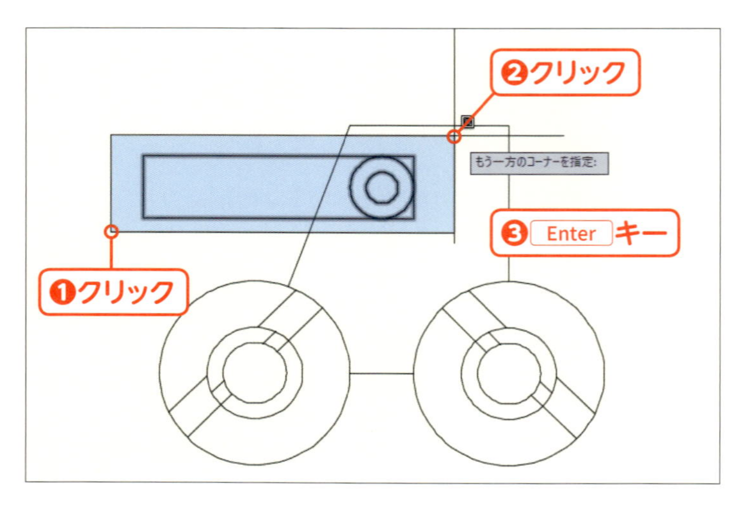

長方形の左下、右上の順にクリックして❶❷、図形を囲むように選択します。 Enter キーを押して❸、選択を確定します。

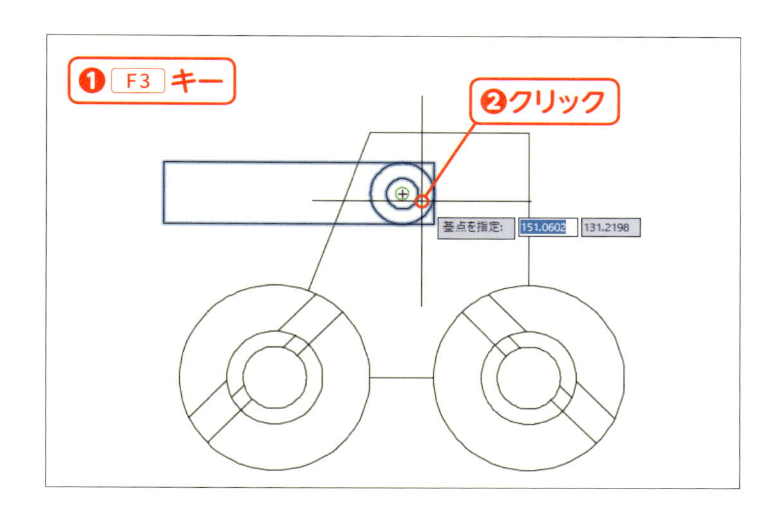

03 回転の中心を指定する

F3 キーを押して❶、オブジェクトスナップをオンにします。円の中心にスナップしたらクリックします❷。

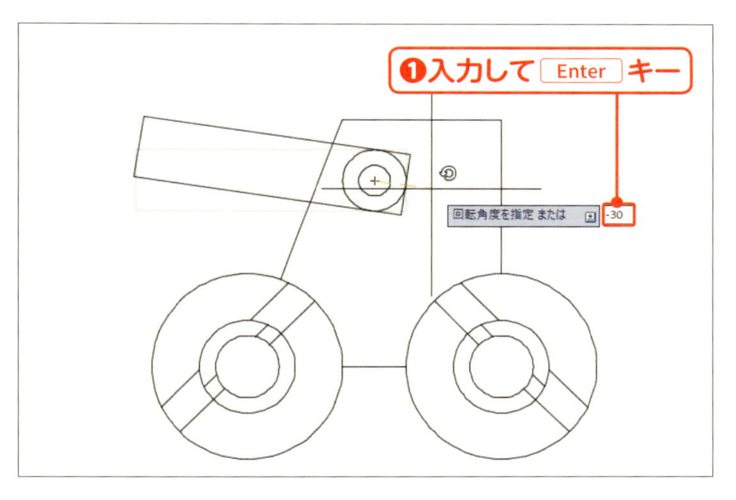

04 角度を入力する

「-30」と入力して Enter キーを押します❶。

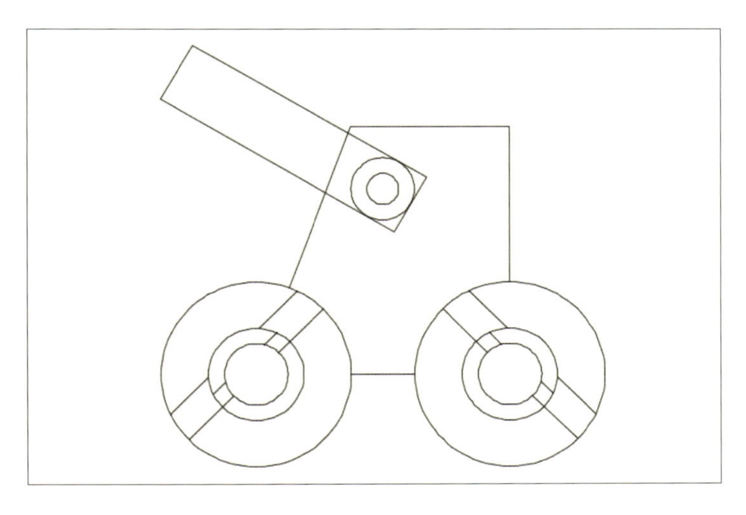

05 図形が傾いた

時計回りに30度傾きました。

MEMO

角度は反時計回りに測ります。時計回りで指定するときは、マイナスの値にします。また、60度30分15秒のように度分秒で指定するときは、「60d30'15"」と入力します。

角を丸めよう

フィレットコマンドは図形の角を丸めるときに便利なコマンドです。
ここでは正方形の角を丸めますが、交差した２本の線や、２つの線の間に隙間があっても丸められます。

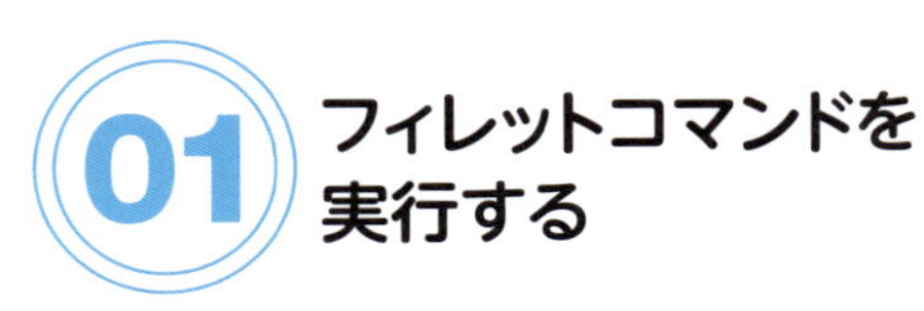

01 フィレットコマンドを実行する

[ホーム] リボンタブの [フィレット] をクリックします❶。

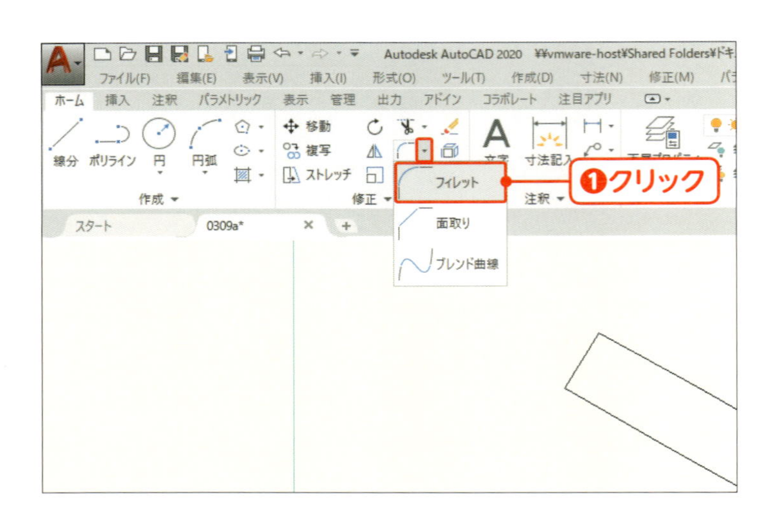

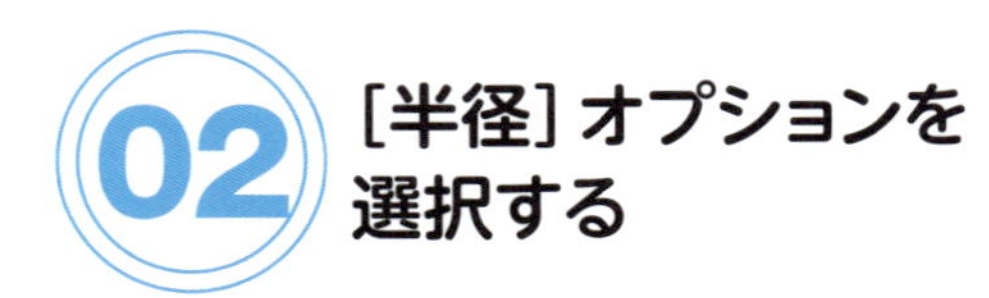

02 [半径] オプションを選択する

[半径] をクリックします❶。

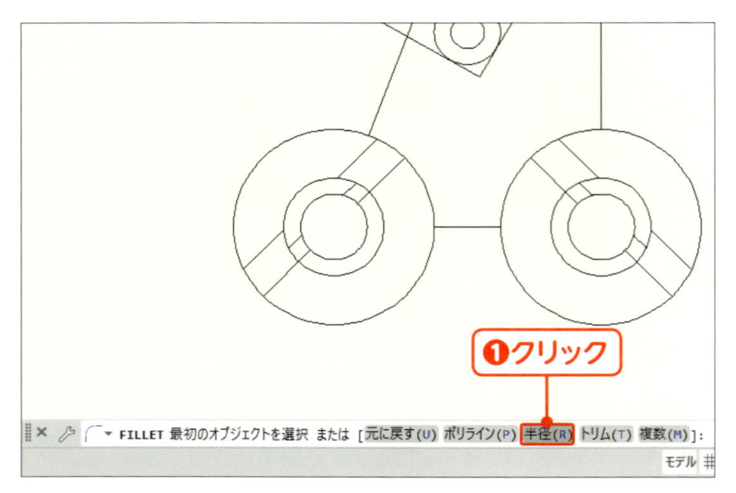

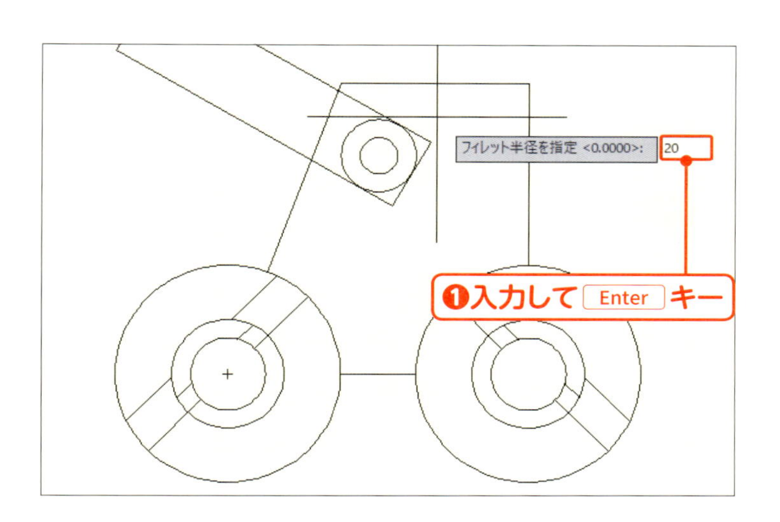

03 フィレット半径を入力する

「20」と入力して Enter キーを押します❶。

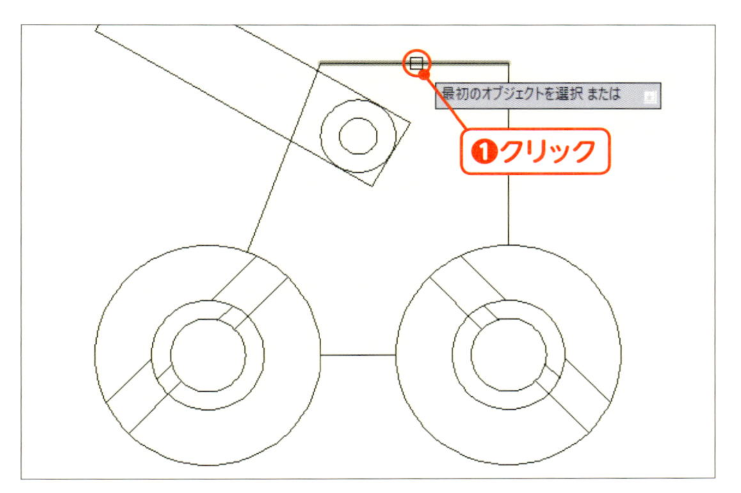

04 線分の1つを選択する

コーナーの線分をクリックします❶。

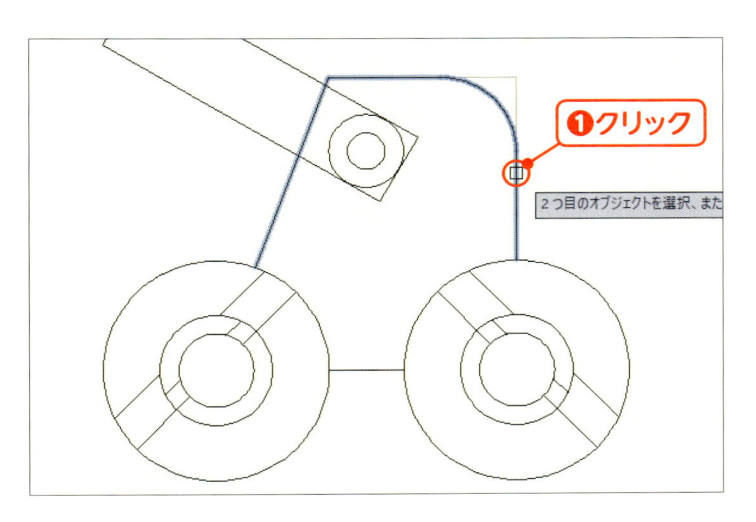

05 2つ目の線分をクリックする

2つ目の線分をクリックします❶。2つの線分にはさまれた角が丸められます。

MEMO

ここで入力した半径は、次に[フィレット]コマンドを実行したときも有効なので、同じ半径でフィレットする場合は、02と03の操作は省略できます。

3 図形を修正しよう

✔ Check!　コマンドを使わずに移動、伸縮

図形を選択したときに表示される青い四角をグリップといいます。青いグリップをクリックすると、グリップが選択されて赤くなります。グリップを使うと、コマンドを実行せずに移動やストレッチができます。中央のグリップを選択すると、マウスの動きに合わせて、図形全体を移動できます。

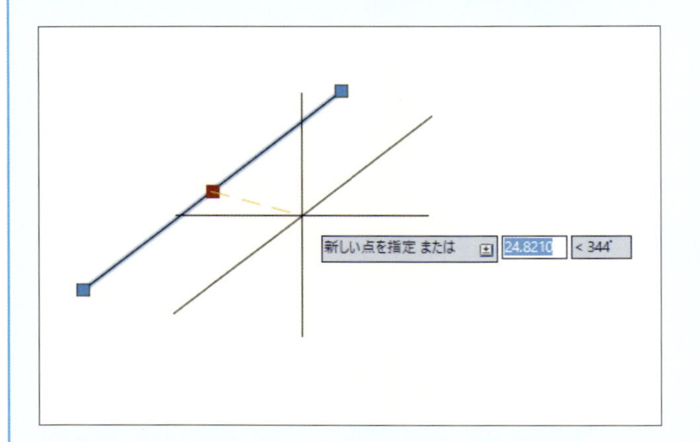

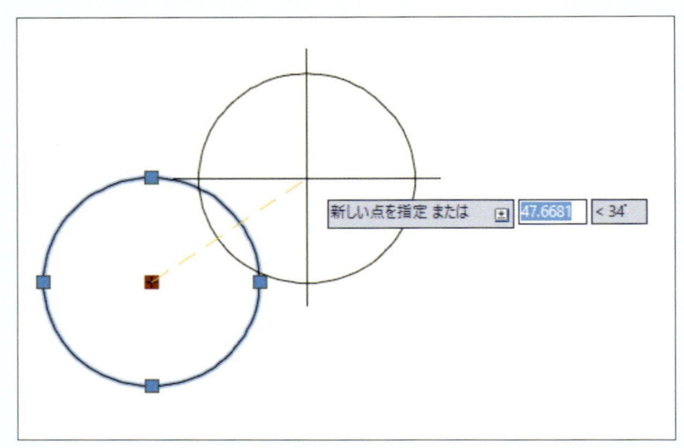

図形の端点や円の上下左右のグリップを選択すると、ストレッチモードになり、形状を変更できます。

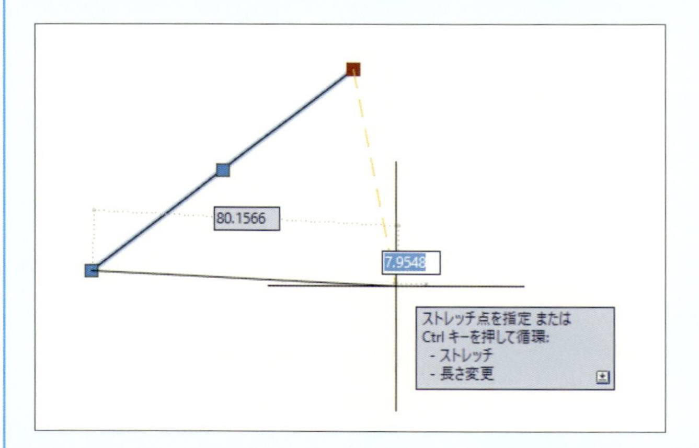

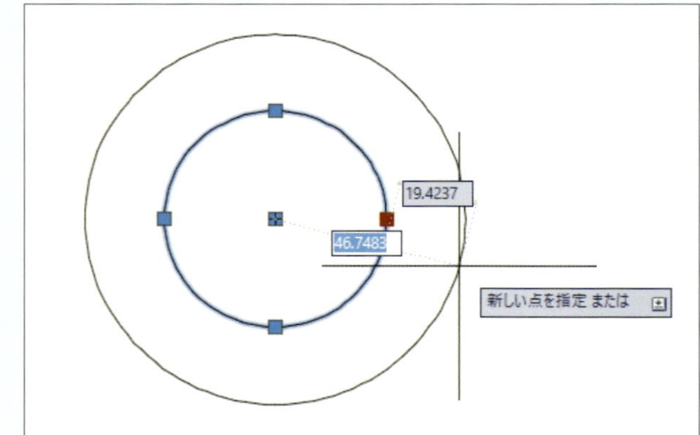

Chapter 4

種類別に作図しよう

画層（レイヤー）機能を使って、図面のデータをグループに分けて整理しましょう。また、線の色や太さなどのプロパティの設定方法を練習します。

種類別に作図しよう

この章のポイント

POINT 1 色や線の種類を変えて作図しよう

レイヤーを切り替えて、線の色や種類を変えて中心線と円を別のレイヤーに描きます。

➡P.100

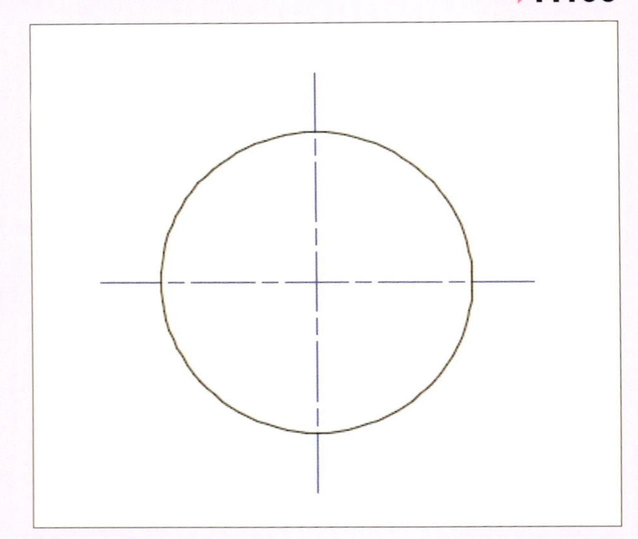

POINT 2 色や線種の組み合わせを登録しよう

「画層プロパティ管理」パレットを開き、線の色や種類を設定して、新しいレイヤーを作成します。

➡P.104

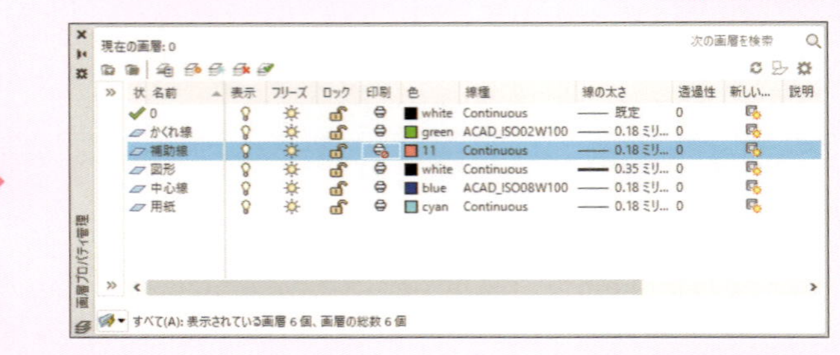

POINT 3 図形の色や線種を変更しよう

図形に割り当てたレイヤーを変更して、図形の色や線種を変えます。また、レイヤーを変更せずに、線種だけを変更することもできます。

➡P.108

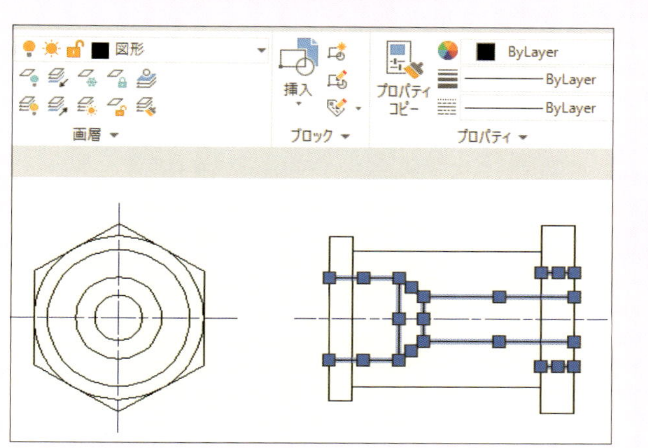

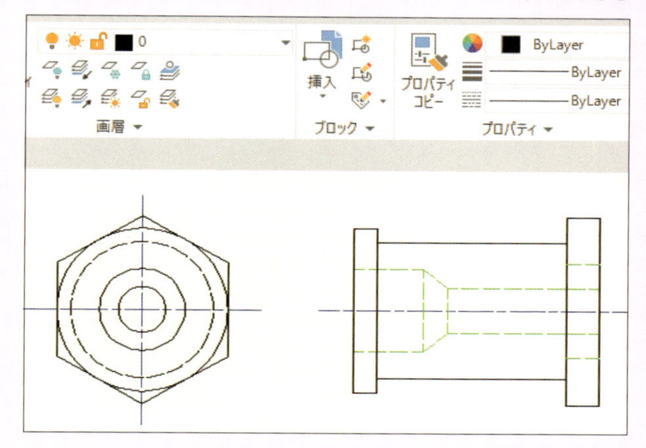

POINT 4 かくれ線だけを非表示にしよう

レイヤーを非表示にすると、そのレイヤーに描いてある図形も非表示になります。
中心線が描いてあるレイヤーを非表示にして、中心線を非表示にします。

➡P.110

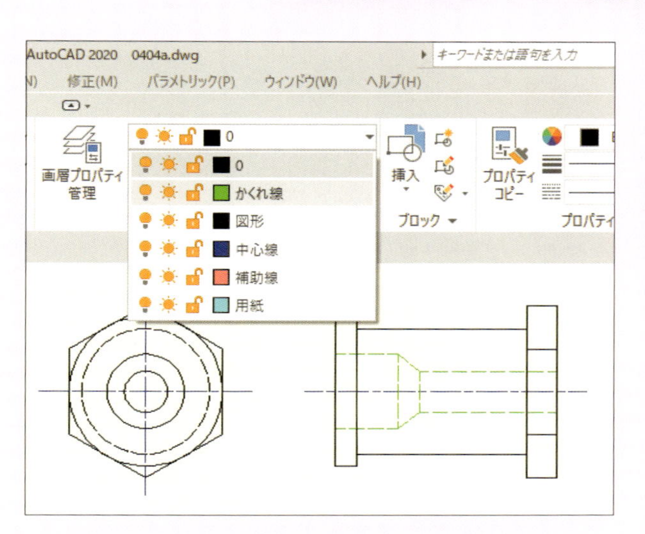

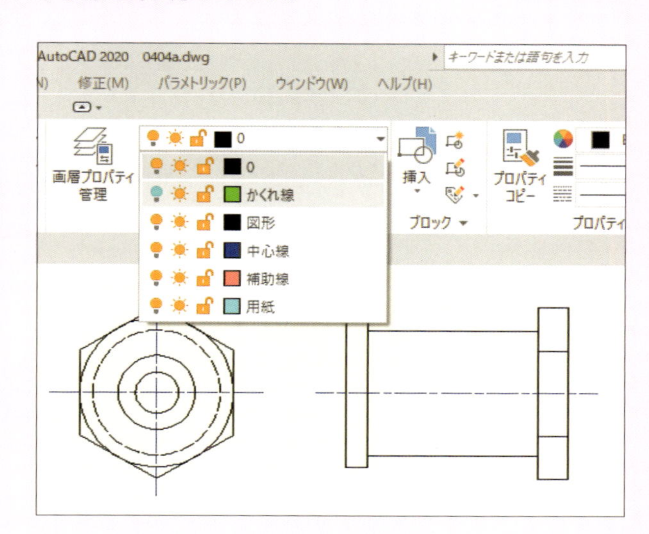

線の色や種類を変えて作図しよう

線の色や種類を変えて、図形を描きましょう。
色や線種は画層に設定されています。

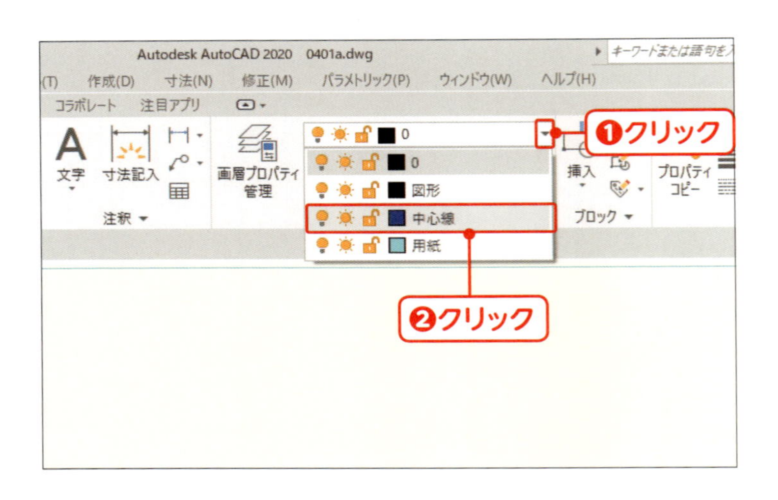

01 「中心線」画層に切り替える

[ホーム] リボンタブの [画層] パネルで [画層コントロール] の▾をクリックし❶、[中心線] を選択します❷。

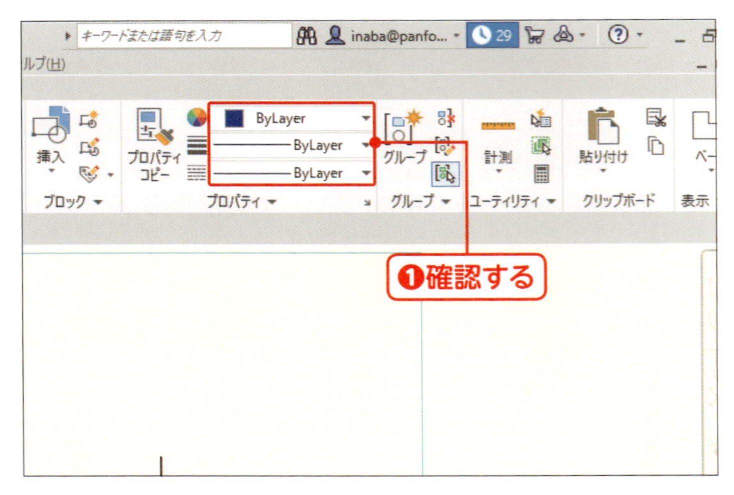

02 プロパティを「ByLayer」にする

[プロパティ] パネルの「オブジェクトの色」、「線の太さ」、「線種」が [ByLayer] になっていることを確認します❶。

MEMO

これらのプロパティは、通常「ByLayer」にしておきます。もし違っていたら▾をクリックして「ByLayer」にしておきましょう。

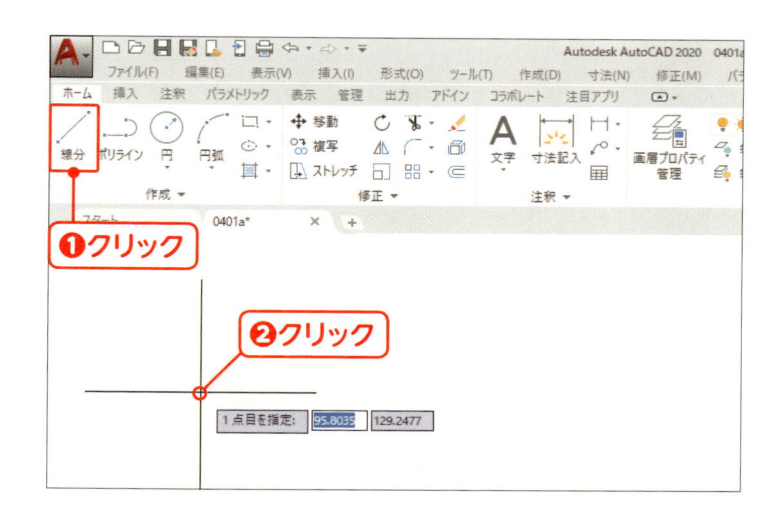

03 線分コマンドを実行する

［線分］をクリックし❶、画面上の適当な位置をクリックします❷。

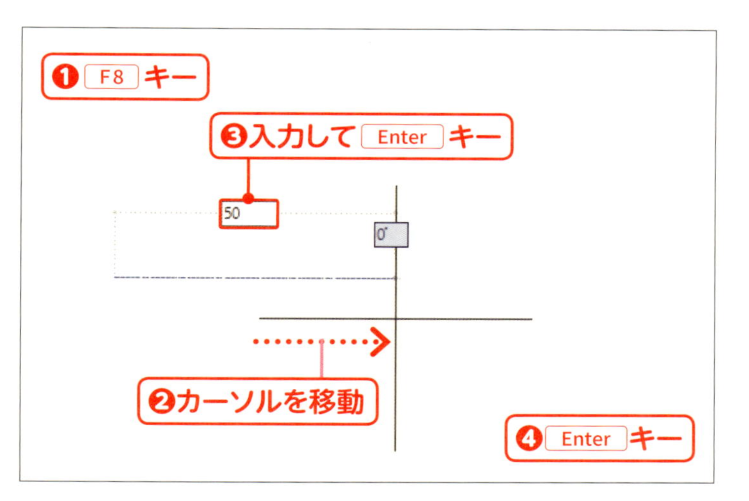

04 水平な線を引く

F8 キーを押して❶直交モードにします。カーソルを右へ動かし❷、「50」と入力して Enter キーを押します❸。もう一度 Enter キーを押して❹、コマンドを終了します。

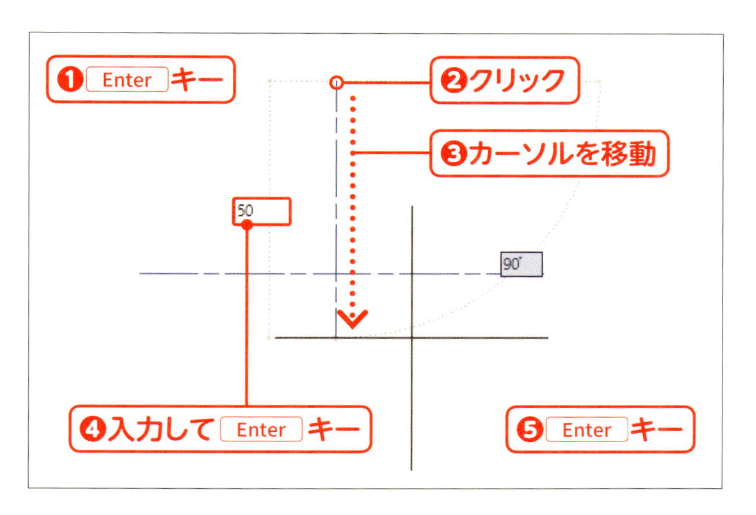

05 垂直な線を引く

Enter キーを押して線分コマンドを再度実行し❶、水平線の中央からやや上でクリックします❷。カーソルを下へ動かして❸、「50」と入力して Enter キーを押します❹。もう一度 Enter キーを押して❺、コマンドを終了します。

「図形」画層に切り替える

[ホーム] リボンタブの [画層] パネルで [画層コントロール] の▾をクリックし❶、[図形] を選択します❷。

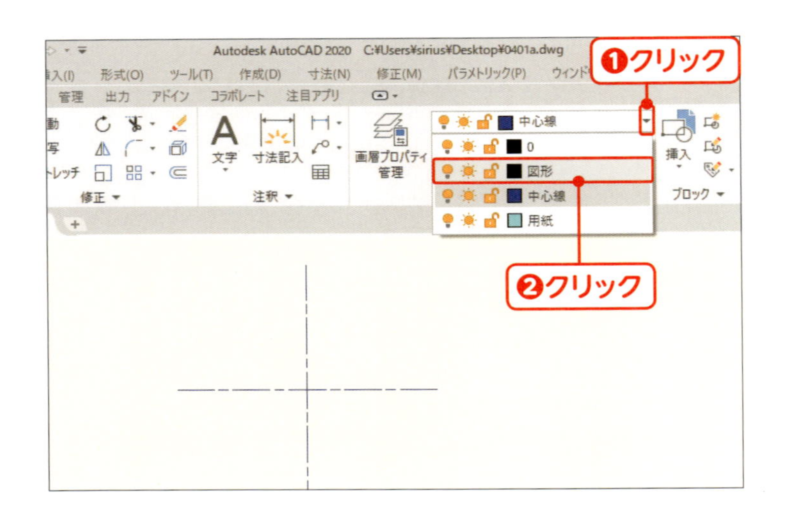

円コマンドを実行する

[中心、半径] をクリックします❶。F3 キーを押して❷、オブジェクトスナップをオンにします。2つの線分の交点にスナップしたらクリックします❸。

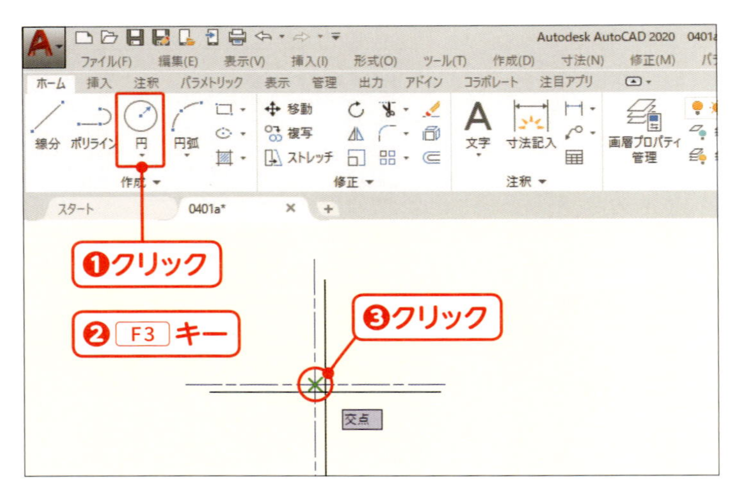

半径を入力する

「18」と入力して Enter キーを押します❶。

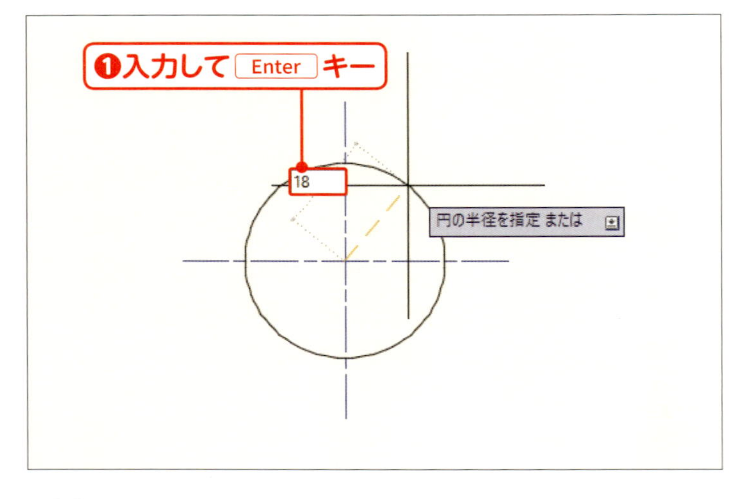

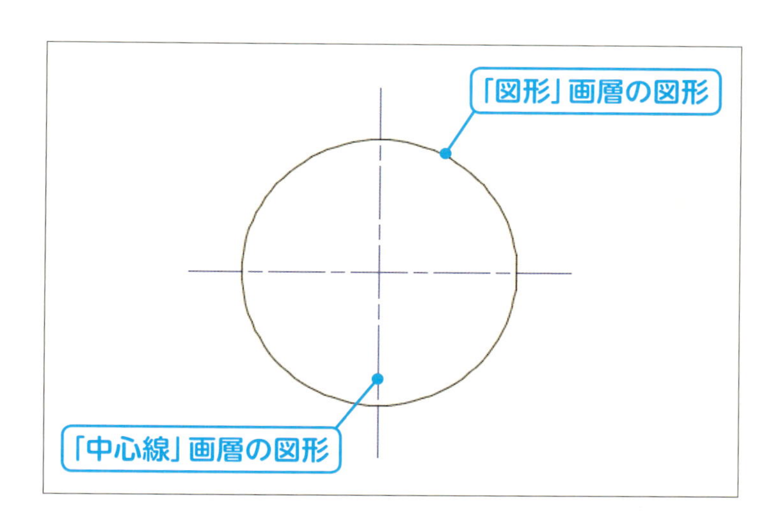

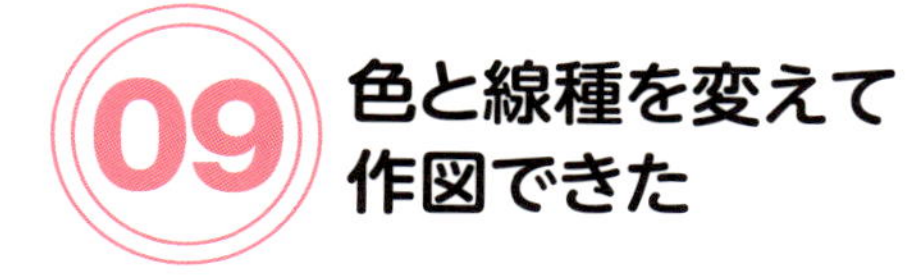

09 色と線種を変えて作図できた

画層を切り替えて作図したので、それぞれの画層に設定された色と線種が適用されます。

✓ Check! レイヤー（画層）とは

画層は、色、線の太さ、線の種類などのプロパティを設定する場所です。画層を選んで作図すると、その画層に設定された色、太さ、線種が適用されます。画層の設定と異なるプロパティでも作図できますが、通常は画層でコントロールします。そのため、図形のプロパティは「ByLayer」という値にしておきます。
使用中の画層を「現在層」といい、図形には描いたときの現在層が割り当てられます。
「外壁」「柱」「仕切り」というように画層をわけることで、図形データをグループ分けできます。特定の画層だけ表示をオフにしたり、ロックして編集できなくするという使い方も画層の役割です。

● 表示とロック

画層の表示／非表示などを設定します。

● プロパティ

線の太さや色などを設定します。画層上の図形には、ここで設定したプロパティが適用されます。

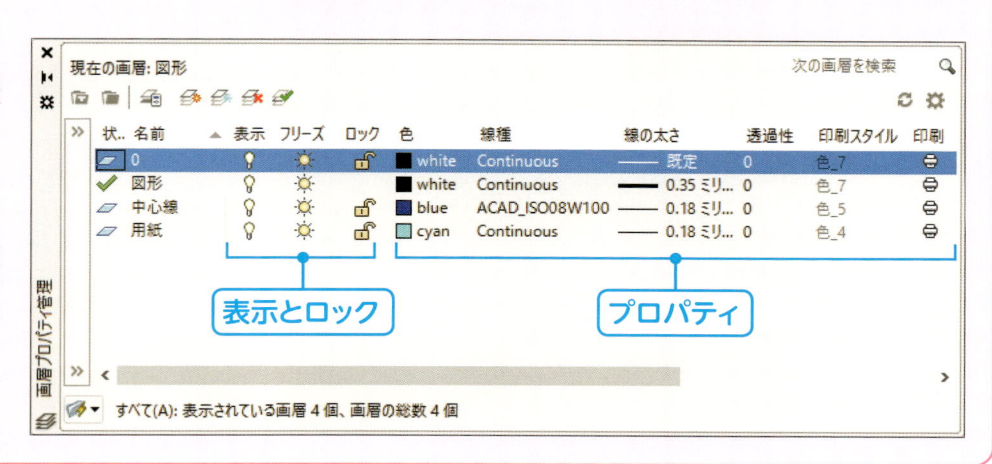

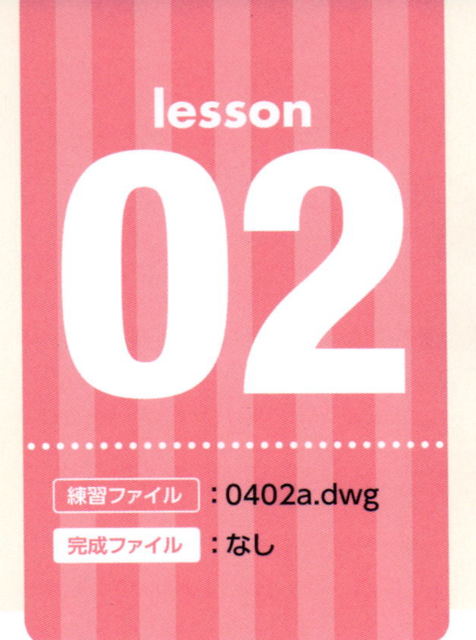

色や線種の組み合わせを登録しよう

画層の追加は自由にできます。
新しい画層を作って、線の色や種類などを登録しましょう。

01 「画層プロパティ管理」パレットを表示する

[画層プロパティ管理] をクリックし❶、「画層プロパティ管理」パレットを表示します。

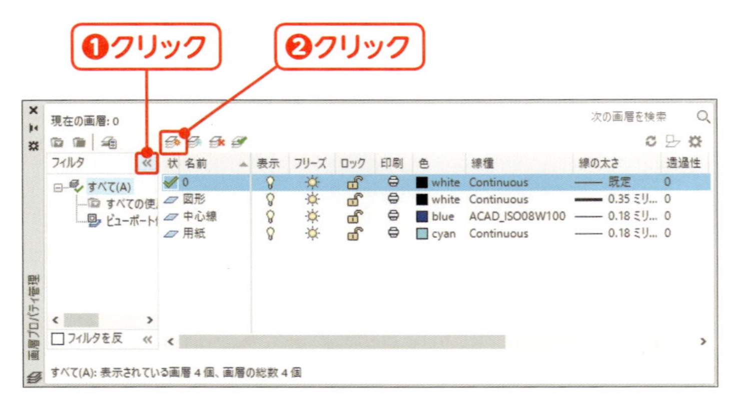

02 画層を作成する

« をクリックして❶、フィルタウィンドウを折りたたみます。[新規作成] をクリックします❷。

MEMO

ここではパレットを広く使うため、不要なフィルタウィンドウを折りたたんでいます。また、「色」や「線種」などの項目名の境界線をダブルクリックするかドラッグすると、項目の幅を変更できます。

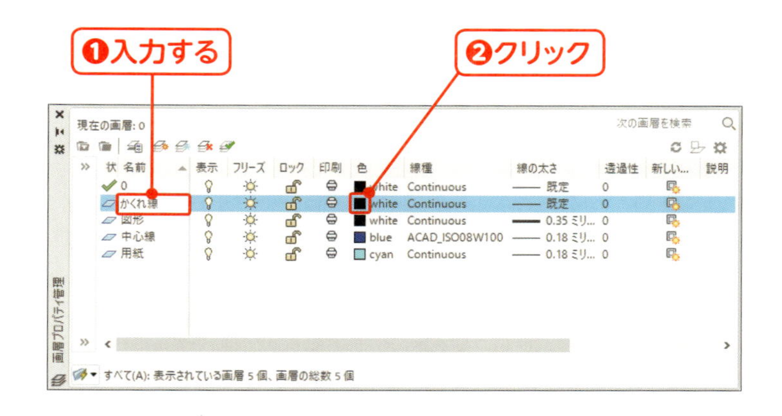

新規画層の名前を変更する

画層名「画層1」が反転表示になっているので、「かくれ線」と入力します❶。「かくれ線」のカラーチップをクリックします❷。

MEMO

反転表示が解除されてしまったら、「画層1」をクリックして少し待つと反転されます。

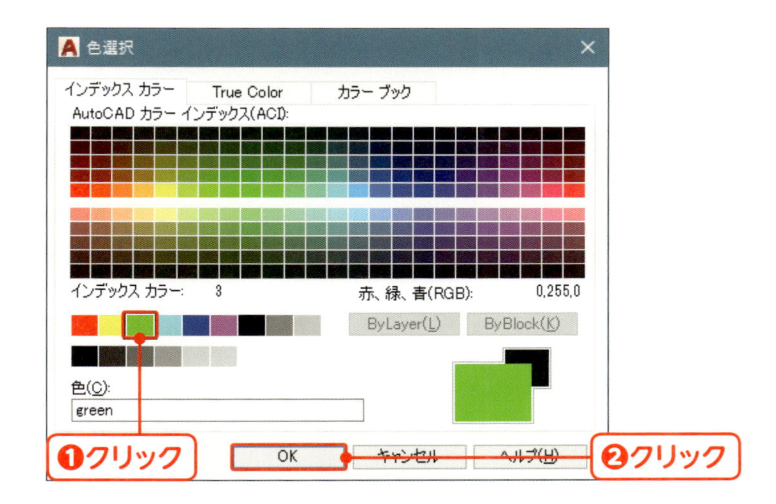

「かくれ線」画層の色を変更する

[green]を選択します❶。[OK]をクリックして❷、ダイアログボックスを閉じます。

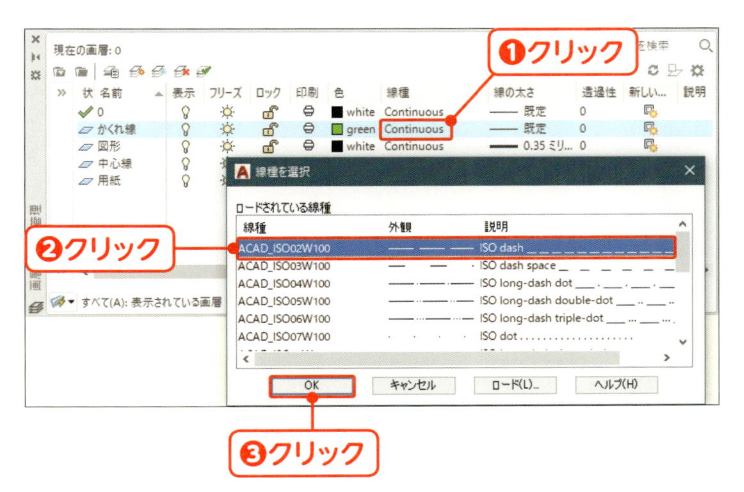

「かくれ線」画層の線種を変更する

「かくれ線」画層の「線種」欄(ここでは[Continuous])をクリックし❶、「線種を選択」ダイアログボックスを表示します。[ACAD_ISO02W100]を選択します❷。[OK]をクリックして❸、ダイアログボックスを閉じます。

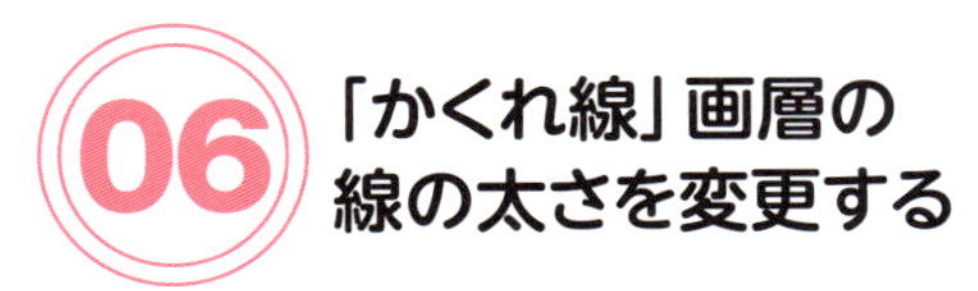

「かくれ線」画層の線の太さを変更する

「かくれ線」画層の「線の太さ」欄(ここでは[規定])をクリックし❶、「線の太さ」ダイアログボックスを表示します。[0.18mm]を選択します❷。[OK]をクリックして❸、ダイアログボックスを閉じます。

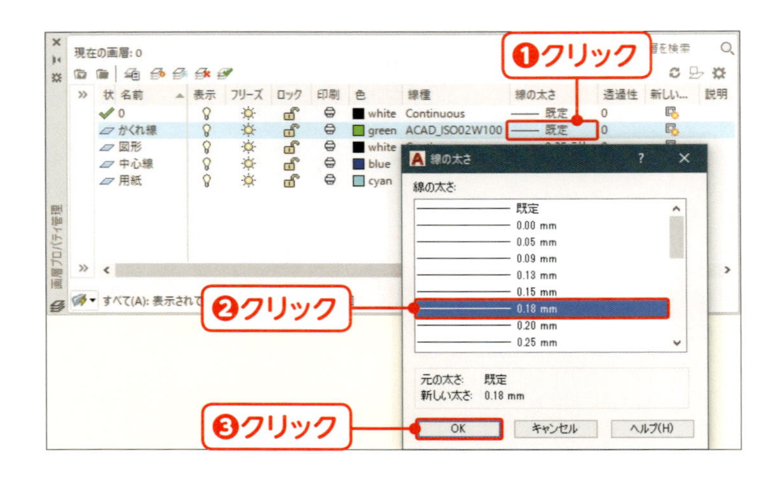

「補助線」画層を作成する

[新規作成]をクリックし❶、画層名に「補助線」と入力します❷。

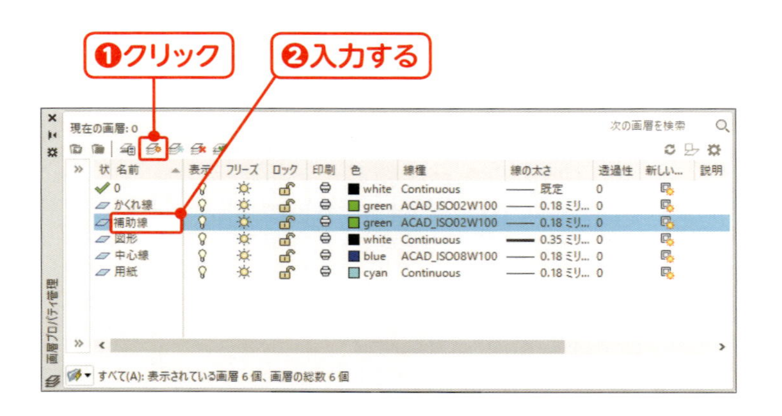

「補助線」画層の色を変更する

「補助線」画層のカラーチップをクリックし❶、「色選択」ダイアログボックスを表示します。色番号[11]を選択します❷。[OK]をクリックして❸、ダイアログボックスを閉じます。

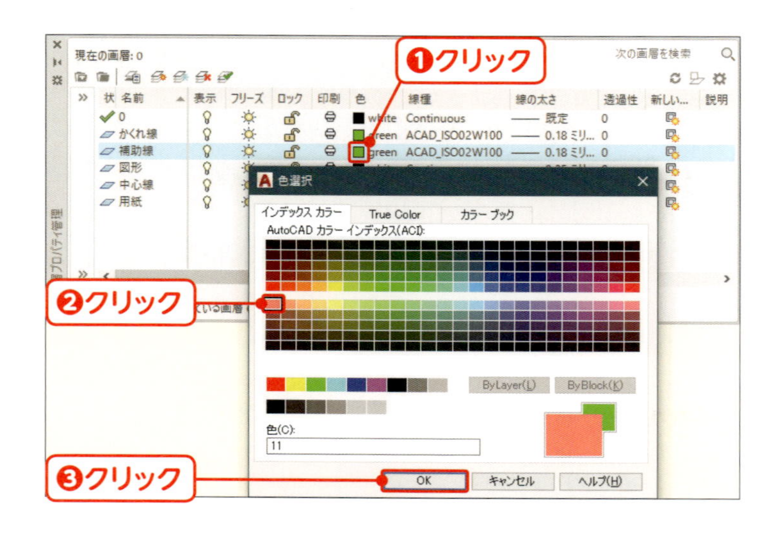

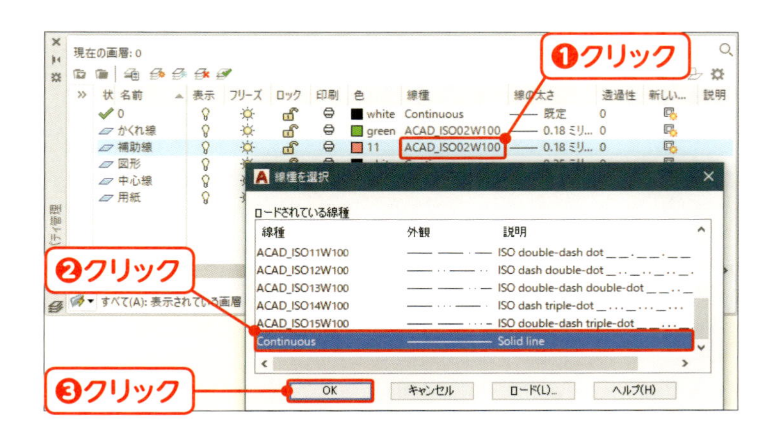

09 「補助線」画層の線種を変更する

「補助線」画層の「線種」欄（ここでは[ACAD_ISO02W100]）をクリックし❶、「線種を選択」ダイアログボックスを表示します。[Continuous]を選択します❷。[OK]をクリックして❸、ダイアログボックスを閉じます。

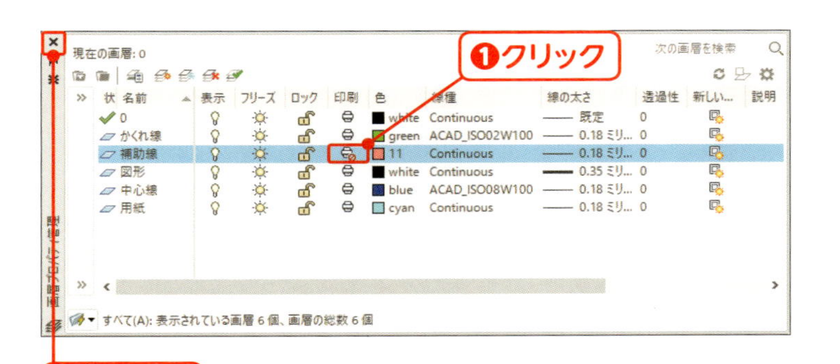

10 「補助線」画層の印刷プロパティをオフにする

「補助線」画層の「印刷」欄のプリンタアイコンをクリックし❶、印刷されない設定にします。✖をクリックし❷、「画層プロパティ管理」パレットを閉じます。

MEMO

プリンタアイコンに斜線マークが付いた画層に描いた図は、画面には表示されていても印刷されません。

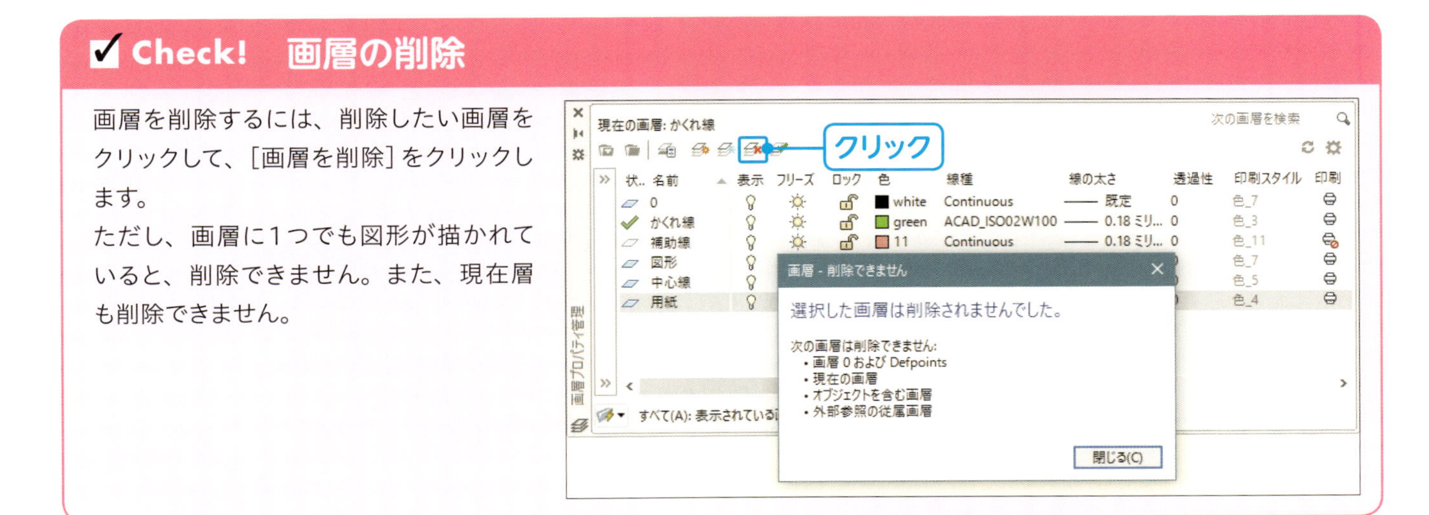

✔ Check! 画層の削除

画層を削除するには、削除したい画層をクリックして、[画層を削除]をクリックします。
ただし、画層に1つでも図形が描かれていると、削除できません。また、現在層も削除できません。

図形の色や線種を変更しよう

図形に割り当てた画層をほかの画層に変更してみましょう。
また、画層は変更せずに、線種だけの変更もできます。

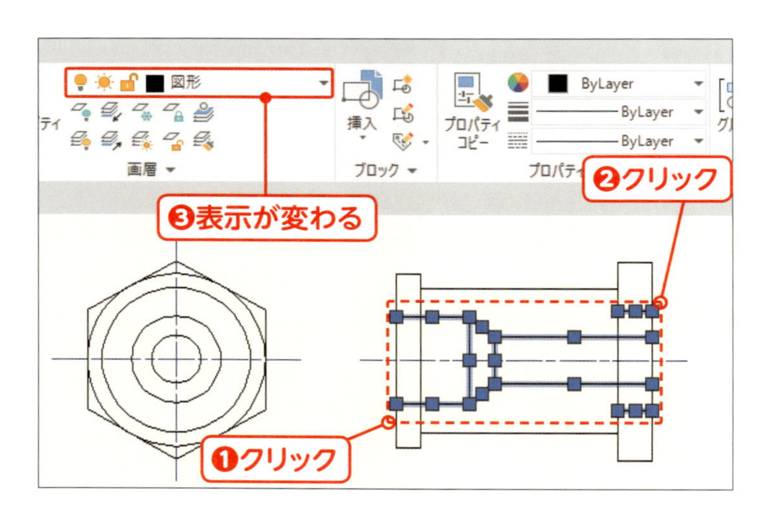

図形を選択する

左図のように2点をクリックして❶❷、図形の内側を選択します。選択した図形が描かれている画層名（「図形」）が、画層コントロールに表示されます❸。

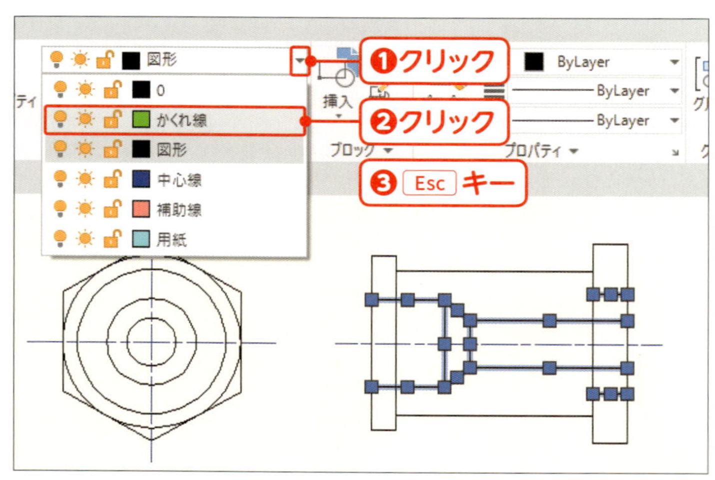

「かくれ線」画層に変更する

選択状態のまま、［画層コントロール］の▾をクリックし❶、［かくれ線］を選択します❷。Esc キーを押して、選択を解除します❸。線の色と線種が、「かくれ線」画層の設定に変わります。

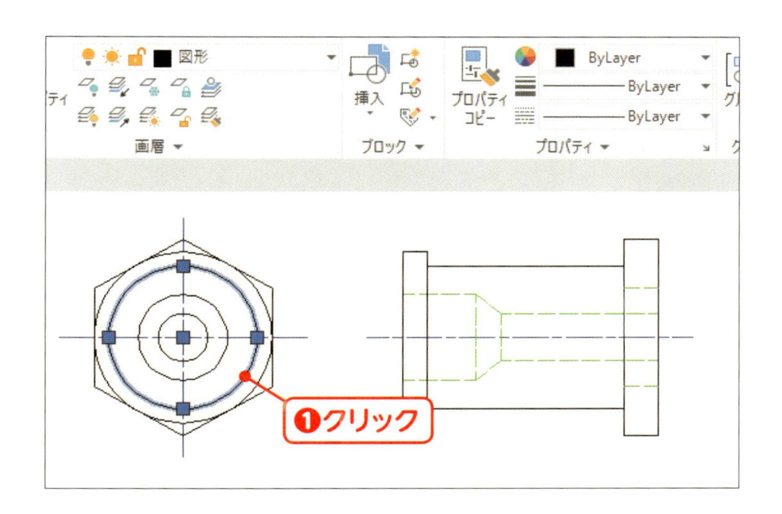

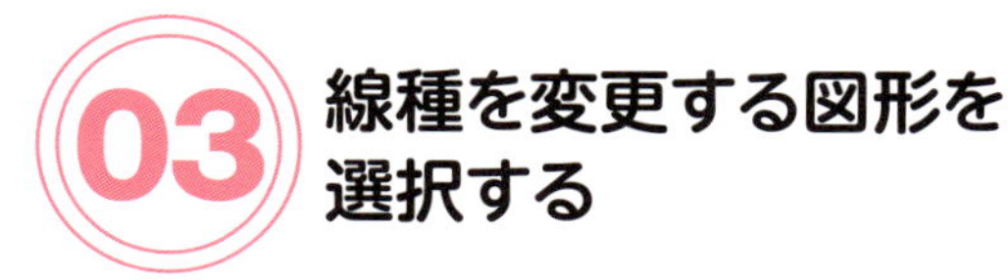

03 線種を変更する図形を選択する

左側の図の外側から2番目の円をクリックして選択します❶。

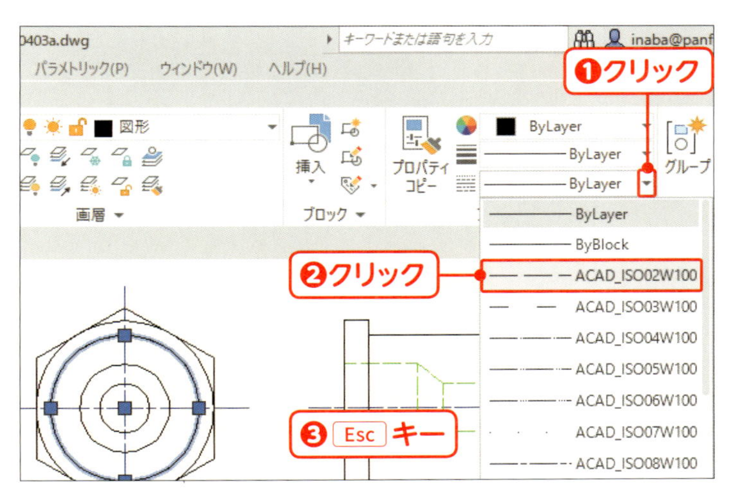

04 選択した図形の線種を変更する

選択した状態のまま、［線種コントロール］のをクリックし❶、［ACAD_ISO02W100］を選択します❷。Esc キーを押して❸、円の選択を解除します。

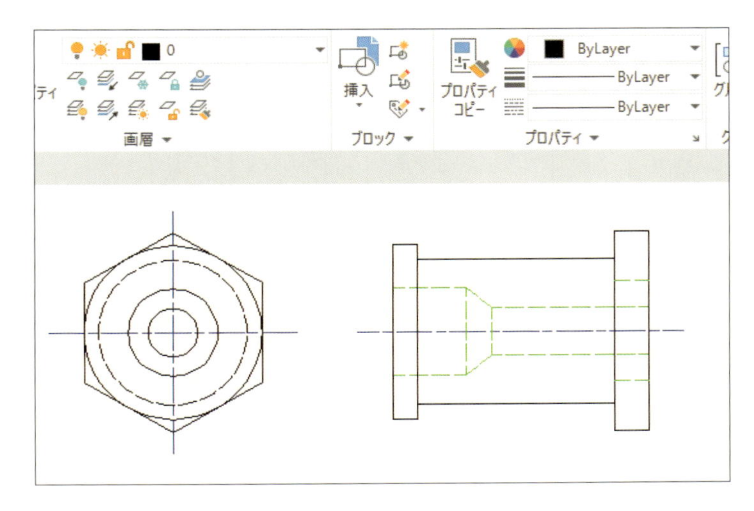

05 破線になった

実線だった図形が破線に変更されます。

MEMO

右側の図の破線は、「かくれ線」画層の設定値で表示されています。左側の円は画層の設定値（実線）ではなく、個別に設定した破線で表示されています。

lesson 04

かくれ線だけを非表示にしよう

練習ファイル：0404a.dwg
完成ファイル：なし

画層には、表示／非表示を切り替える機能があります。
画層を非表示にすると、その画層に描かれている図形が非表示になります。

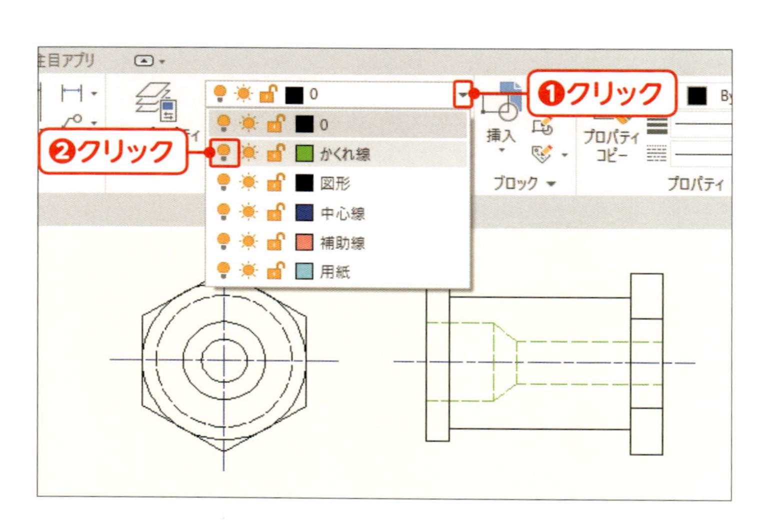

01 「かくれ線」画層を非表示にする

［画層コントロール］の▾をクリックし❶、「かくれ線」画層の電球アイコンをクリックします❷。

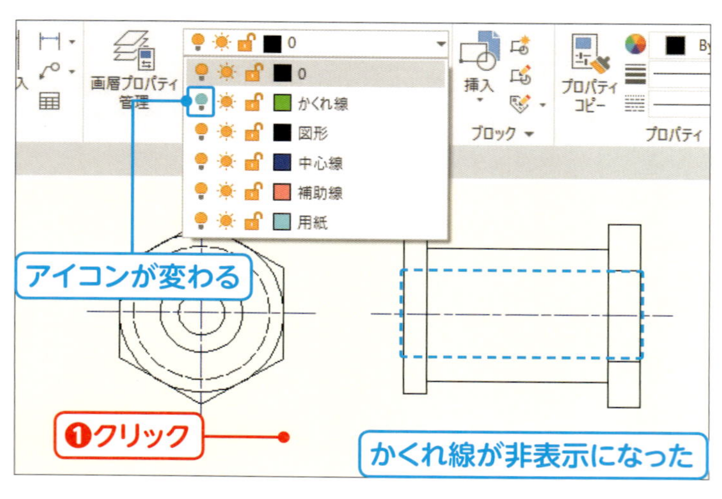

02 中心線が非表示になった

かくれ線が非表示になり、「かくれ線」画層の電球アイコンの表示が変わりました。作図空間上の何もない場所をクリックします❶。

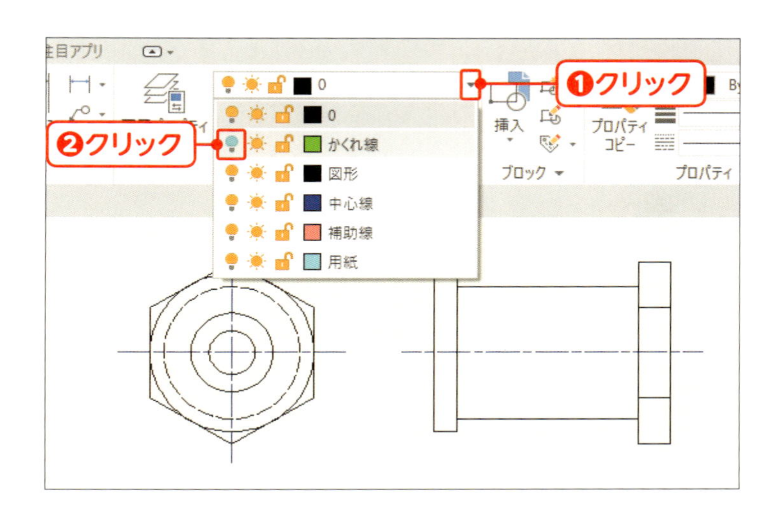

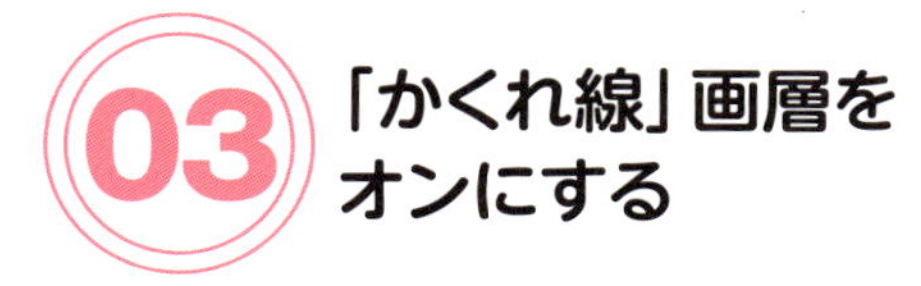

03 「かくれ線」画層をオンにする

[画層コントロール]の▼をクリックし❶、「かくれ線」画層の電球アイコンをクリックします❷。

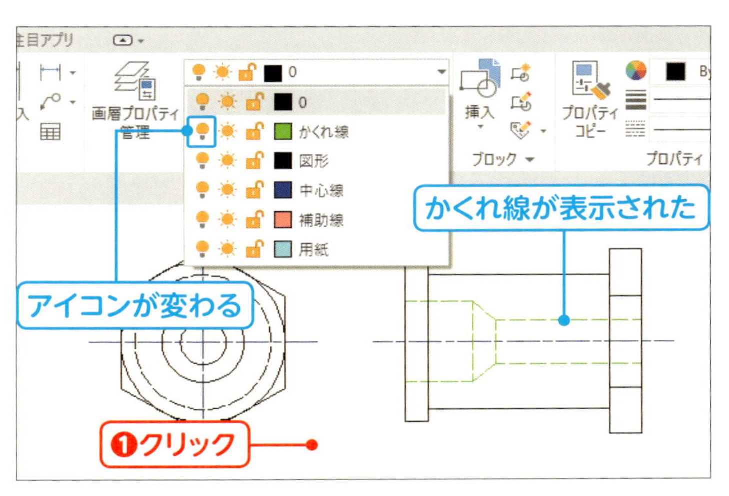

04 かくれ線が表示された

アイコンの表示が変わり、かくれ線が表示されます。画面上の何もない場所をクリックします❶。

✓ Check! 画層のロック

[画層コントロール]の鍵アイコンをクリックすると、鍵がかかったアイコンになり、画層はロックされます。ロックした画層の図形は、移動や削除などの編集ができなくなります。また、ロックされていることがわかるように、表示が少し薄くなります。ロックを解除するには、もう一度鍵アイコンをクリックします。

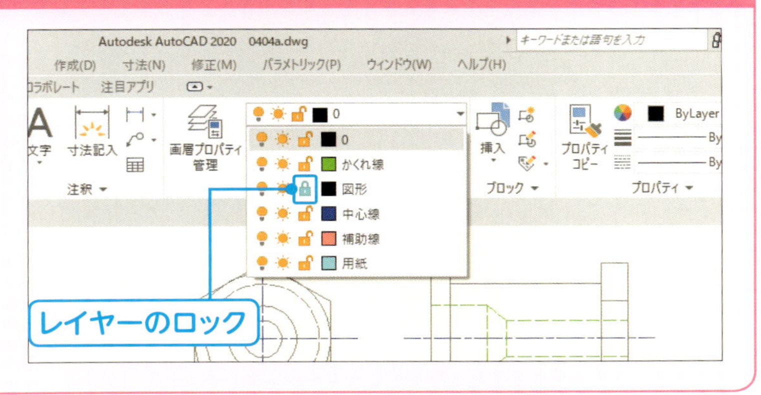

✔ Check!　AutoCADで使える色

AutoCAD上で色分けして描いた図面を印刷するときに、すべて黒で印刷したい場合は、「色選択」ダイアログボックスの「インデックスカラー」タブで色を選択します。インデックスカラーは、全部で255の色を1から255までの番号で表します。下段に集められた7つの色には、色名も付いています。色を選択するとRGB値が表示されます。

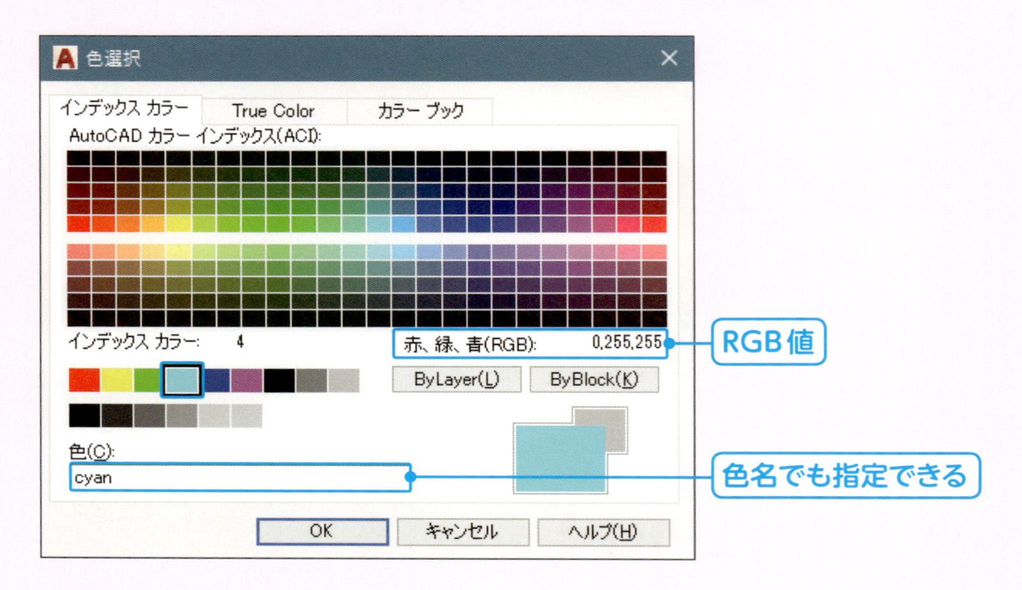

「True Color」タブでは、色を「色合い」「鮮やかさ」「明るさ」で表わす「HSL」、または「Red、Green、Brue」の3原色で表す「RGB」のどちらかで指定します。

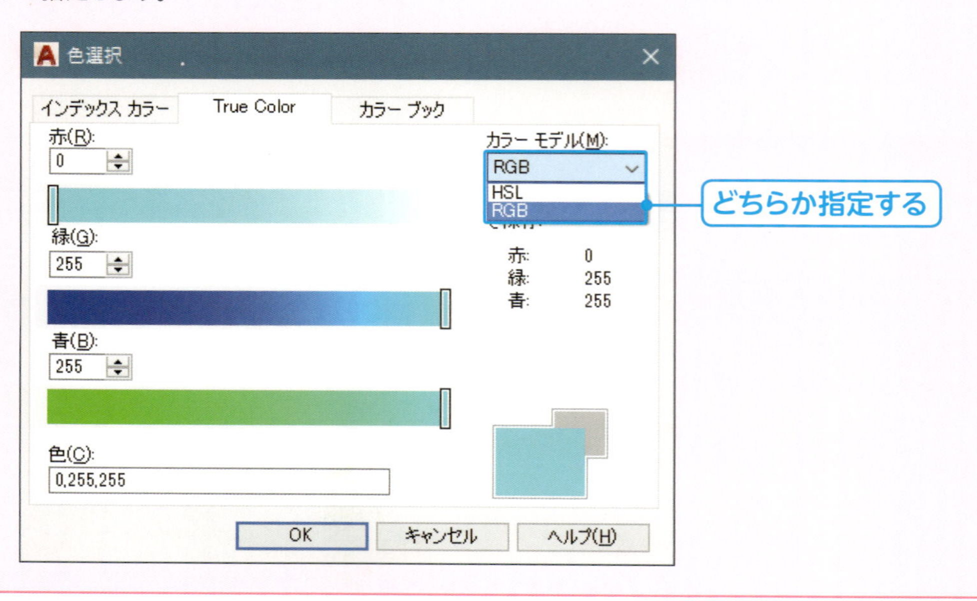

Chapter 5

文字を記入しよう

図面に文字を記入しましょう。文字を記入するには「文字スタイル」という設定が必要です。まずは、文字スタイルの作り方から練習しましょう。

文字を記入しよう

完成イメージ

この章のポイント

POINT 1 フォントを登録する

サブタイトル「文字スタイル」に使用するフォントを登録します。

➡ P.116,118

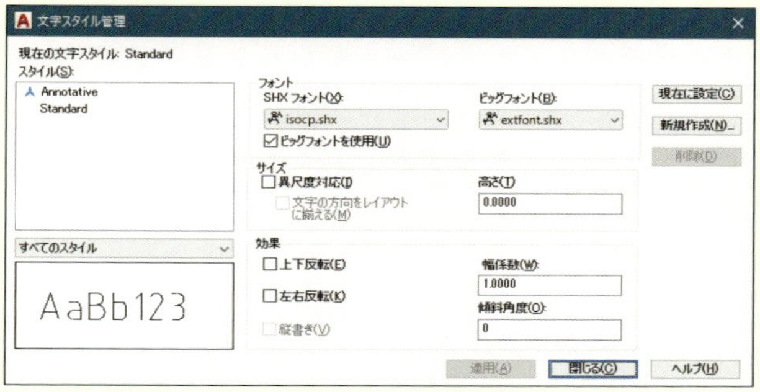

POINT 2 文字を記入する

ダイナミック文字コマンドを使って、1行分の文字を記入します。

➡ P.120

POINT 3 位置合わせをして文字を記入する

線を引き、セルの中心に位置合わせをして文字を記入します。

➡ P.122

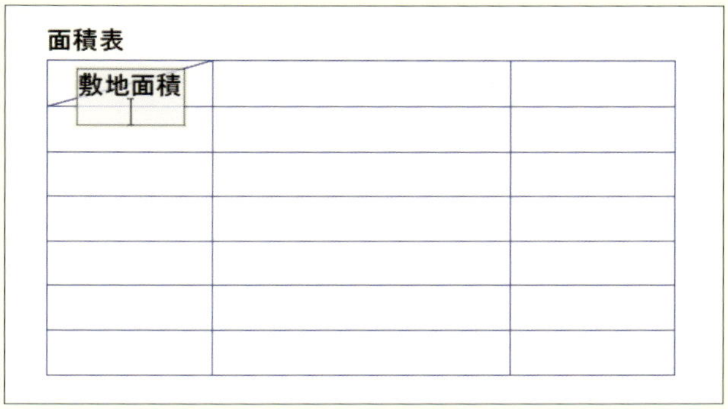

POINT 4 記入済みの文字を書き換える

文字編集コマンドを使って、記入済みの文字を書き換えます。

➡ P.126

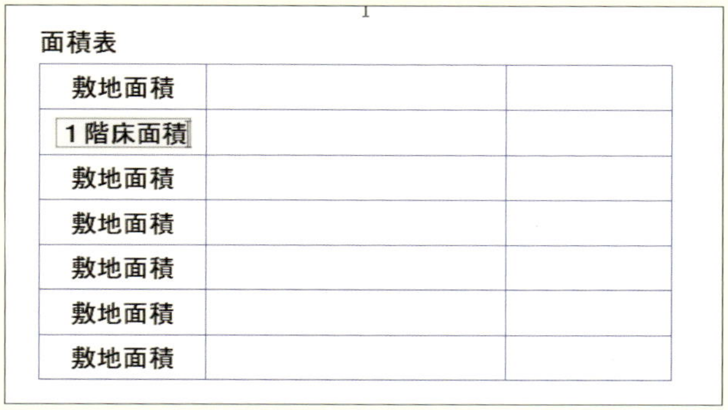

使用するフォントを登録しよう

文字を記入する前に、使用するフォント（字体）を「文字スタイル」に登録します。ここでは、ペンプロッターに適したフォントを登録します。

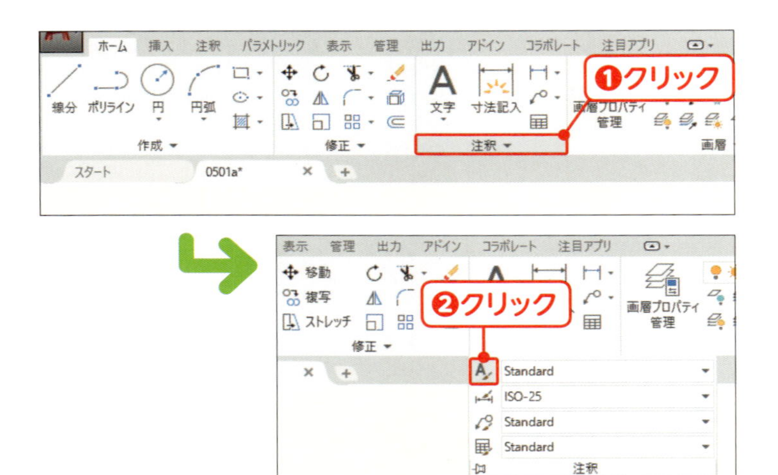

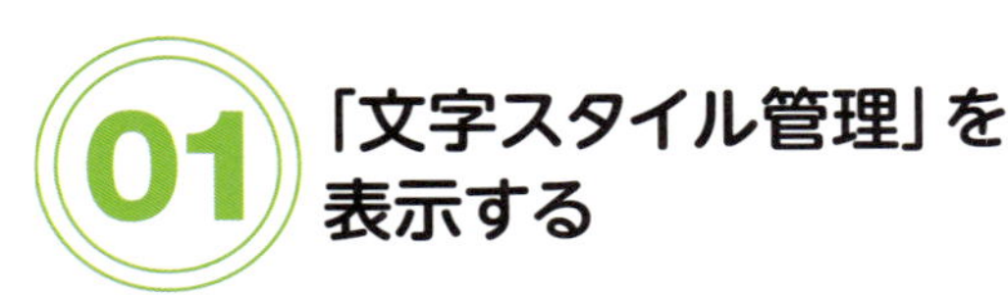

01 「文字スタイル管理」を表示する

［ホーム］リボンタブの［注釈］パネルのパネル名をクリックし❶、［文字スタイル管理］をクリックします❷。

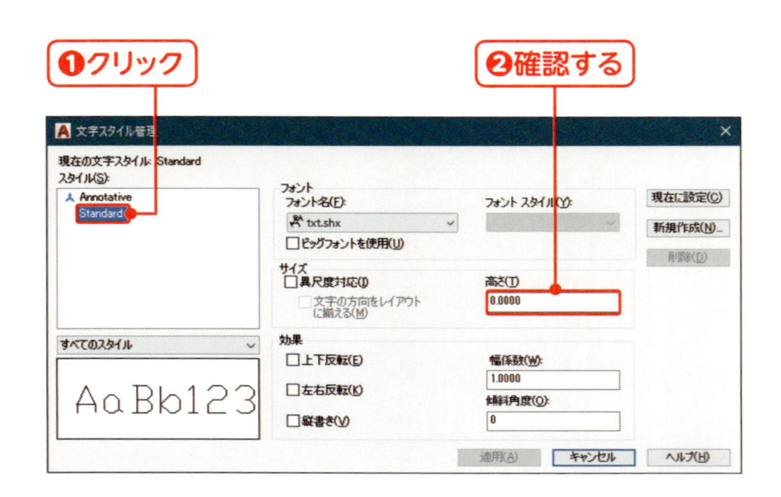

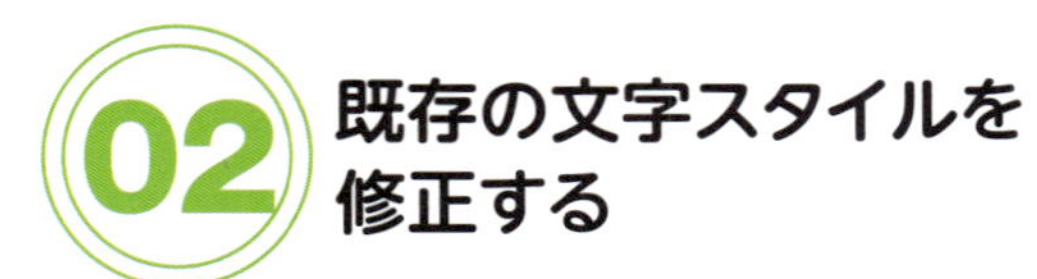

02 既存の文字スタイルを修正する

「文字スタイル管理」ダイアログボックスが開きます。［Standard］をクリックして選択します❶。「文字高さ」が「0」になっていることを確認します❷。

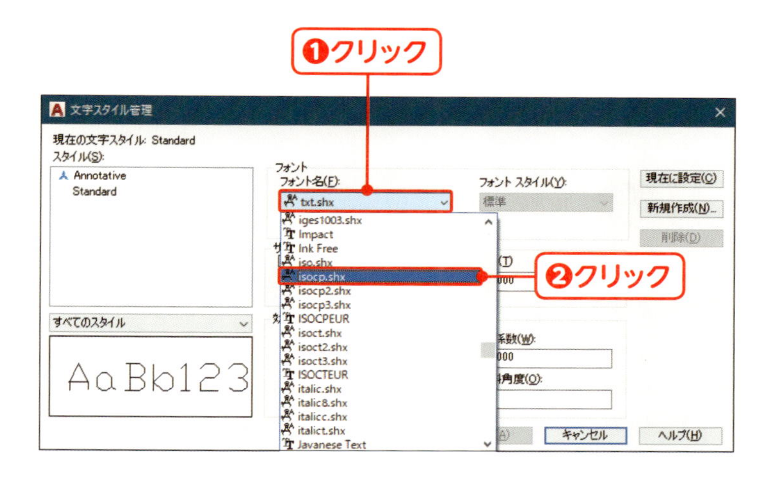

03 欧文フォントを選択する

「フォント名」のリストボタンをクリックします❶。[isocp.shx] をクリックします❷。

MEMO

リストが表示されているときに i キーを押すと、i ではじまるフォント名までジャンプします。「isocp.shx」は JIS-製図に従ってデザインされた、英数字だけのフォントです。

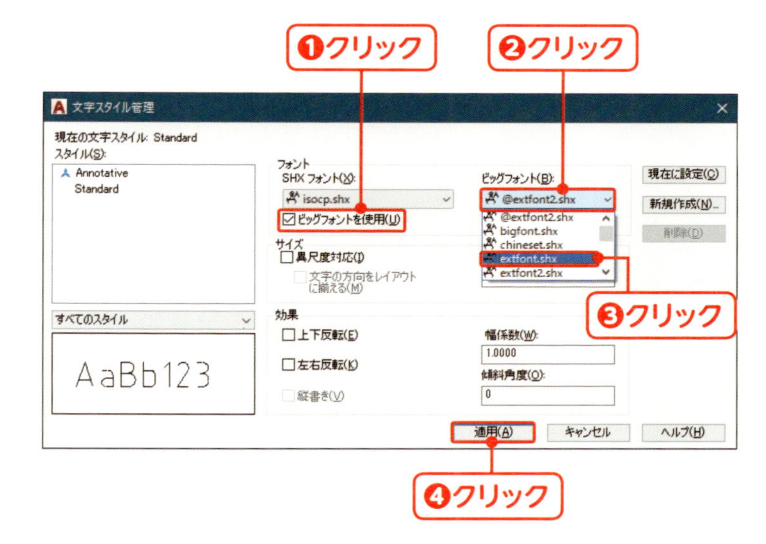

04 日本語フォントを選択する

[ビッグフォントを使用] をクリックしてチェックを付けます❶。「ビッグフォント」のリストをクリックし❷、「extfont.shx」を選択します❸。[適用] をクリックします❹。

MEMO

フォント名が「@」ではじまるフォントは、縦書き用です。日本語フォントは、ほかに「bigfont.shx」(JIS 第一水準のみ)、「extfont2.shx」があります。

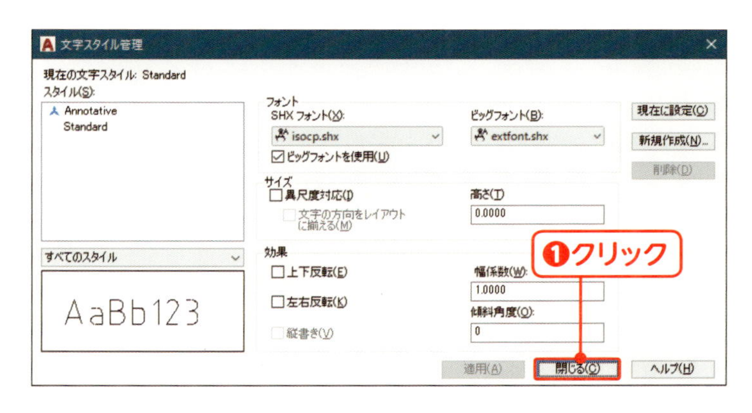

05 ダイアログボックスを閉じる

[閉じる] をクリックし❶、ダイアログボックスを閉じます。

MEMO

文字スタイルは、それぞれの図面ファイルに保存されます。

複数のフォントを使えるようにしよう

「文字スタイル」は、用途に応じて複数作れます。ここでは、ほかのCADでも表示できる、Windows標準のフォントで文字スタイルを作成します。

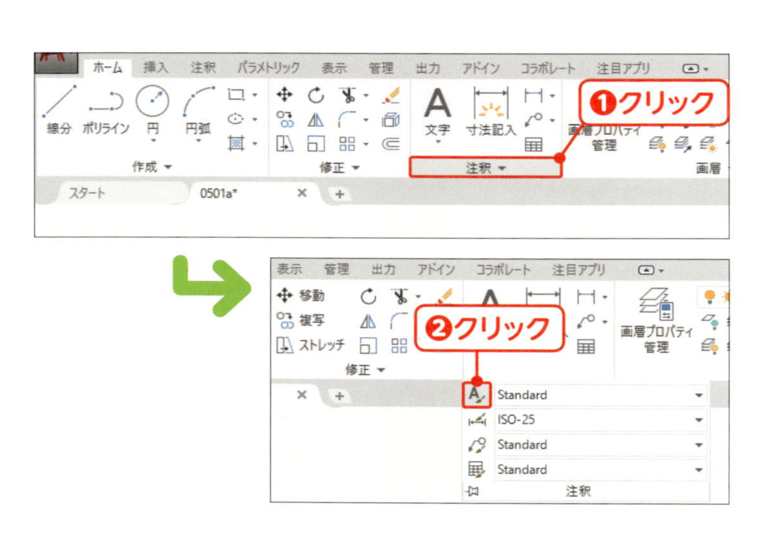

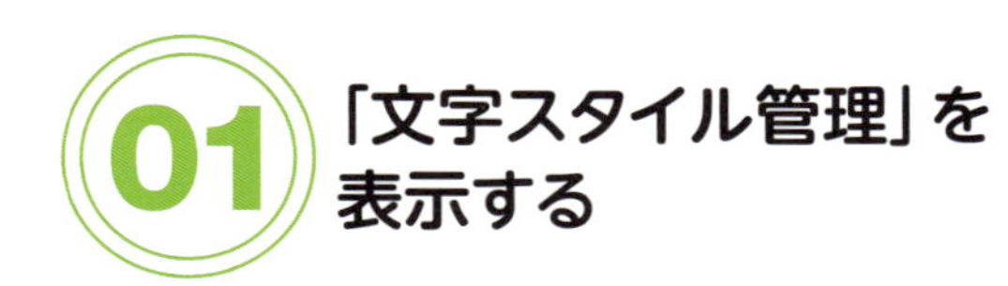

「文字スタイル管理」を表示する

[ホーム]リボンタブの[注釈]パネルのパネル名をクリックし❶、[文字スタイル管理]をクリックします❷。

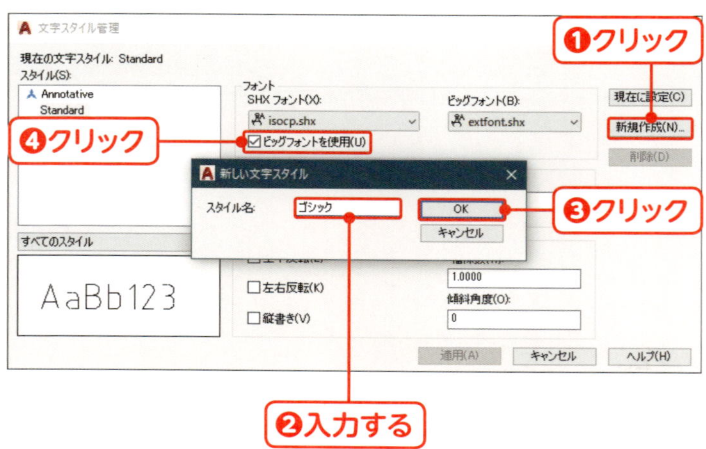

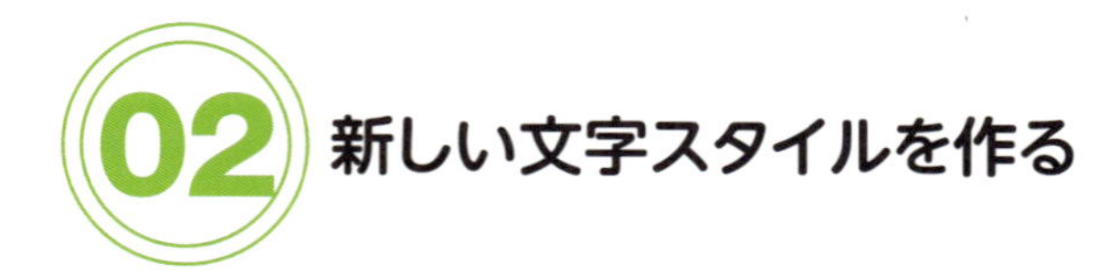

新しい文字スタイルを作る

「文字スタイル管理」ダイアログボックスが開きます。[新規作成]をクリックします❶。「スタイル名」に「ゴシック」と入力して❷、[OK]をクリックします❸。[ビッグフォントを使用]のチェックをはずします❹。

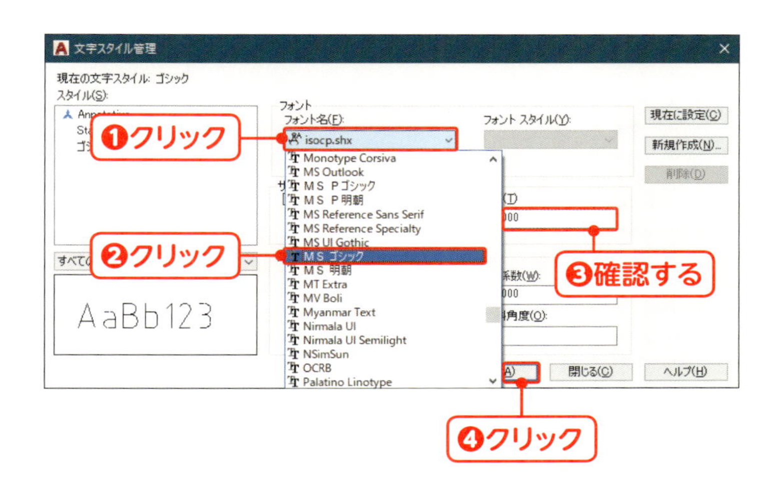

「MSゴシック」を選択する

「フォント名」のリストをクリックし❶、[MSゴシック]を選択します❷。「高さ」が「0」になっていることを確認します❸。[適用]をクリックします❹。

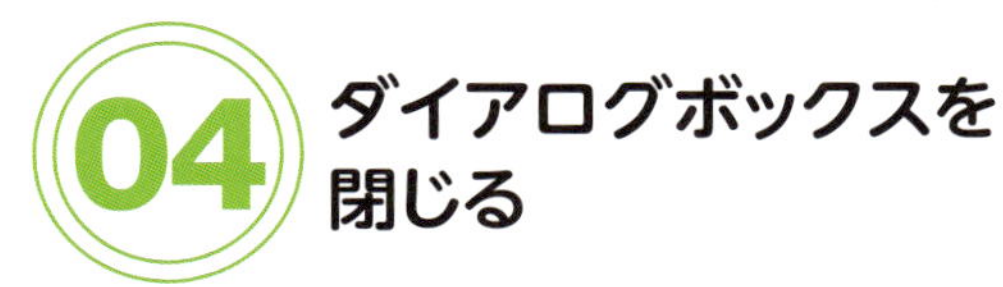

フォント名が「@」ではじまるフォントは、縦書き用です。また、「MS Pゴシック」というフォントもあるので、間違えないようにしましょう。

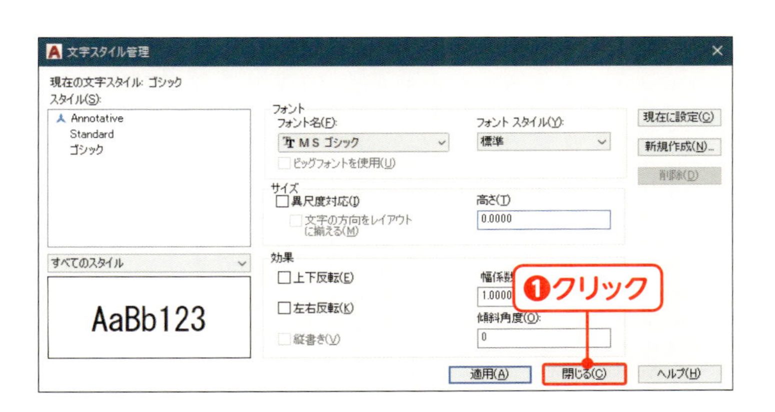

04 ダイアログボックスを閉じる

[閉じる]をクリックし❶、ダイアログボックスを閉じます。

✔ Check! フォントには2種類ある

SHXフォントはペンプロッターに適しており、AutoCAD／AutoCAD LTだけで使えるフォントです。フォント名の頭に付いている、コンパスのようなアイコンで見分けます。ここで選んだ「MSゴシック」は、TrueTypeフォントといって、どのアプリケーションでも使えるフォントです。フォント名には「TT」のアイコンが付いています。AutoCADをインストールしたときにも、いくつかのTrueTypeフォントがインストールされます。

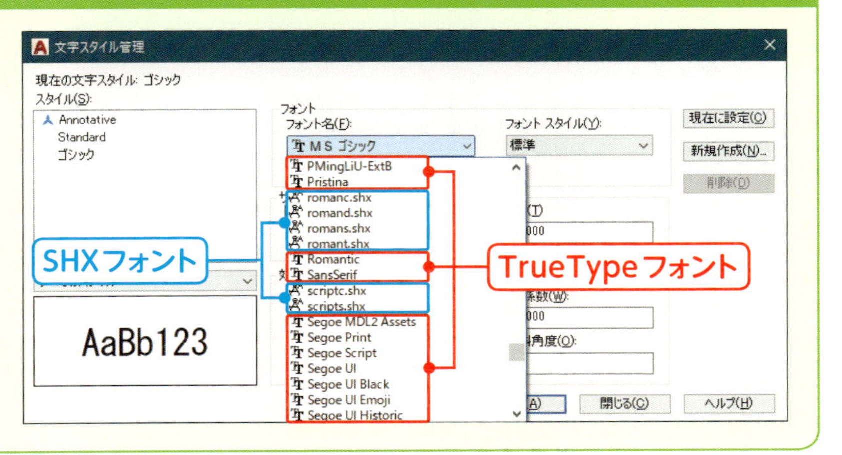

文字を記入しよう

前節で作った文字スタイルを適用して、文字を記入しましょう。ここでは、1行分の文字を記入する「ダイナミック文字」というコマンドを使います。

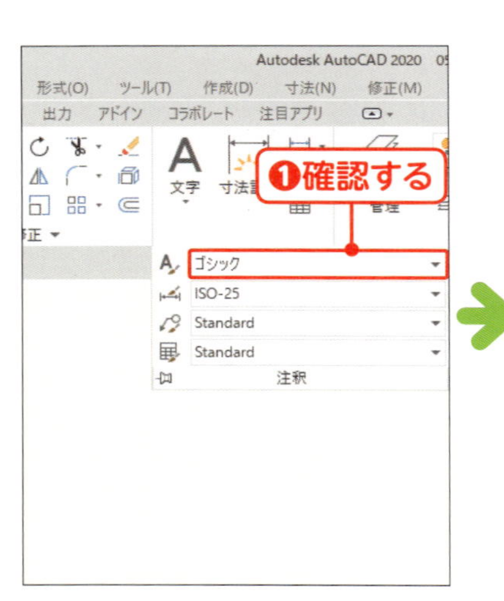

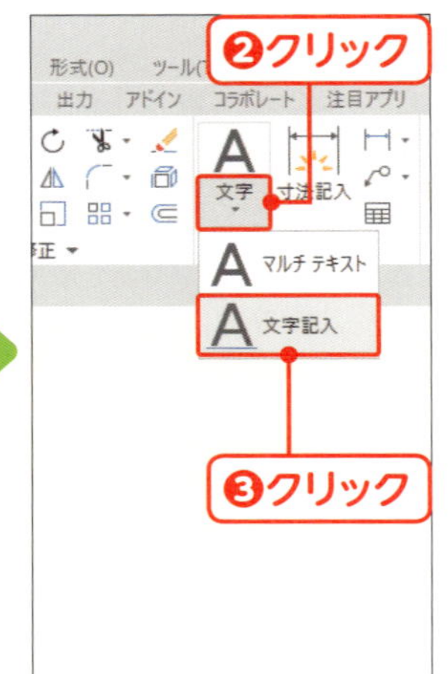

01 文字記入コマンドを実行する

[ホーム]リボンタブの[注釈]パネルのパネル名をクリックし、文字スタイルが「ゴシック」になっていることを確認します❶。[注釈]パネルの[文字]の▾をクリックし❷、[文字記入]をクリックします❸。

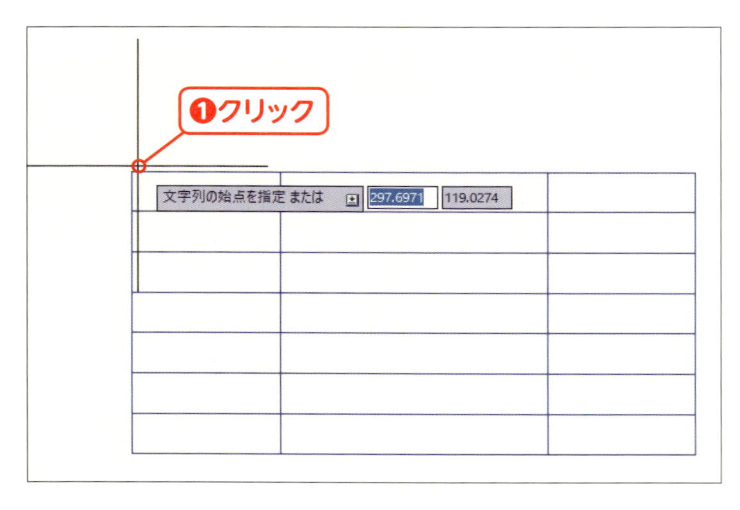

02 文字の記入位置を指定する

表の少し上をクリックして❶、文字を記入する位置を指定します。文字全体の左下の点が、位置合わせの基準になります。

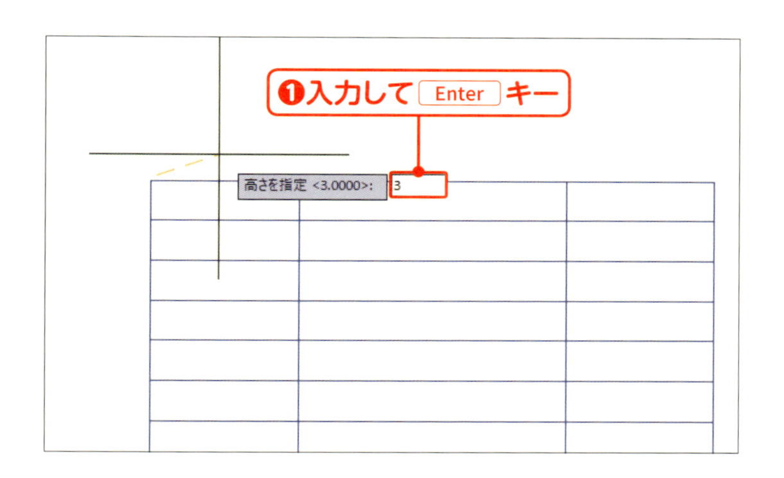

03 文字の高さを指定する

「3」と入力して Enter キーを押します❶。単位はミリメートルです。

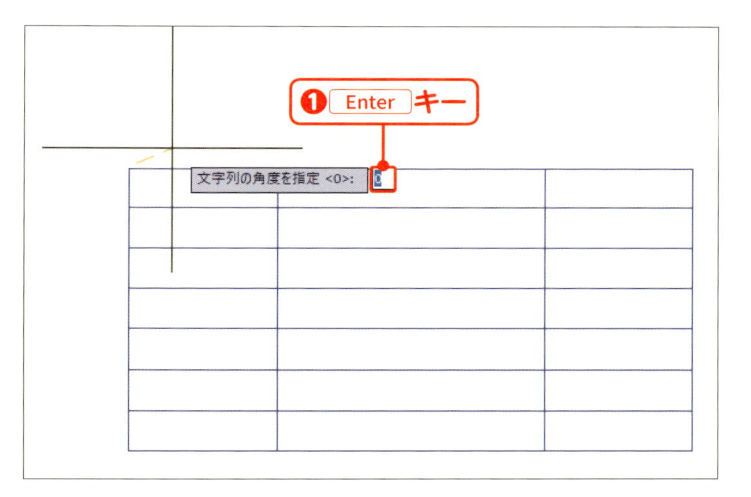

04 文字の角度を指定する

デフォルト値が「0」になっているので、このまま Enter キーを押します❶。

MEMO

文全体の傾きを水平にするには、角度を0度に設定します。

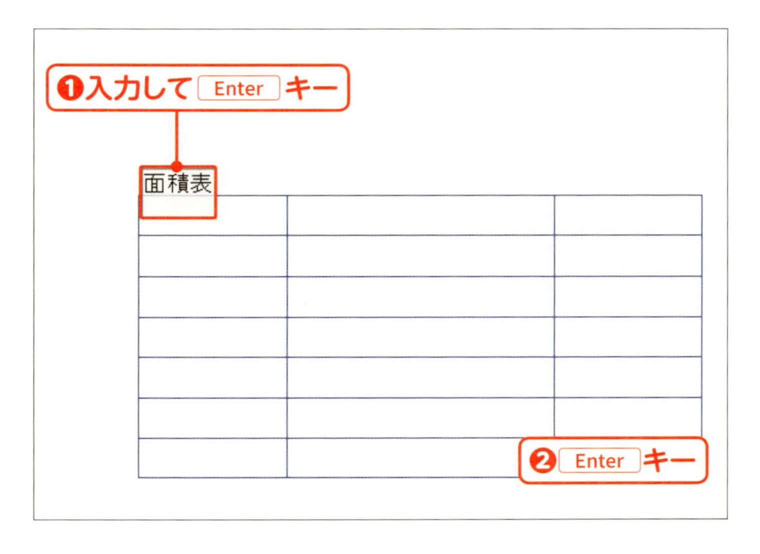

05 文字を入力する

「面積表」と入力し、Enter キーを押して改行します❶。もう一度 Enter キーを押して❷、コマンドを終了します。

MEMO

複数行の文字を記入した場合も、コマンドを終了すると1行単位に分解されます。

位置合わせを変えて文字を記入しよう

文字の位置合わせは、文字の左下が基準点になっています。
ここでは、文字の中心を基準にして記入してみましょう。

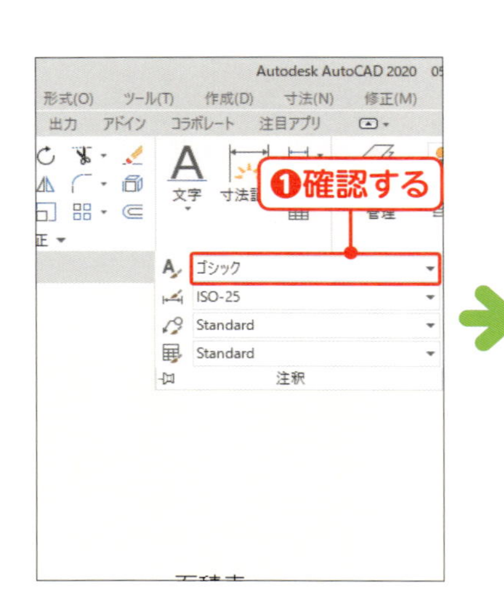

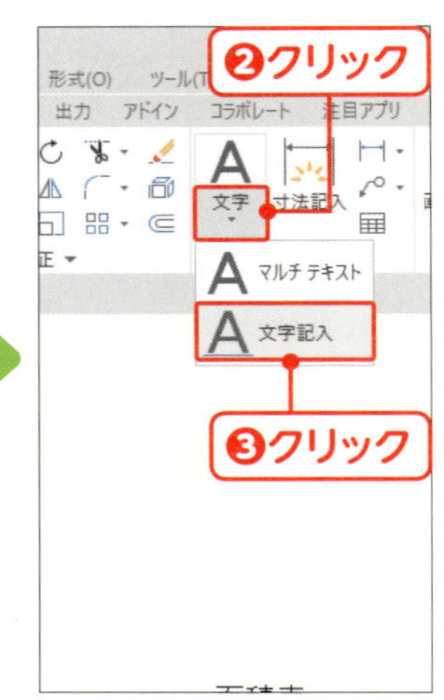

文字記入コマンドを実行する

[ホーム] リボンタブの [注釈] パネルのパネル名をクリックし、文字スタイルが「ゴシック」になっていることを確認します❶。[文字] の ▼ をクリックし❷、[文字記入] をクリックします❸。

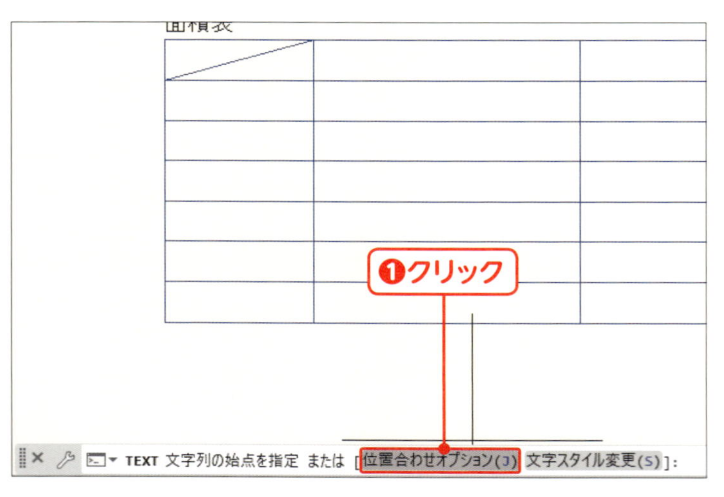

位置合わせオプションを使う

[位置合わせオプション] をクリックします❶。

MEMO

キーボードで「J」と入力して Enter キーを押しても実行できます。

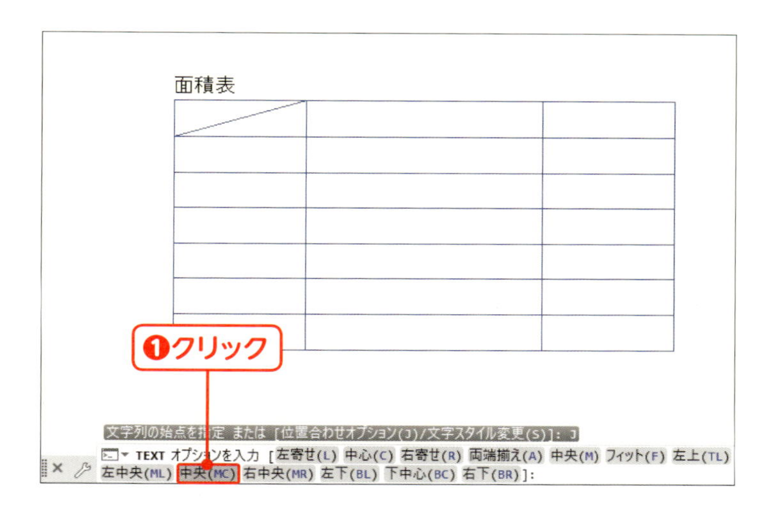

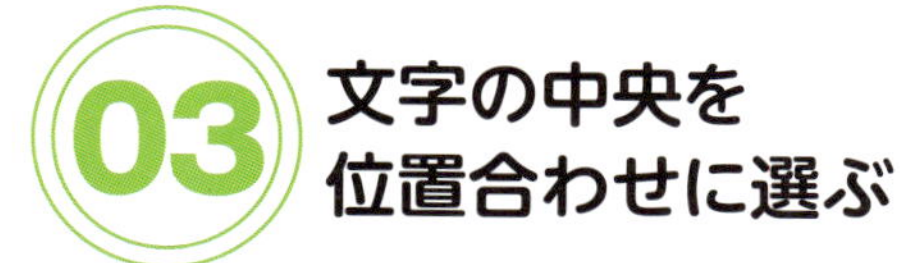

03 文字の中央を位置合わせに選ぶ

[中央] をクリックします❶。文字の中央が位置合わせの基準点になります。

MEMO

「MC」と入力して Enter キーを押しても選択できます。ここで設定した位置合わせは、次に文字コマンドを使用するときまで有効になります。AutoCADを再起動すると、初期値の左下に戻ります。

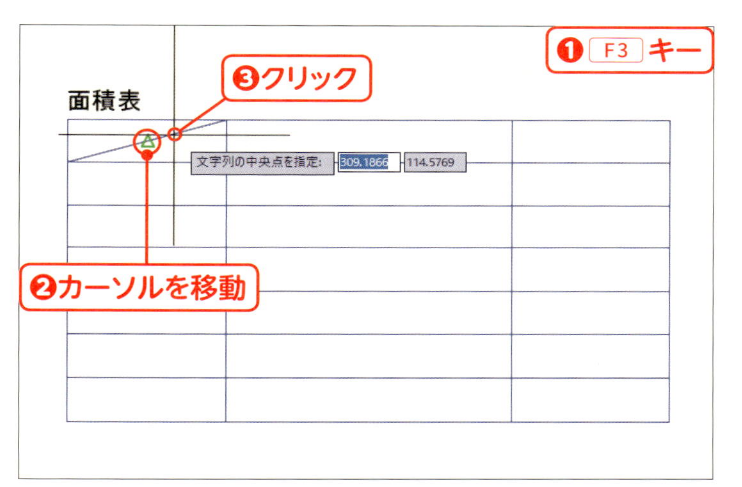

04 セルの中心を指定する

F3 キーを押して❶、オブジェクトスナップをオンにします。セルに引いた斜線にカーソルを近づけます❷。「中点」のマーカーが出たらクリックします❸。

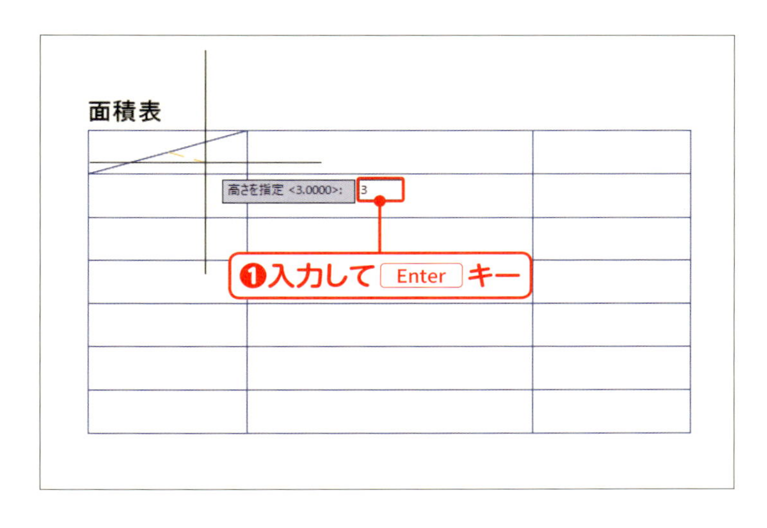

05 文字の高さを指定する

「3」と入力して Enter キーを押します❶。

MEMO

文字の高さの単位はミリメートルです。

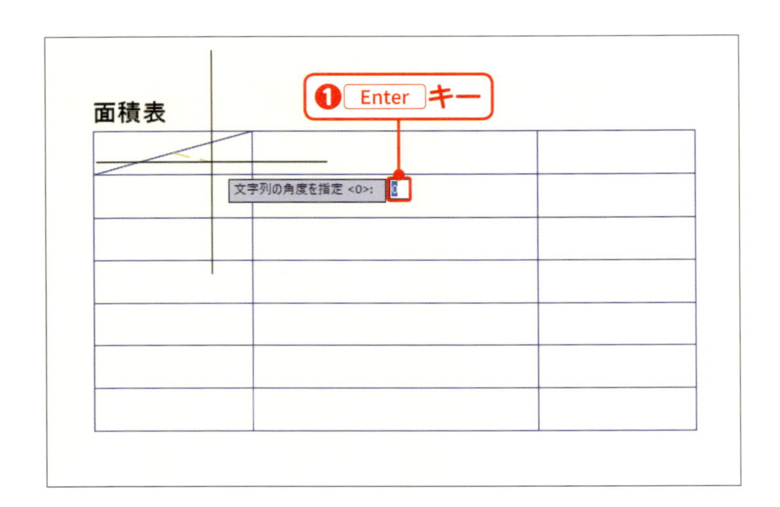

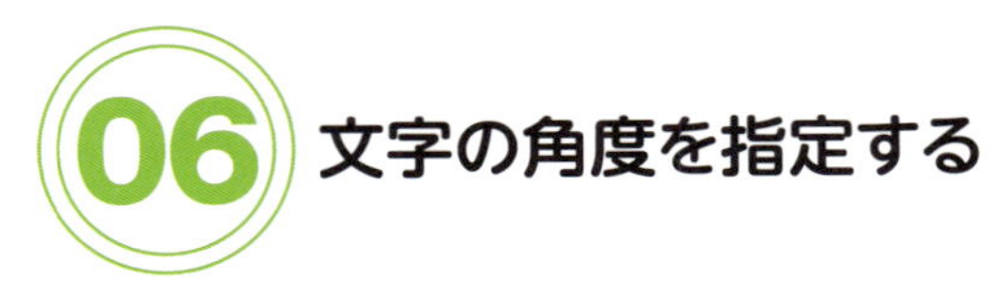

06 文字の角度を指定する

デフォルト値が「0」になっているので、そのまま Enter キーを押します❶。

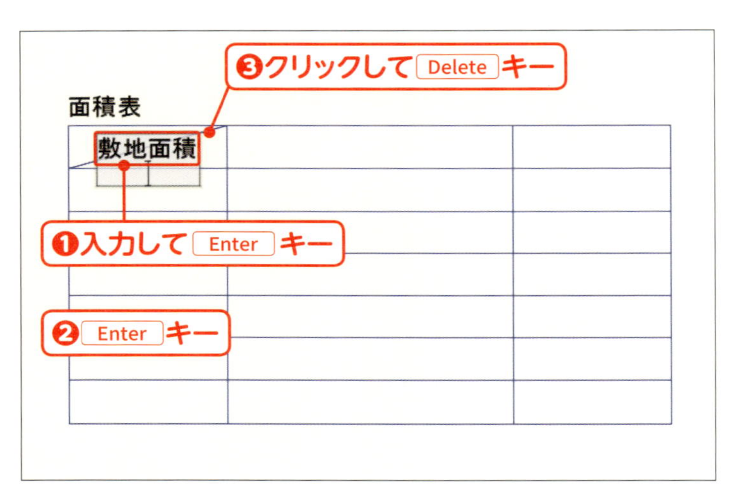

07 文字を入力する

「敷地面積」と入力して Enter キーを押し❶、改行します。さらに Enter キーを押して❷、コマンドを終了します。位置合わせの補助線に使った線をクリックして Delete キーを押します❸。補助線が削除されます。

✔ Check! 文字高さってどこのこと？

「JIS-製図」で決められた製図用文字の高さ（h）とは、ベースラインからアルファベットの大文字の高さまでをいいます。なお、製図用にデザインされた、日本語の仮名漢字フォントはありません。そのため、製図用文字の形に近く、どのパソコンでも表示できる「MSゴシック」などのフォントを使います。

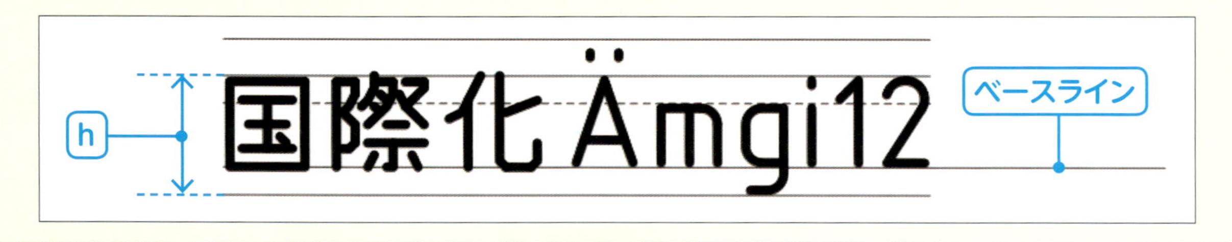

✔ Check!　文字の位置合わせ

「JIS-製図」では、CAD用文字の位置合わせの基準点として、9箇所が定められています。
AutoCADでは、そのほかの基準点も指定できます。

● JIS規格の基準点

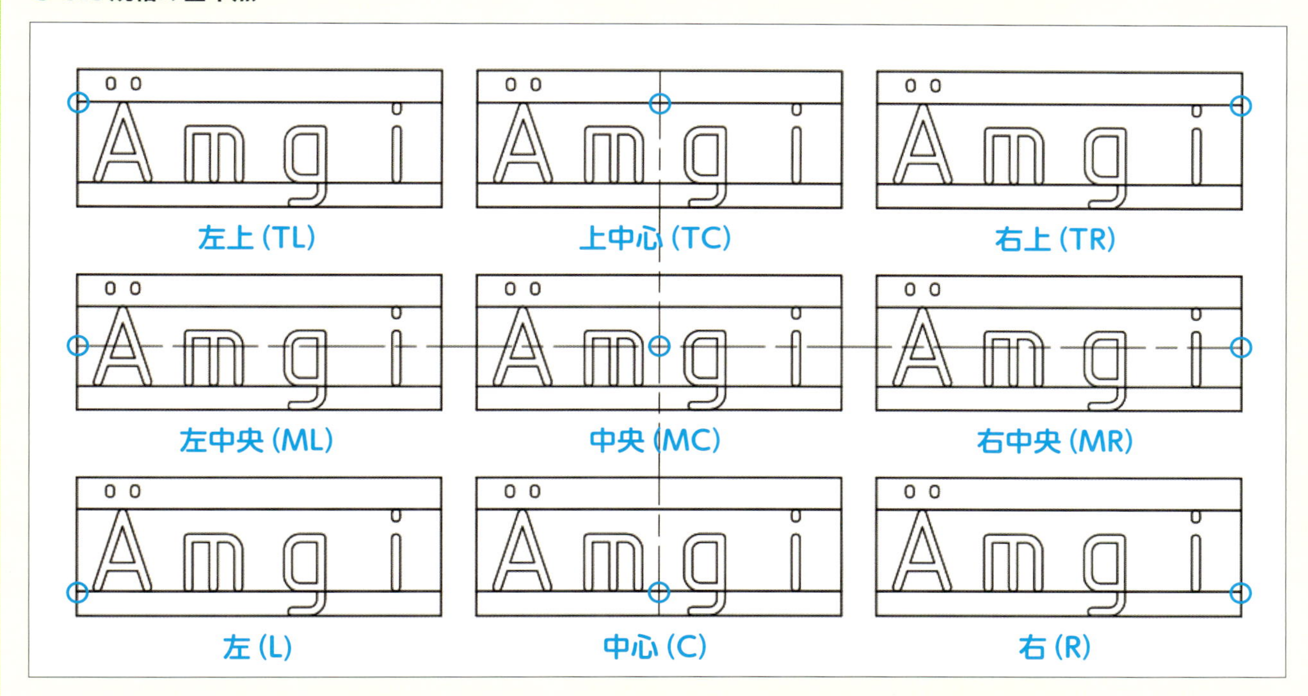

● そのほかの基準点

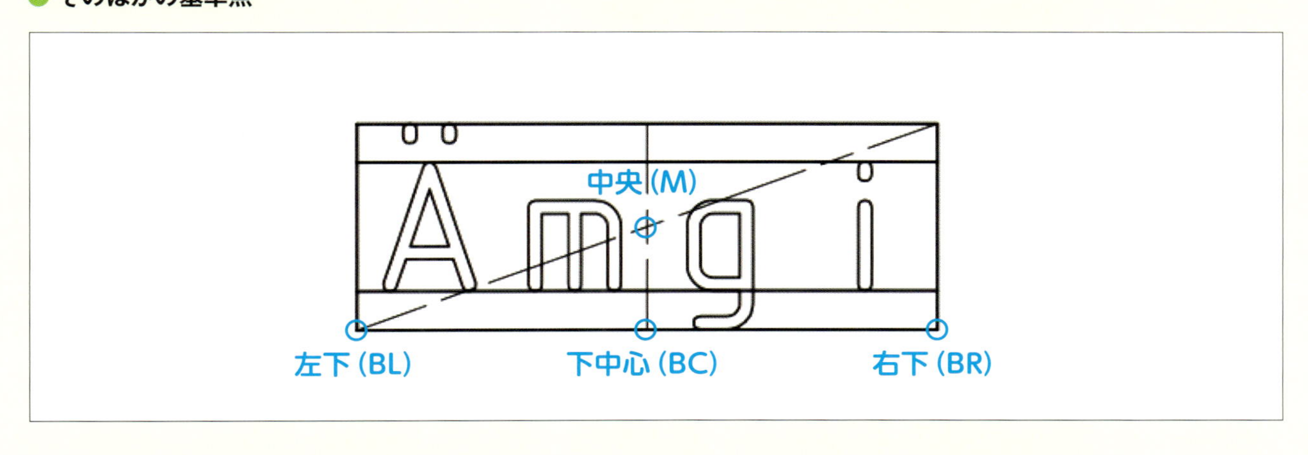

練習ファイル ：0505a.dwg
完成ファイル ：0505b.dwg

記入済みの文字を書き換えよう

同じサイズの文字を記入するときは、1つの文字を複写し、それを書き換えると便利です。文字編集コマンドを使い、記入済みの文字を書き換えましょう。

面積表

敷地面積		
敷地面積	❶ダブルクリック	
敷地面積		
敷地面積		
敷地面積		
敷地面積		
敷地面積		

01 修正する文字をダブルクリックする

上から2番目の「敷地面積」の文字をダブルクリックします❶。文字が選択された表示になります。

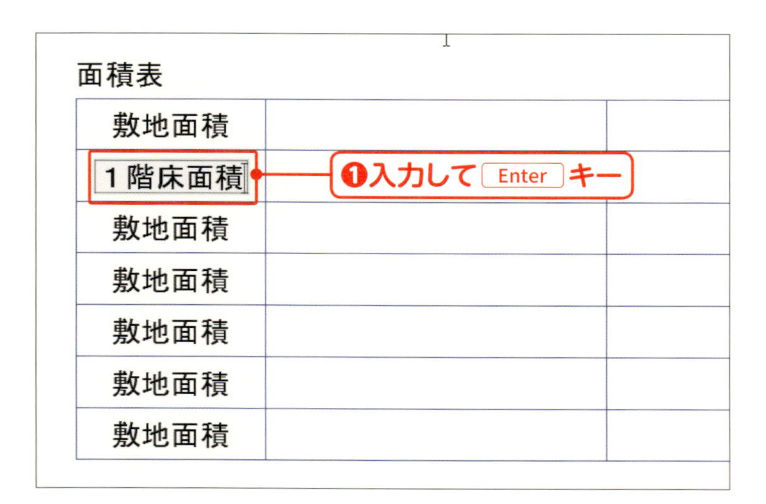

02 文字を書き換える

「1階床面積」と入力して Enter キーを押します❶。

MEMO

修正しない場合は、文字が選択状態のまま Enter キーを押します。

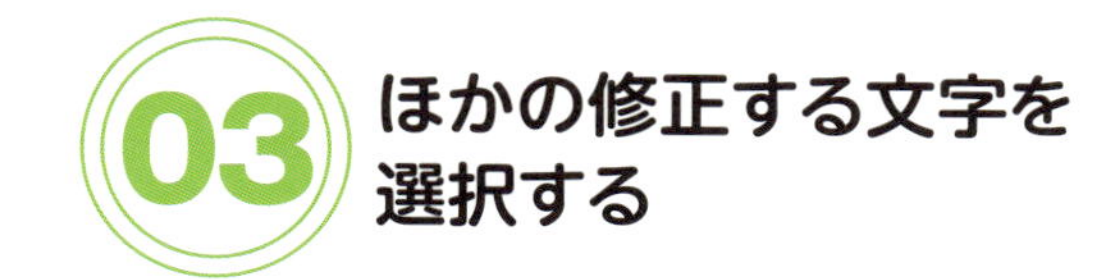

03 ほかの修正する文字を選択する

文字編集コマンドが有効なので、続けて修正できます。次の行の「敷地面積」の文字をクリックします❶。

面積表

敷地面積		
1 階床面積		
敷地面積		
敷地面積		
敷地面積		
敷地面積		
敷地面積		

注釈オブジェクトを選択 または

❶クリック

04 文字を全部修正する

「2階床面積」と書き換えます❶。同じように、ほかの文字も画面のように修正します❷。修正が終わったら、Enter キーを押して❸、コマンドを終了します。

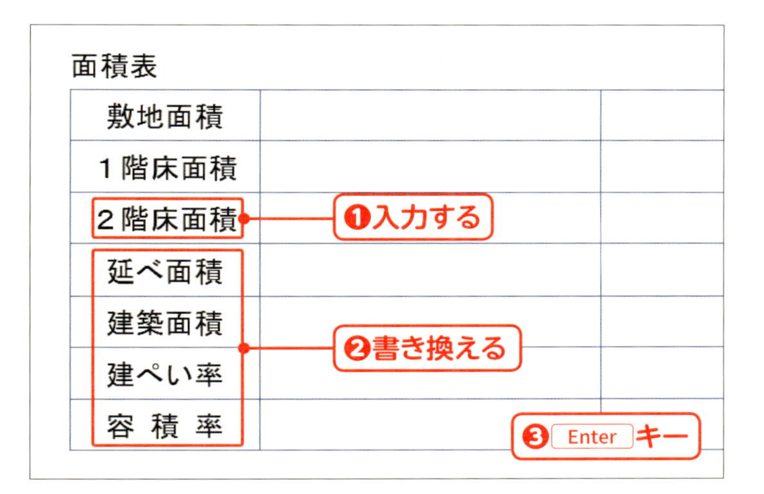

✓ Check! 文字編集コマンド

文字をダブルクリックすると、textedit［文字編集］（短縮形は「ed」）というコマンドが実行されます。文字を書き換えてもコマンドは終了しないので、続けてほかの文字を編集できます。なお、このコマンドは、リボンに登録されていません。

敷地面積
敷地面積
敷地面積
敷地面積
ダブルクリック
敷地面積
文字編集コマンドが実行される
TEXTEDIT

✔ Check! 「プロパティ」パレット

「プロパティ」パレットを表示すると、選択した図形や文字のプロパティの確認や編集ができます。
プロパティには「色」や「画層」などの一般プロパティと、選択したオブジェクト特有のプロパティがあります。文字のプロパティには「内容」、「文字スタイル」、「位置合わせ」などがあるので、記入したあとで位置合わせの変更などが可能です。

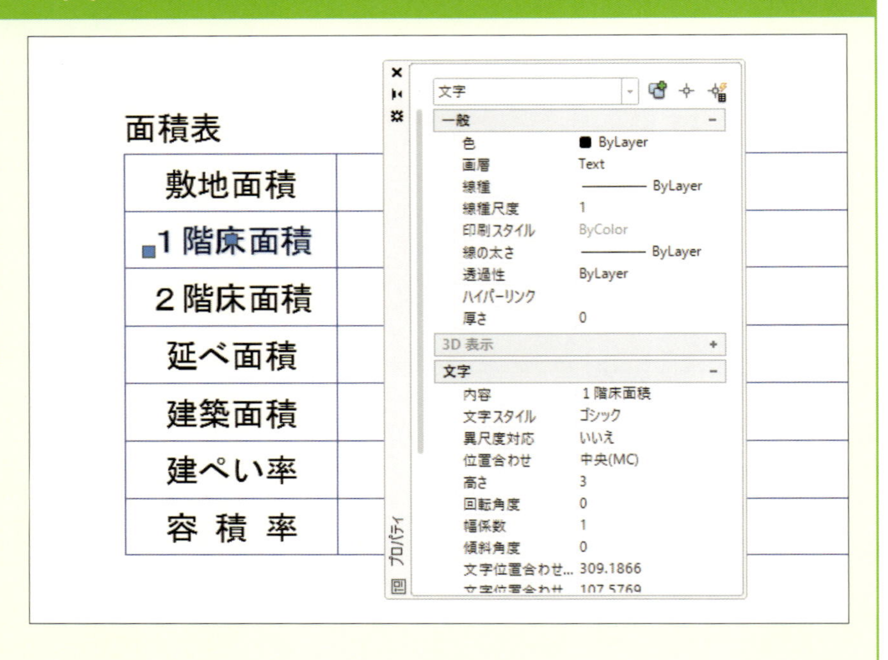

「プロパティ」パレットを表示するには、オブジェクト（図形や文字など）を選択して❶、右クリックし❷、ショートカットメニューから［オブジェクトプロパティ管理］を選択します❸。

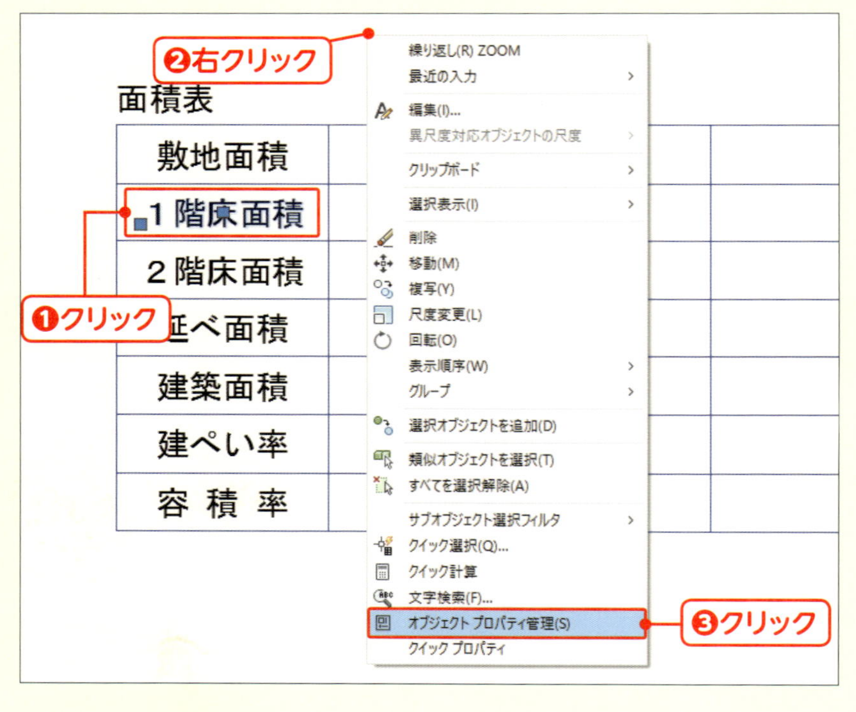

Chapter 6

寸法を記入しよう

寸法記入は、図面にとって大切な要素です。寸法コマンドを使うと、画面上の図形から距離が読み取られて、かんたんな操作で記入できます。

寸法を記入しよう

完成イメージ

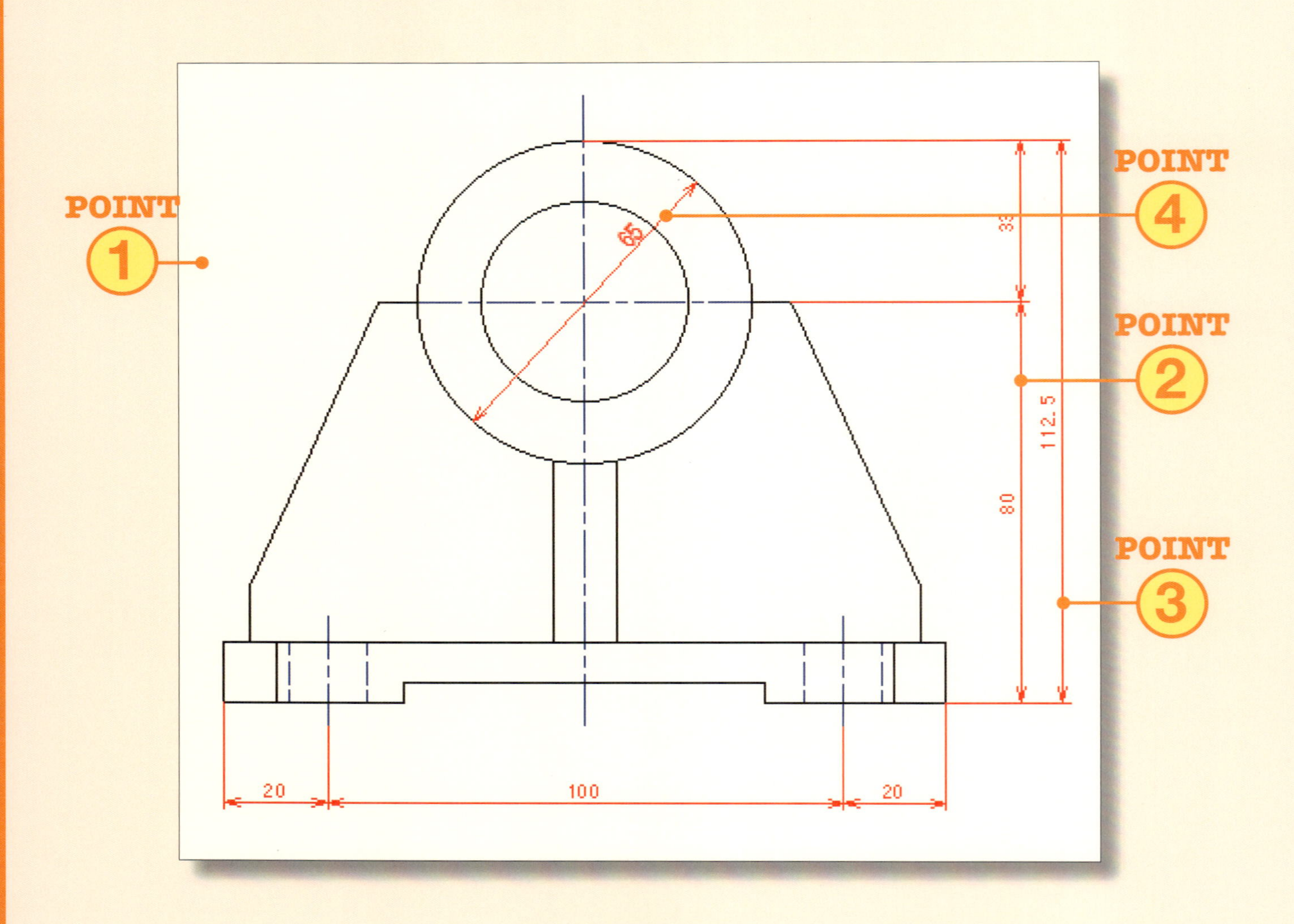

この章のポイント

POINT 1 寸法要素を登録する

矢印や寸法記号、寸法値の大きさなど、寸法の要素を「寸法スタイル」に登録します。

➡ P.132

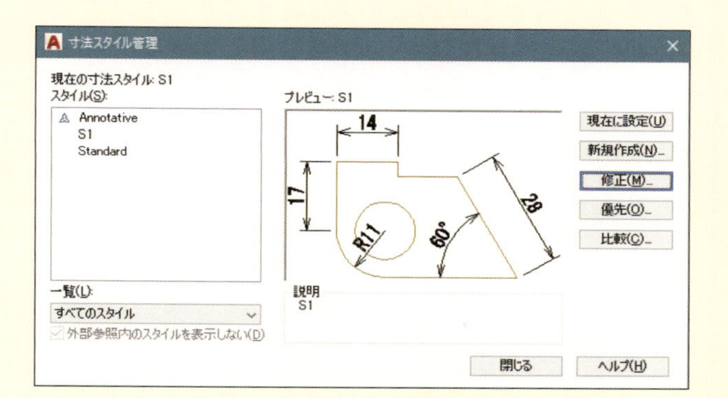

POINT 2 長さ寸法を記入する

2点を指定して、その長さ寸法を記入します。

➡ P.136

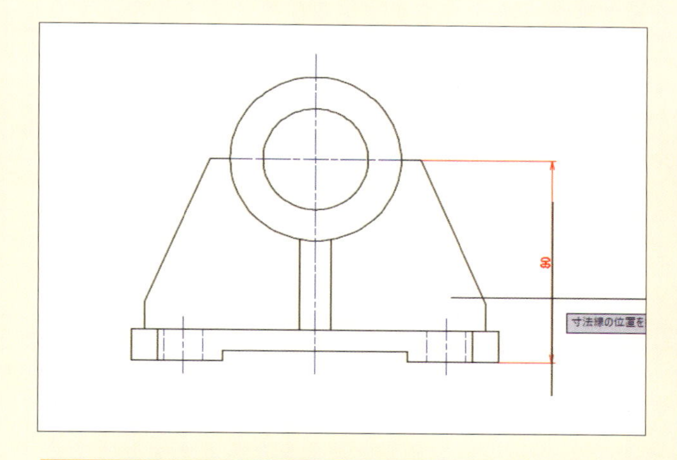

POINT 3 直列・並列寸法を記入する

一直線に連続する直列寸法、基準部からの距離を示す並列寸法を記入します。

➡ P.138,140

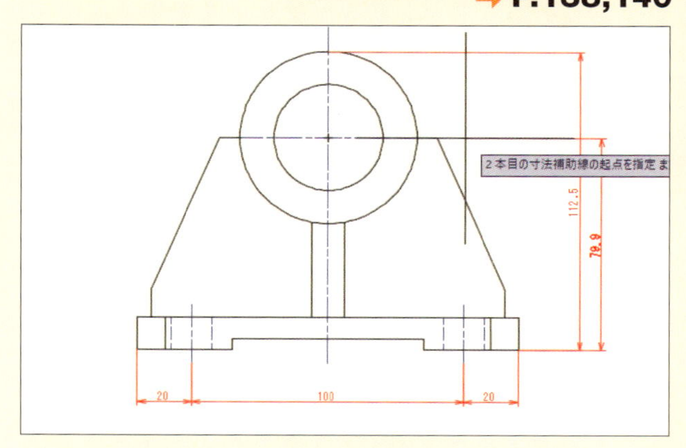

POINT 4 直径寸法を記入する

円の直径の長さを示す直径寸法を記入します。また、記入した寸法値を編集します。

➡ P.142

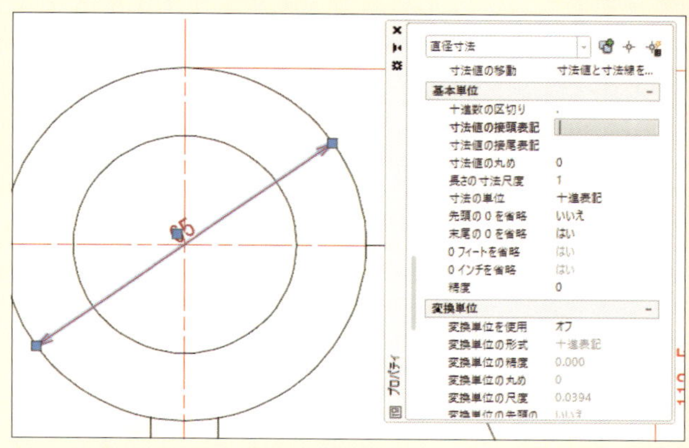

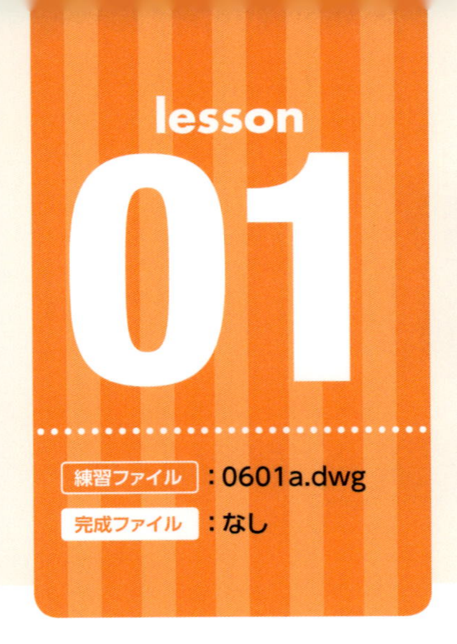

矢印などの寸法要素を登録しよう

寸法線の矢印や寸法補助線などの寸法要素は、「寸法スタイル」に登録します。設定した寸法スタイルは、図面ファイルに保存されます。

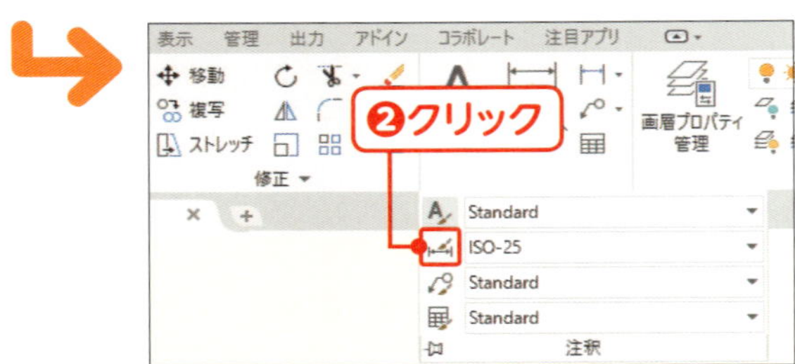

「寸法スタイル管理」を表示する

[注釈] パネルのパネル名をクリックし❶、[寸法スタイル管理] をクリックします❷。

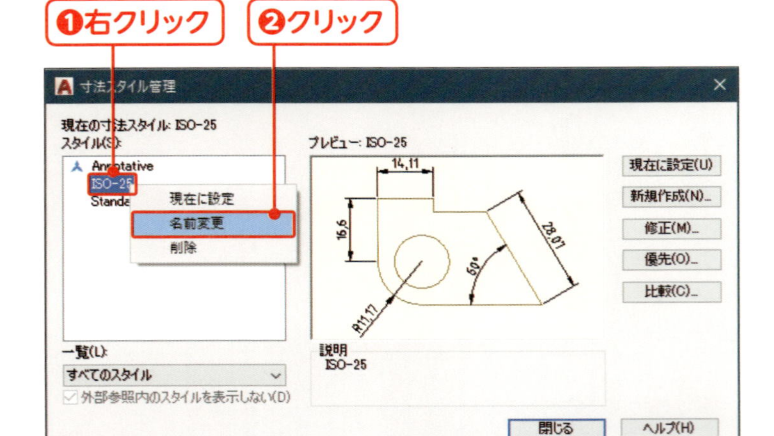

既存の寸法スタイル名を変更する

「寸法スタイル管理」ダイアログボックスが表示されます。「ISO-25」の上で右クリックし❶、[名前変更] を選択します❷。

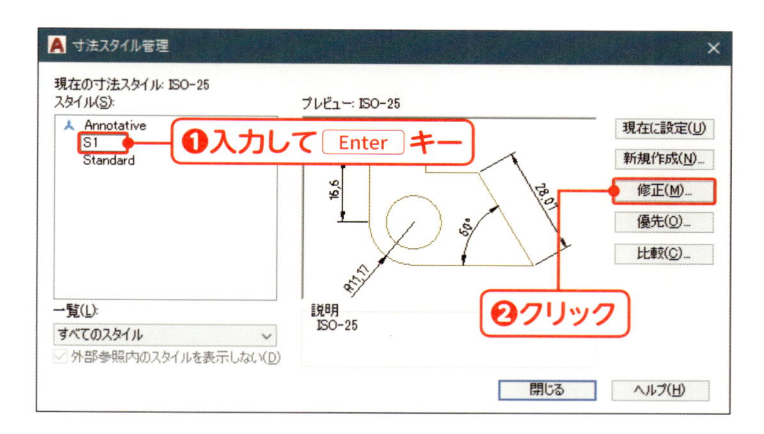

03 寸法スタイル名を「S1」にする

「S1」と入力して Enter キーを押して確定します❶。[修正] をクリックします❷。

MEMO

寸法スタイルは、図面の尺度に応じて作ります。今回は現尺(1:1)の図に用いるので、「S1」という名前にしました。

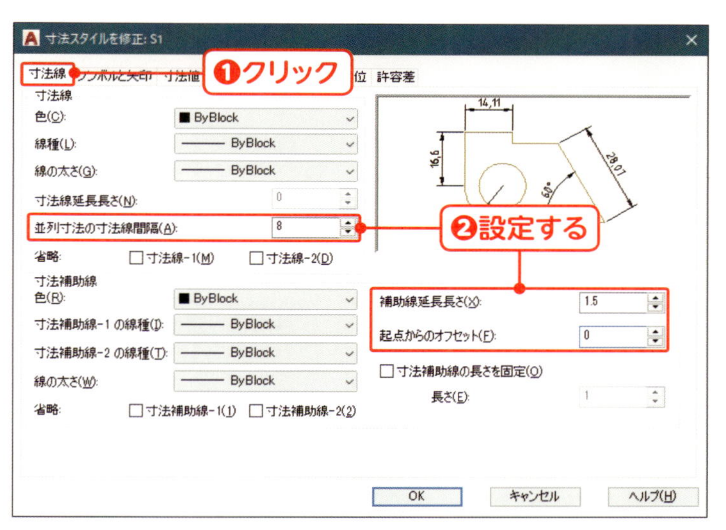

04 寸法線を設定する

[寸法線] タブをクリックして❶、各項目を以下のように設定します❷。

並列寸法の寸法線間隔	8
補助線延長長さ	1.5
起点からのオフセット	0

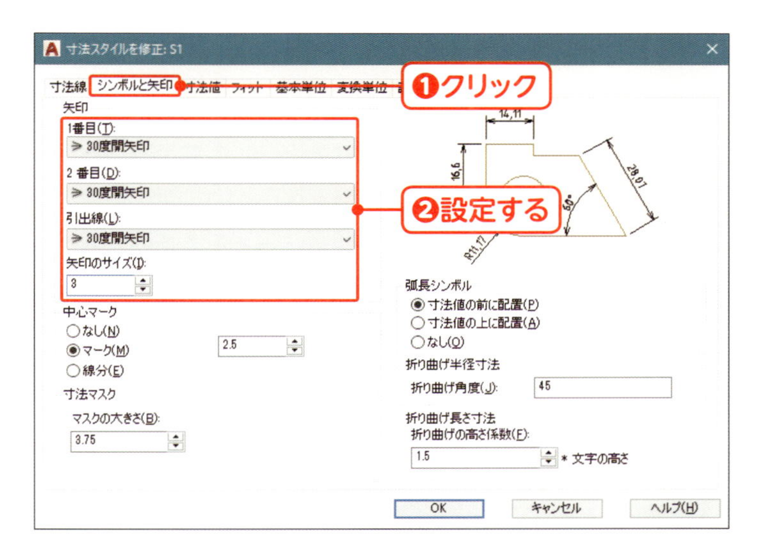

05 端末記号を設定する

[シンボルと矢印] タブをクリックして❶、各項目を以下のように設定します❷。

矢印-1番目	30度開矢印
矢印-2番目	30度開矢印
引出線	30度開矢印
矢印のサイズ	3

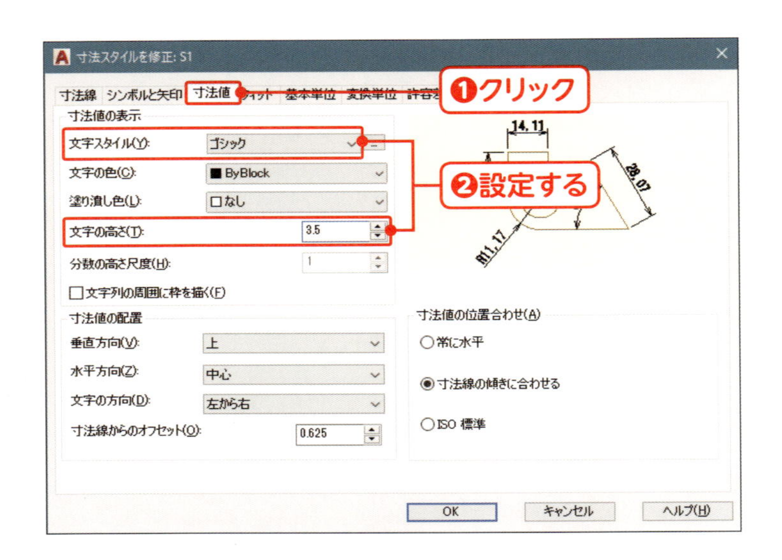

06 寸法値を設定する

[寸法値] タブをクリックして❶、各項目を以下のように設定します❷。

文字スタイル	ゴシック
文字の高さ	3.5

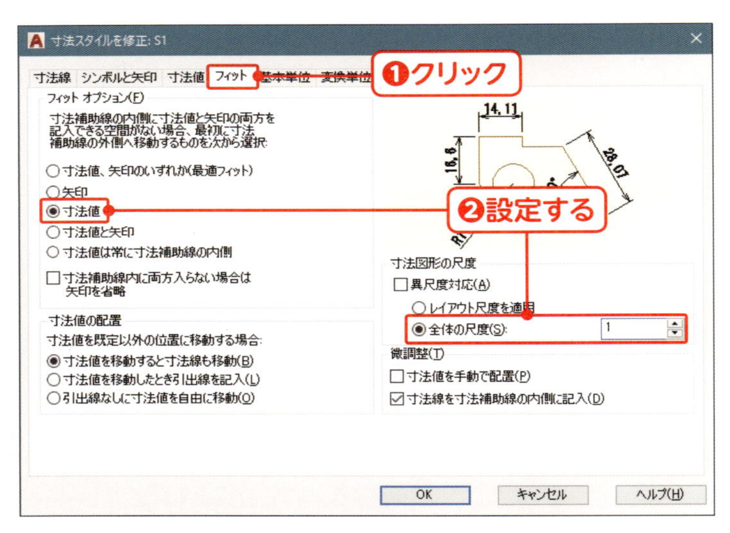

07 フィットと尺度を設定する

[フィット] タブをクリックして❶、各項目を以下のように設定します❷。

フィットオプション	寸法値
全体の尺度	1

✔ Check! 図面の尺度と寸法スタイル

寸法スタイルは、寸法記入する図の尺度に合わせて作ります。尺度の設定は、「フィット」タブの[全体の尺度]で行います。
ここでは、現尺(1:1)の図に記入する寸法スタイルを作っているので、[全体の尺度]の値を「1」にしました。縮尺1:10の場合は[全体の尺度]を「10」に、縮尺1:50の場合は「50」に設定します。

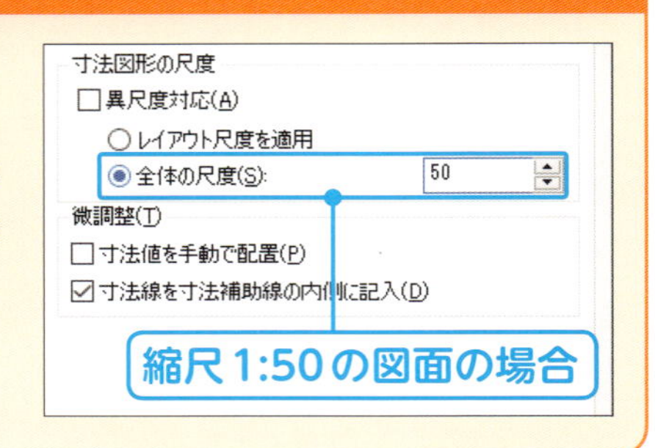

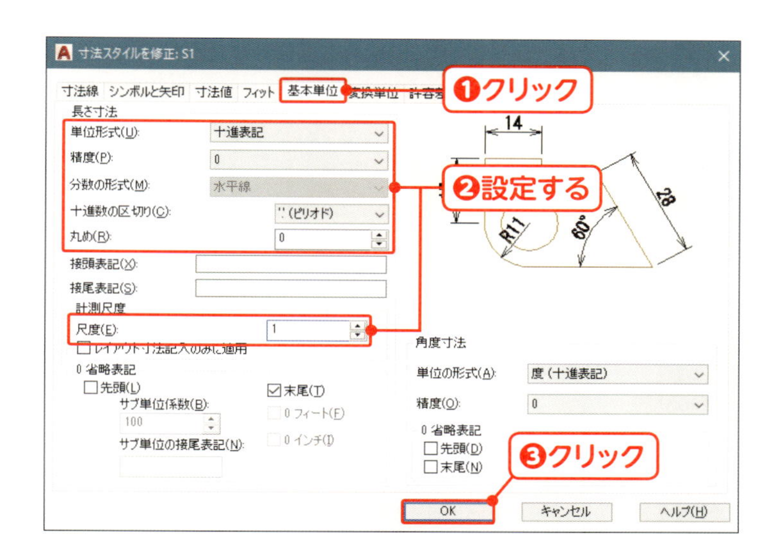

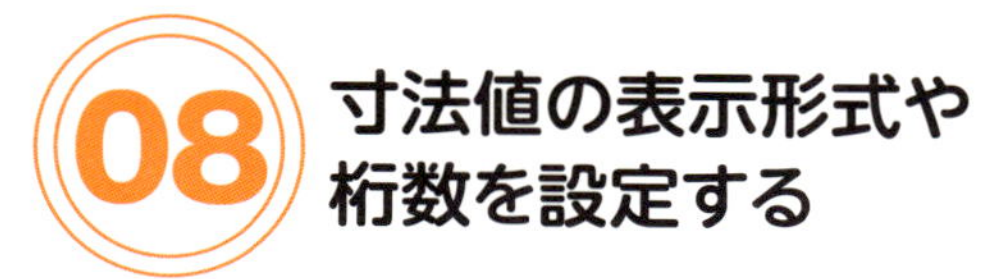

08 寸法値の表示形式や桁数を設定する

[基本単位] タブをクリックして❶、各項目を以下のように設定します❷。[OK]をクリックします❸。

単位形式	十進表記
精度	0
十進数の区切り	ピリオド
丸め	0
計測尺度：尺度	1

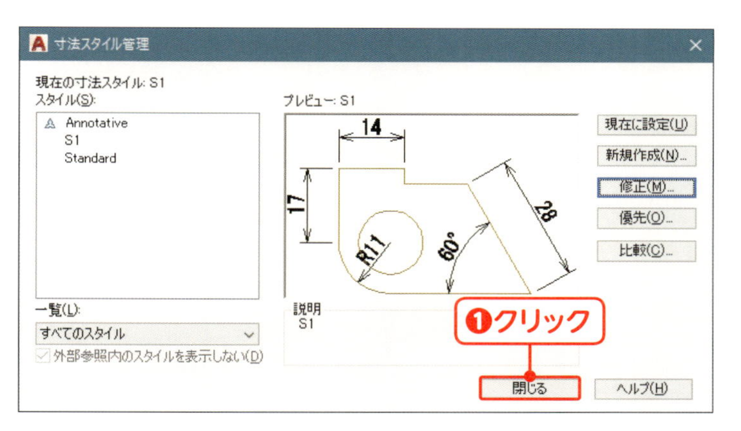

09 ダイアログボックスを閉じる

[閉じる] をクリックし❶、「寸法スタイル管理」ダイアログボックスを閉じます。

✔ Check! 「基本単位」タブの設定項目

● 精度

「0」にすると整数、「0.0」は小数第1位に、「0.00」は小数第2位に四捨五入して表示します。

● 十進数の区切り

小数点の記号をピリオド、カンマ、スペースから選択します。

● 丸め

通常は「0」にして、読み取った長さをそのまま表示します。123を5単位に丸めて、125と表示させたいときは「5」と入力します。

● 接頭表記、接尾表記

数値の前後に文字を表示させたいときに使用します。たとえば長さ1250に対し「L=1250m」と表示させるときは、接頭表記を「L=」とし、接尾表記を「m」にします。

● 計測尺度

通常は「1」にします。読み取った長さに係数を掛けたいときに、数値を入れます。

● 0 省略表記

0.13を.13に、12.0を12と表示させたいときに設定します。

長さ寸法を記入しよう

2つの点を指定して、寸法を記入しましょう。長さ寸法コマンドは、2点間の横または縦の距離を読み取り、寸法記入します。

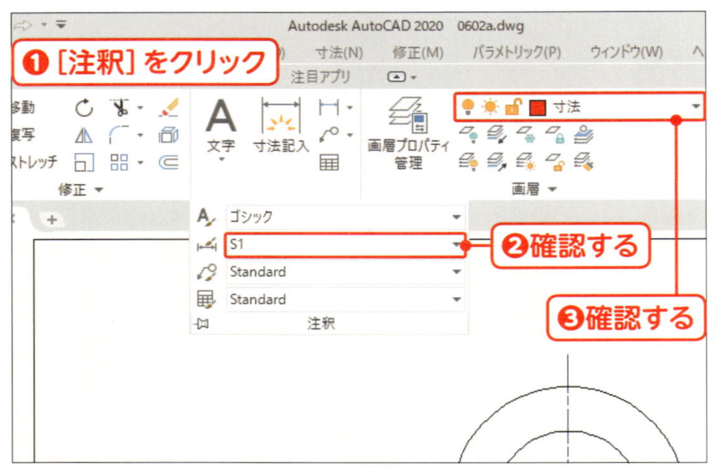

現在の寸法スタイルを確認する

[注釈]パネルのパネル名をクリックし❶、現在の寸法スタイルが「S1」になっていることを確認します❷。現在層が「寸法」になっていることを確認します❸。

MEMO

寸法は、現在の寸法スタイルの設定を使って記入されます。

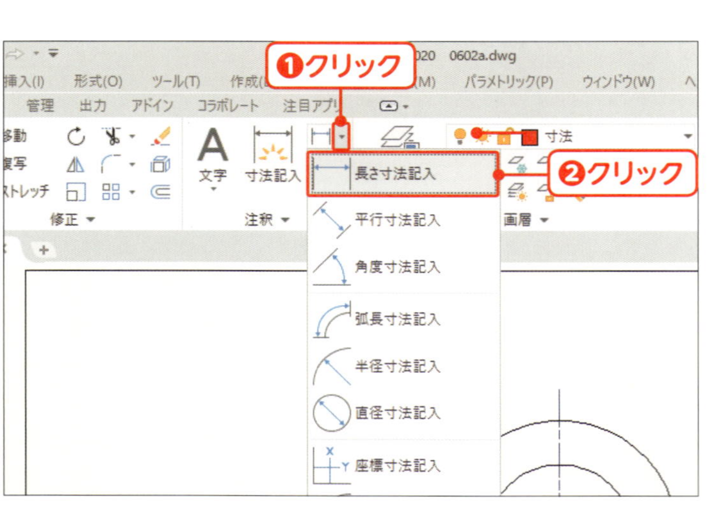

長さ寸法記入コマンドを実行する

[寸法]のをクリックし❶、[長さ寸法記入]をクリックします❷。

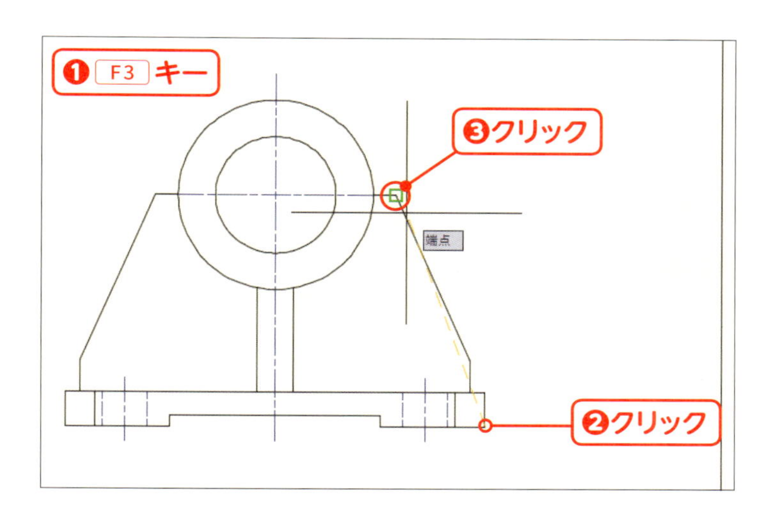

03 測定する2点を指定する

F3 キーを押して❶、オブジェクトスナップをオンにします。図のベース部分の「端点」にスナップしたらクリックします❷。さらに、リブ部分の「端点」にスナップさせてクリックします❸。

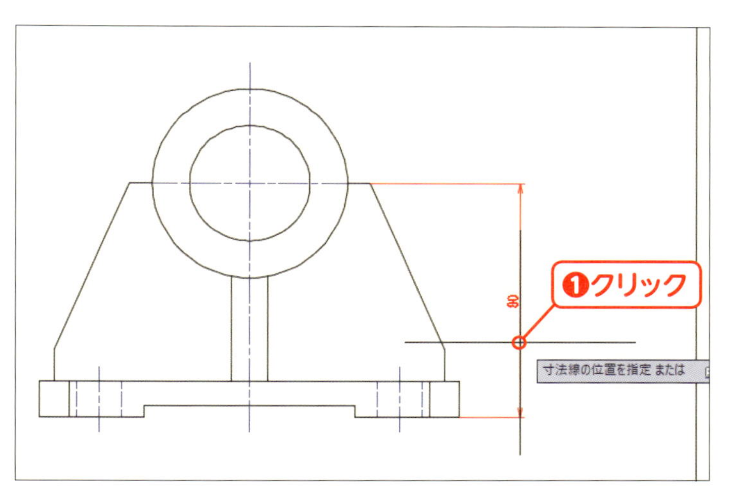

04 寸法線の位置を決める

適当な位置をクリックし❶、寸法線の位置を決定します。

MEMO

カーソルの動かし方によっては、横の距離が表示されることがあります。この場合は、カーソルを元の位置に戻すとうまくいきます。

Check! 斜距離は平行寸法を使う

[長さ寸法記入]は2点間の横または縦の距離を記入します。
斜め距離の寸法を記入するには、[平行寸法記入]を使います。

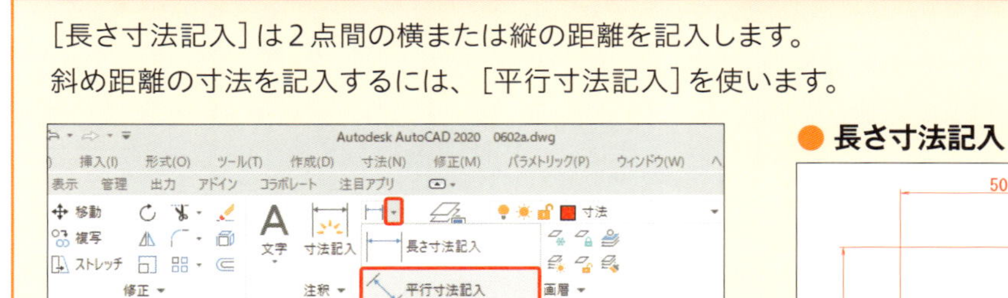

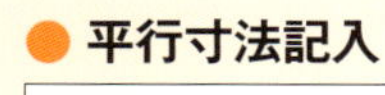

● 長さ寸法記入

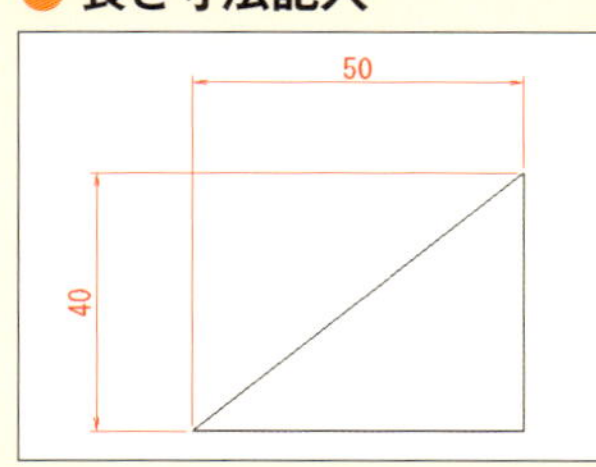

● 平行寸法記入

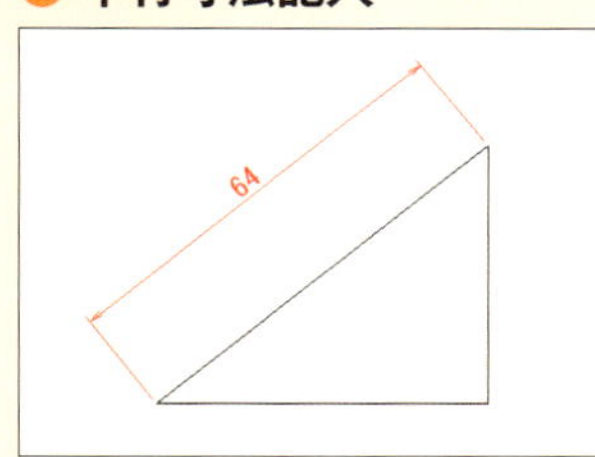

6 寸法を記入しよう

直列寸法を記入しよう

一直線に連続して寸法記入する方法を直列寸法記入法といいます。
長さ寸法で記入した寸法に続けて、直列寸法を記入しましょう。

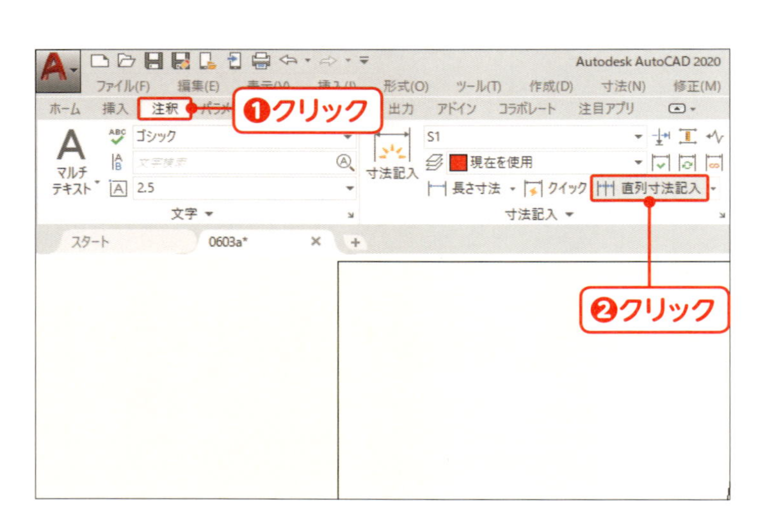

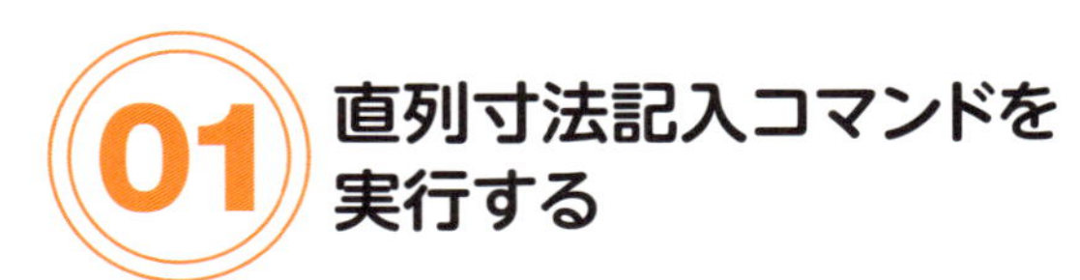

01 直列寸法記入コマンドを実行する

[注釈] リボンタブをクリックし❶、[直列寸法記入] をクリックします❷。

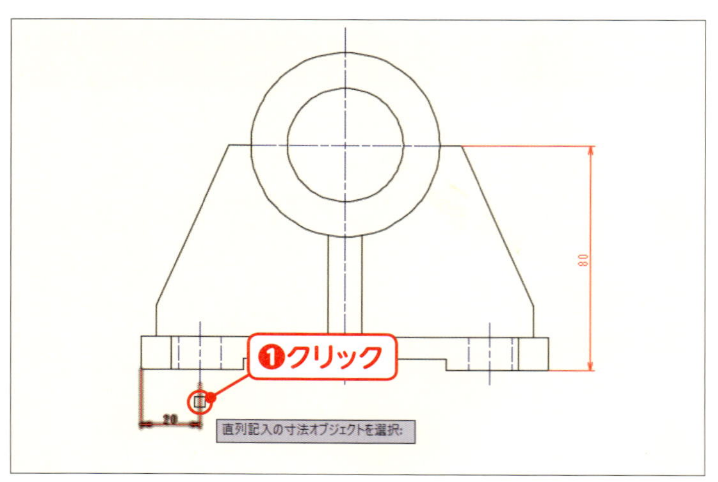

02 基準にする寸法を選択する

記入の基準にする寸法をクリックして選択します❶。

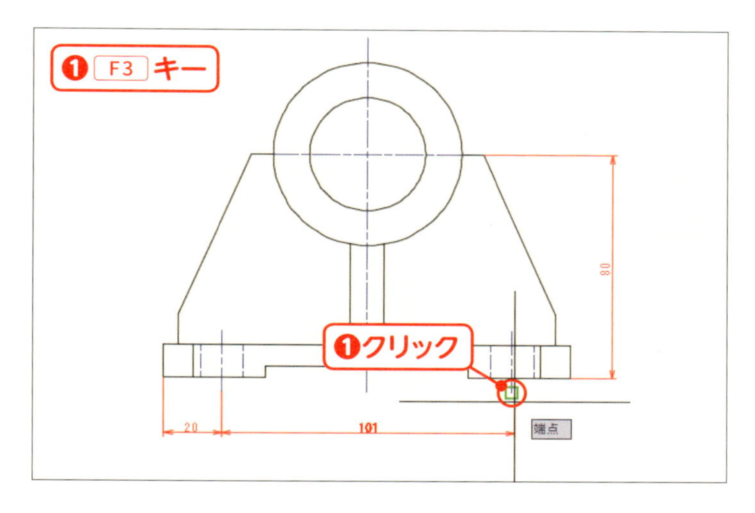

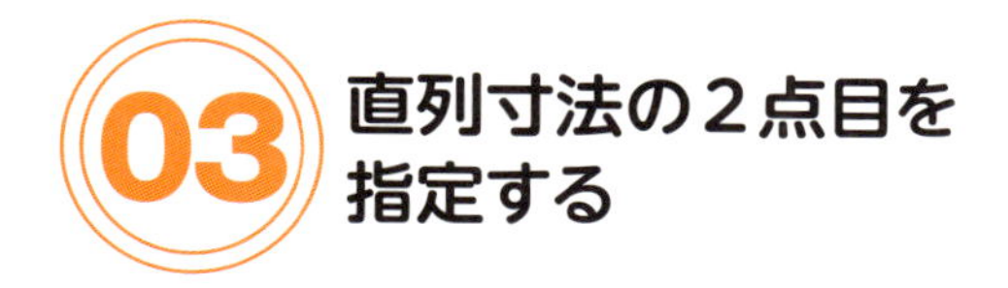

F3 キーを押して❶、オブジェクトスナップをオンにします。右側の中心線の「端点」にスナップさせてクリックします❷。

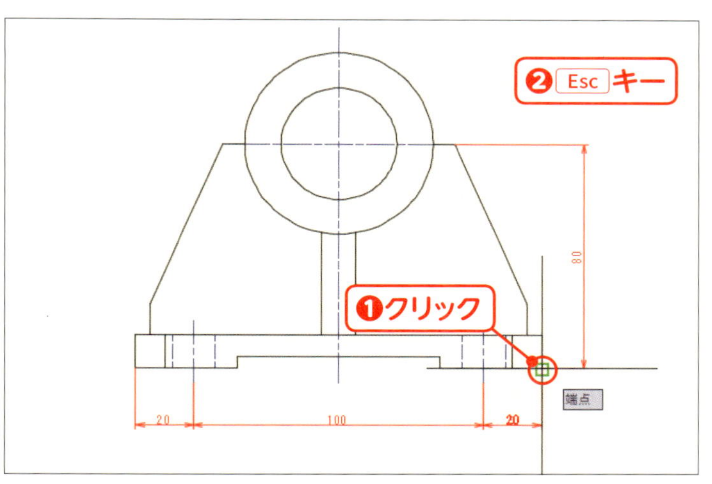

図の「端点」にスナップしたらクリックします❶。Esc キーを押して❷、コマンドを終了します。

✔ Check!　基準にする寸法を選択できないとき

直列寸法記入コマンドを実行すると、最後に記入した寸法から続けようとします。
ほかの寸法を基準にするには、Enter キーを押して選択オプションを実行すると、手順02と同じ状態になります。

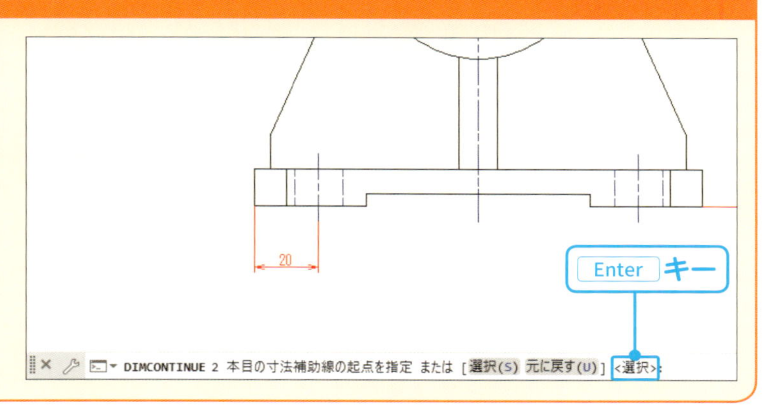

並列寸法を記入しよう

基準にする位置からの距離を示すために、並列に寸法記入する方法を並列寸法記入法といいます。長さ寸法で記入した寸法を基準にして、並列寸法を記入しましょう。

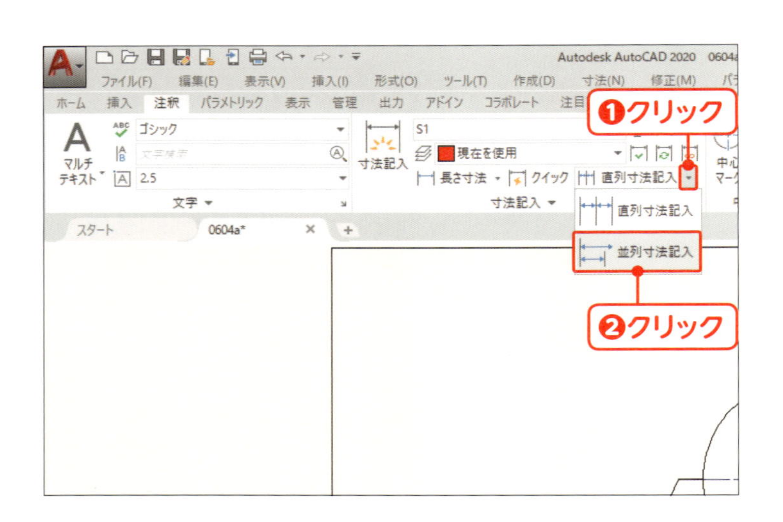

並列寸法記入コマンドを実行する

[注釈] リボンタブの [直列／並列寸法記入] の▾をクリックし❶、[並列寸法記入] をクリックします❷。

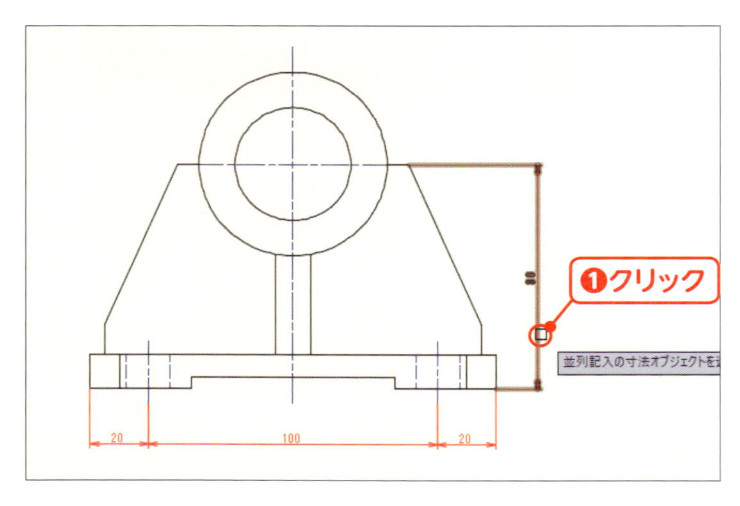

基準にする寸法を選択する

記入済み寸法の２つある寸法補助線のうち、どちらを基準にするかを指定します。寸法値の下側で寸法線をクリックします❶。

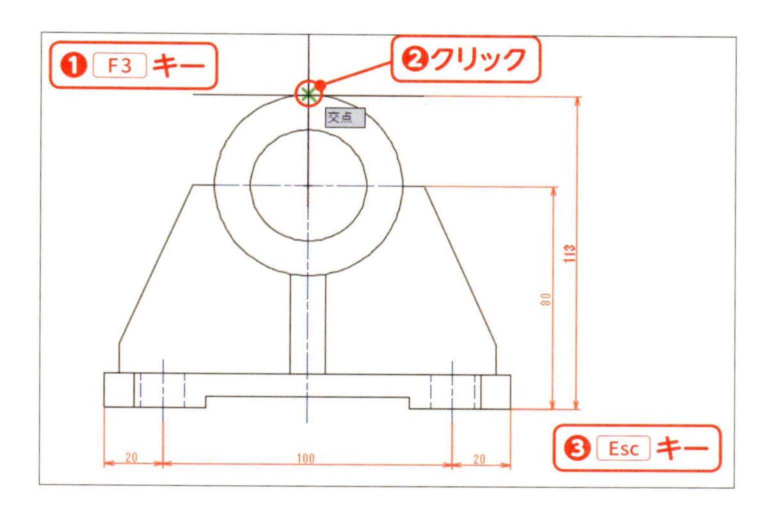

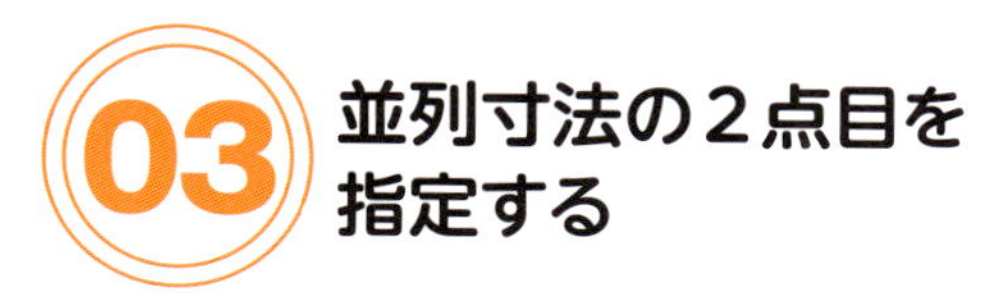

並列寸法の２点目を指定する

F3 キーを押して❶、オブジェクトスナップをオンにします。円と中心線の「交点」にスナップさせてクリックします❷。 Esc キーを押して❸、コマンドを終了します。

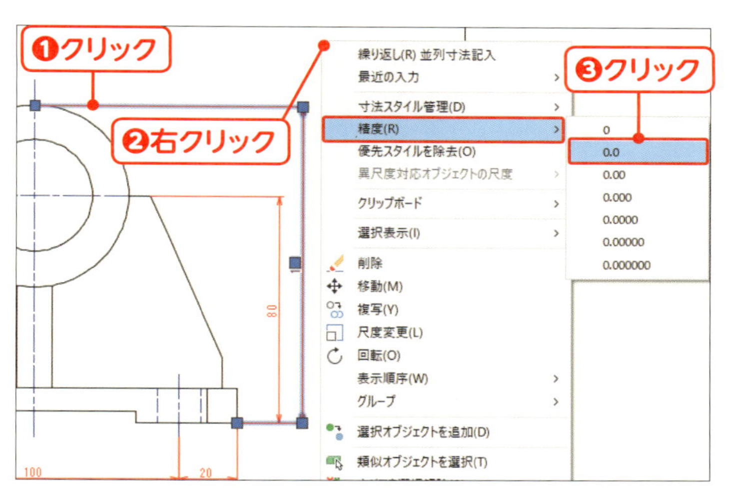

04 寸法値の表示桁数を変更する

寸法値を小数第１位まで表示させます。手順03で記入した寸法を選択し❶、右クリックして❷、[精度]→[0.0]を選択します❸。

MEMO

このように、特定の寸法だけを寸法スタイルと違う設定にできます。

Check! 並列寸法の記入順序

並列寸法記入コマンドは、クリックした寸法補助線の起点から見て、基準にする寸法をまたいだ側に記入されるので、短い距離（内側の寸法）から先に記入するのがコツです。長い寸法を先に記入すると、図のように寸法線が交差します。

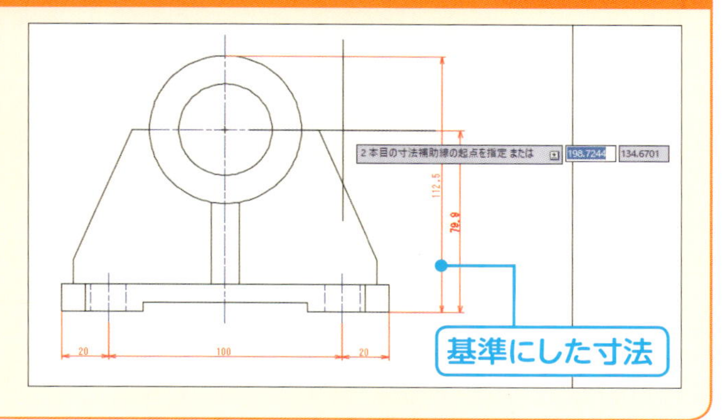

直径寸法を記入しよう

直径寸法記入コマンドは、円を選択するだけで直径を記入できます。また、記入した寸法の値を編集しましょう。

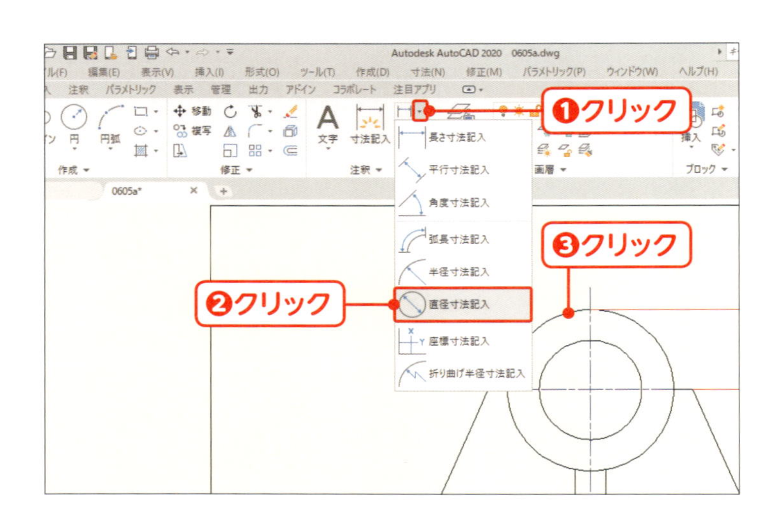

直径寸法記入コマンドを実行する

[ホーム] リボンタブの [寸法記入] の▾をクリックし❶、[直径寸法記入] をクリックします❷。外側の円をクリックして選択します❸。

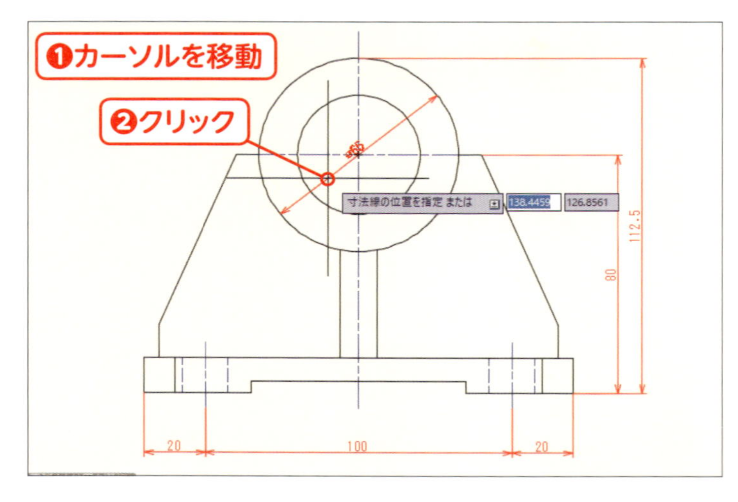

寸法線の角度を決める

オブジェクトスナップはオフにします。カーソルを動かして❶、寸法線の角度を調整したらクリックします❷。

> **MEMO**
>
> オブジェクトスナップがオンになっている場合は、F3 キーを押してオフにします。

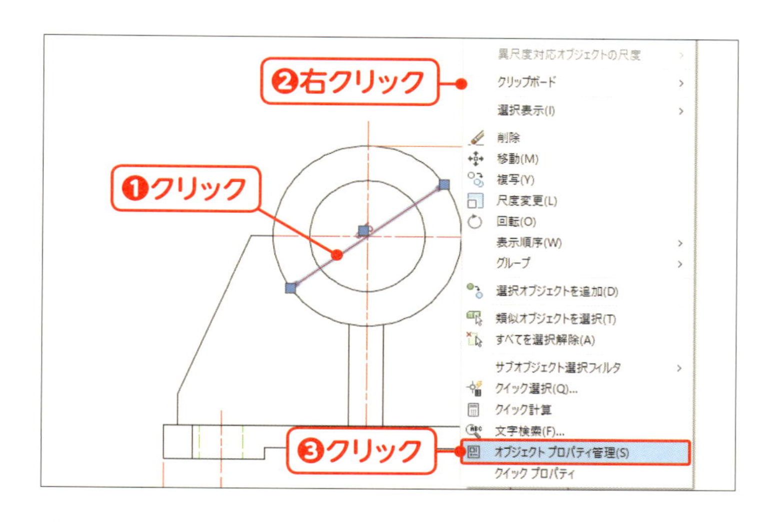

03 「プロパティ」パレットを表示する

直径寸法を選択し❶、右クリックして❷、[オブジェクトプロパティ管理]を選択します❸。

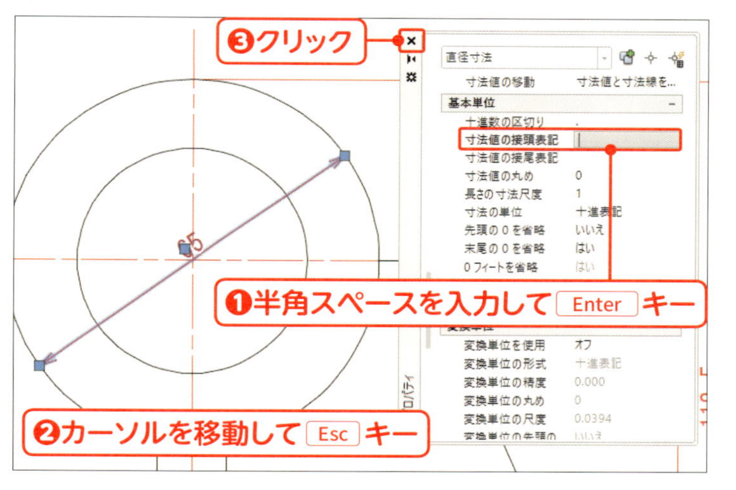

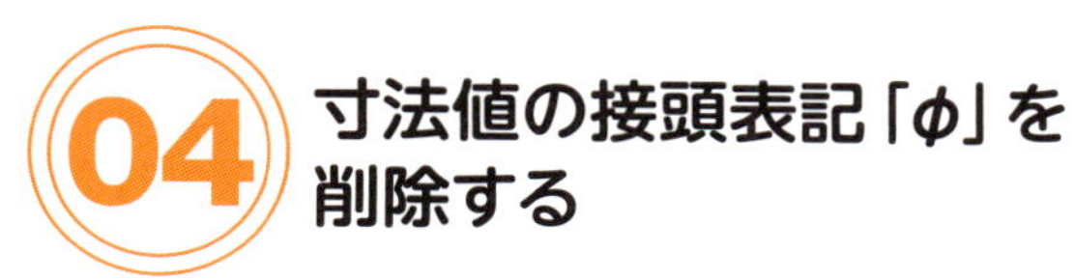

04 寸法値の接頭表記「φ」を削除する

「基本単位」グループの「寸法値の接頭表記」に半角のスペースを入力して Enter キーを押します❶。カーソルをパレットの外に移動して Esc キーを押し❷、寸法の選択状態を解除します。✕をクリックして❸、「プロパティ」パレットを閉じます。

✓ Check! 半径寸法

円の半径は半径寸法記入コマンドを使うと、同じ手順で記入できます。

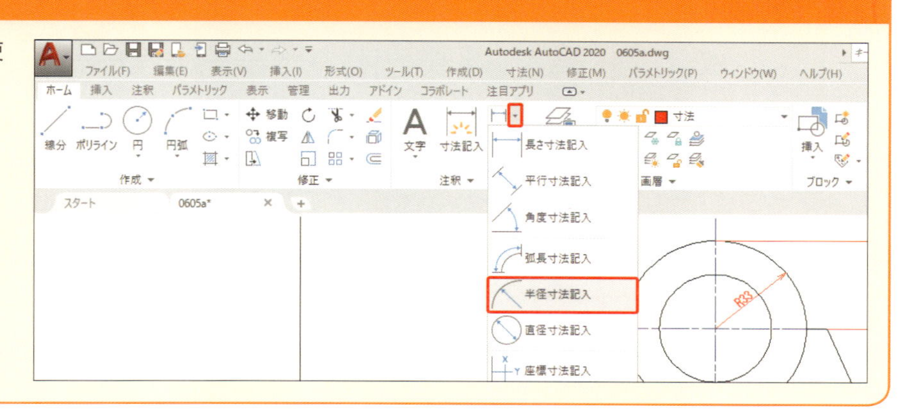

寸法値や寸法線を移動しよう

寸法を記入したあとで、寸法値や寸法線を動かしたいことがあります。
簡単な操作で修正できるので、覚えておきましょう。

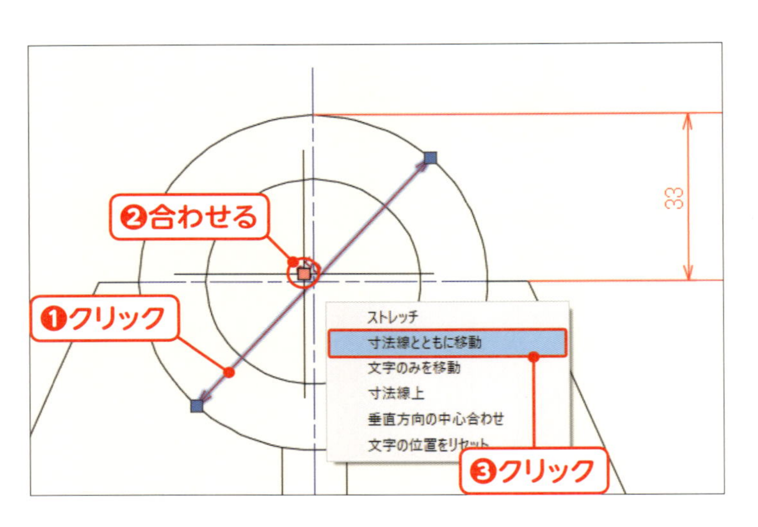

01 寸法の文字だけを移動する

直径寸法を選択し❶、文字のグリップの上にカーソルを合わせます❷。少し待つとメニューが表示されるので、［寸法線とともに移動］をクリックします❸。

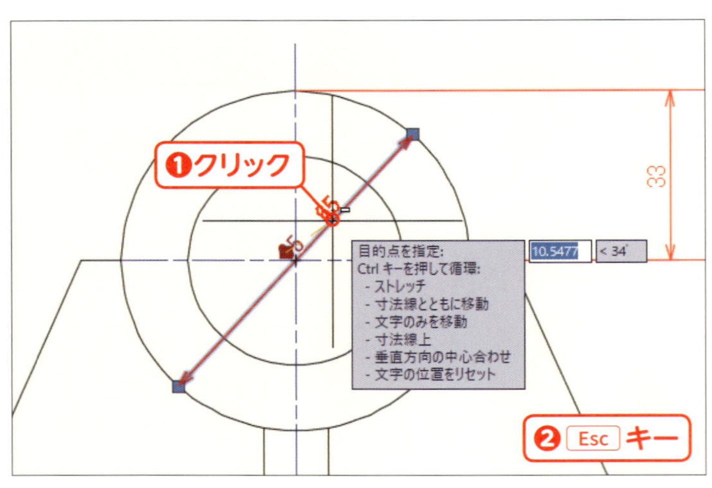

02 移動先を決める

オブジェクトスナップはオフにしておきます。ほかの線に重ならない位置に移動したらクリックします❶。Esc キーを押して❷、選択を解除します。

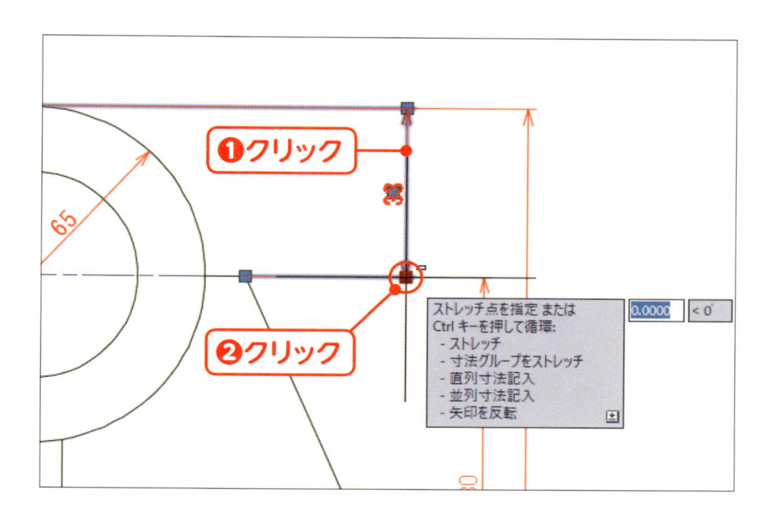

03 寸法線を移動する

不揃いになっている長さ寸法を選択し❶、寸法矢印の先端のグリップをクリックします❷。

MEMO

クリックするグリップは、左右どちらの矢印でもかまいません。

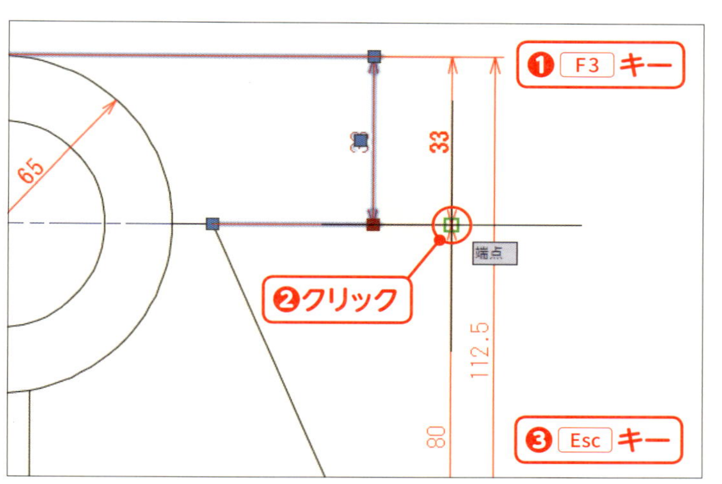

04 移動先を決める

F3 キーを押して❶、オブジェクトスナップをオンにし、となりの矢印の先端にスナップしたらクリックします❷。 Esc キーを押して❸、選択を解除します。

✓ Check! 移動した文字を元の位置に戻す

文字を移動したあとで寸法線を移動すると、文字の位置がおかしくなります。この場合は、寸法線を移動する前に、文字を元の位置に戻しておきましょう。

文字を元の位置に戻すには、手順01の操作をして［文字の位置をリセット］を選択します。

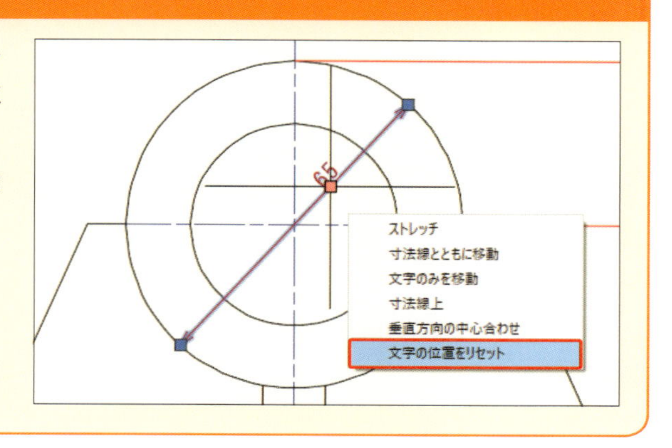

✔ Check!　寸法要素を個別に変更する

「プロパティ」パレットには、選択した寸法のプロパティが表示されます。これらは、寸法スタイルで設定した値が適用されています。

「プロパティ」パレットの値を変更すれば、特定の寸法だけ寸法要素を変更できます。ここでは、右側の矢印を白丸に変え、右側の寸法補助線を無しに設定しています。なお、寸法を記入するときの1点目、2点目の順序で「矢印1」「矢印2」の順序が決まります。

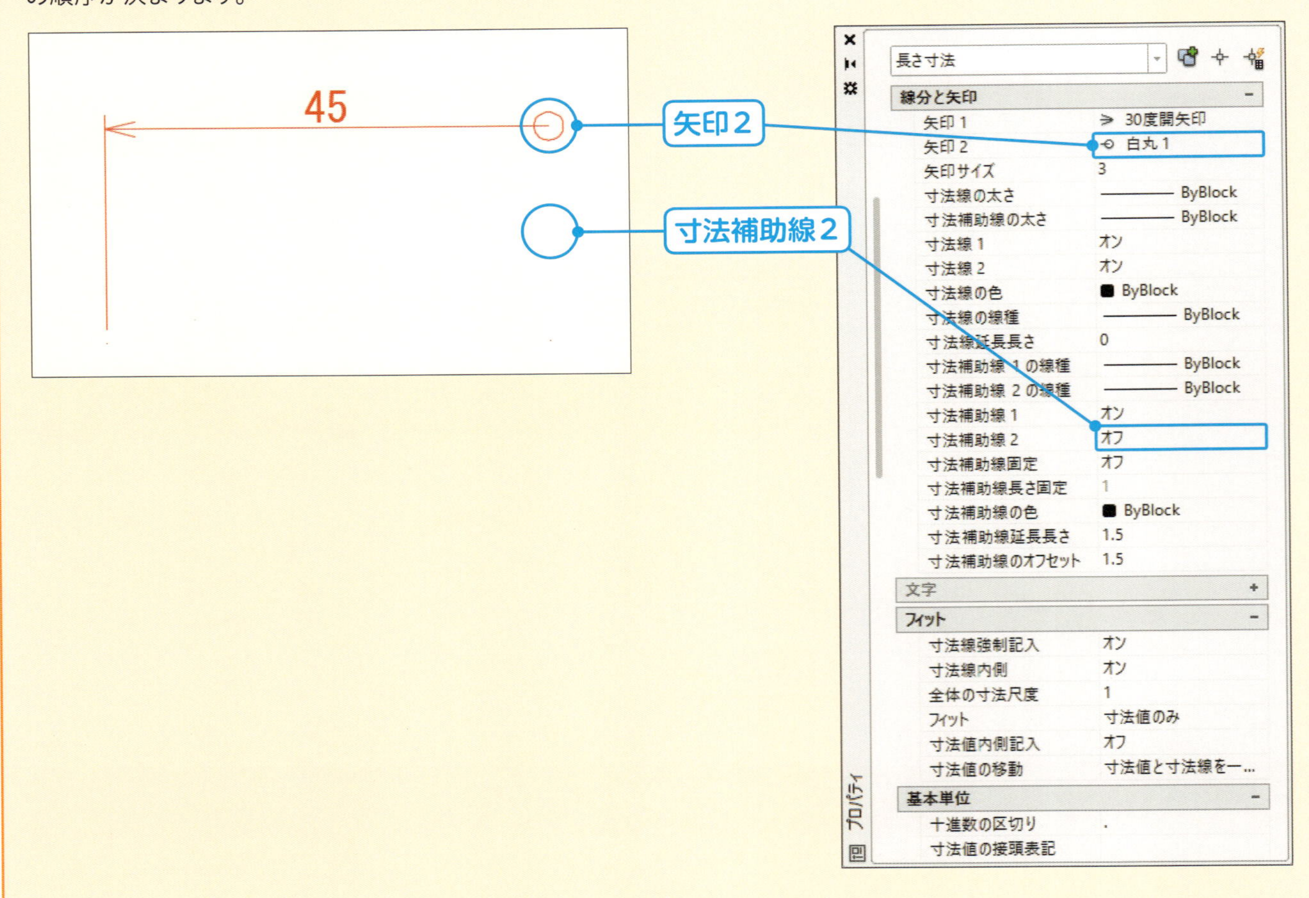

Chapter 7

現尺(1:1)の図面を作ろう

画層や線種などの、図面ファイルに必要な設定を行い、図面用紙と尺度を設定しましょう。ここでは、現尺(1：1)の設定を行います。

現尺（1：1）の図面を作ろう

完成イメージ

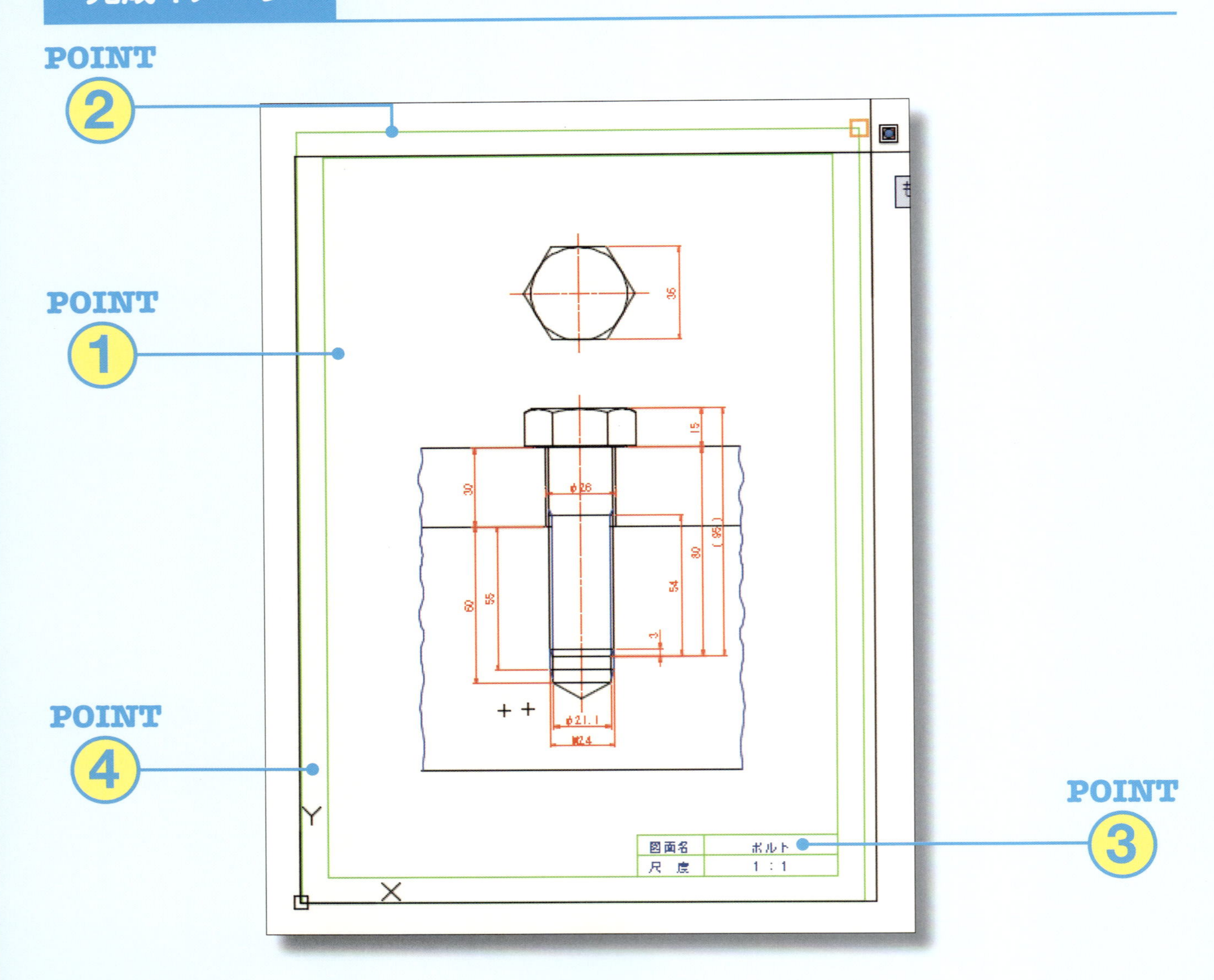

この章のポイント

POINT 1

線種やレイヤーを準備する

作図に必要な線種をロードし、レイヤーを作成します。

➡P.150,154

線種管理

線種フィルタ：全ての線種を表示　□フィルタを反転(I)　ロード(L)...　削除　現在(C)　詳細を非表示(D)

現在の線種: ByLayer

線種	外観	説明
ByLayer		
ByBlock		
ACAD_ISO02W100		ISO dash
ACAD_ISO03W100		ISO dash space
ACAD_ISO04W100		ISO long-dash dot
ACAD_ISO05W100		ISO long-dash double-dot

詳細

名前(N):　説明(E):　グローバル線種尺度(G): 0.3　現在のオブジェクトの尺度(O): 1.0000　☑尺度設定にペーパー空間の単位を使用(U)　ISO ペン幅(P): 1.0 mm

OK　キャンセル　ヘルプ(H)

現在の画層: 0　次の画層を検索

状	名前	表示	フリーズ	ロック	印刷	色	線種	線の太さ	透過性
✓	0					white	Continuous	既定	0
	中心線					red	ACAD_ISO08W100	0.18 ミリメートル	0
	Defpoints					white	Continuous	既定	0
	かくれ線					green	ACAD_ISO02W100	0.18 ミリメートル	0
	外形線					white	Continuous	0.35 ミリメートル	0
	寸法					red	Continuous	0.18 ミリメートル	0
	文字					blue	Continuous	0.35 ミリメートル	0
	補助線					cyan	Continuous	既定	0
	輪郭線					green	Continuous	0.50 ミリメートル	0

すべて(A): 表示されている画層 9 個、画層の総数 9 個

POINT 

表題欄に図面名を記入する

表題欄の中央に位置合わせをして、図面名を記入します。

➡P.160

図面名	ボルト
尺　度	1 : 1

POINT 

用紙枠と表題欄を作る

用紙サイズを示すA4サイズの長方形を描きます。この長方形をオフセットして、図面の輪郭線と表題欄を作成します。

➡P.156

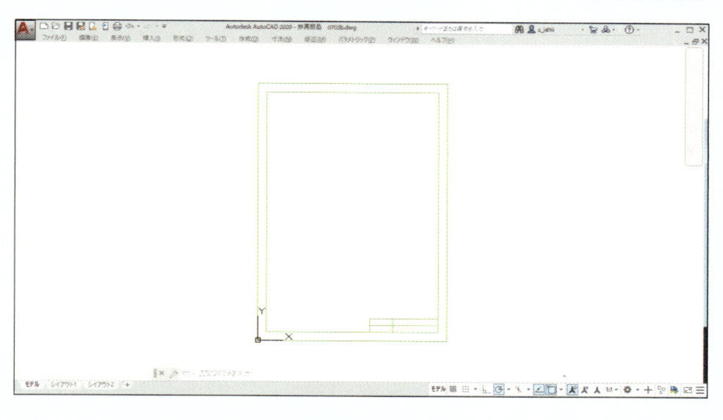

A4用紙に印刷する

印刷設定をして、A4 用紙サイズで出力します。

➡P.164

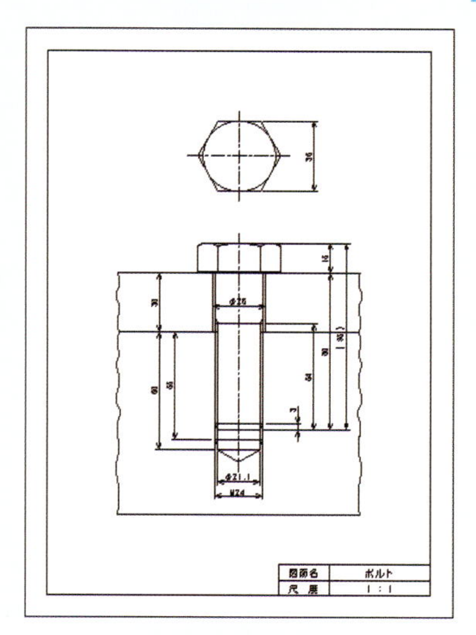

線種を準備しよう

新規作成ではじめた図面ファイルは、実線以外の線種は使えません。図面ファイルにJIS線種をロードして、そのほかの線種も使えるようにしましょう。

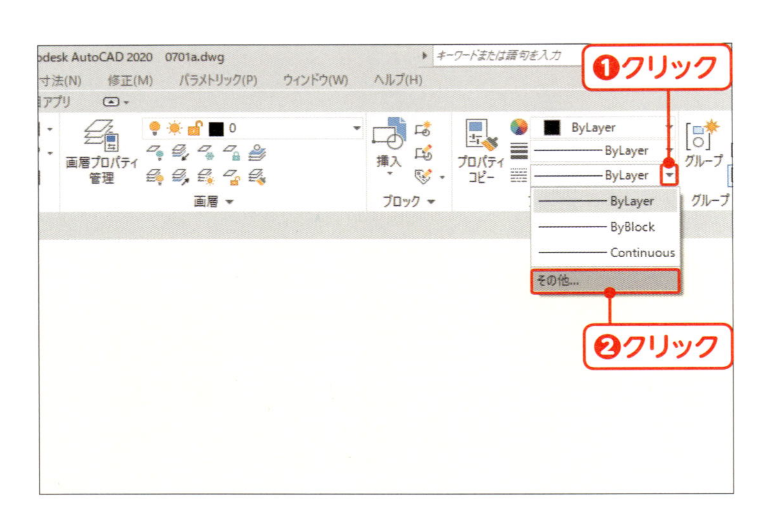

「線種管理」を表示する

[ホーム] リボンタブの [線種] の▾をクリックし❶、[その他] をクリックします❷。

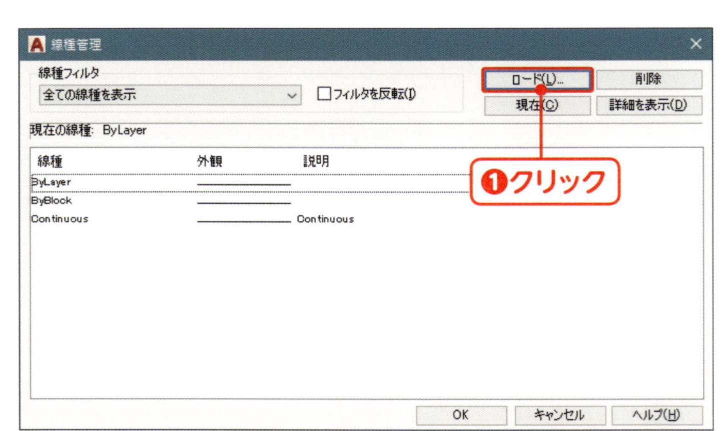

[ロード] をクリックする

「線種管理」ダイアログボックスが開き、ファイルに読み込まれている線種の一覧が表示されます。[ロード] をクリックします❶。

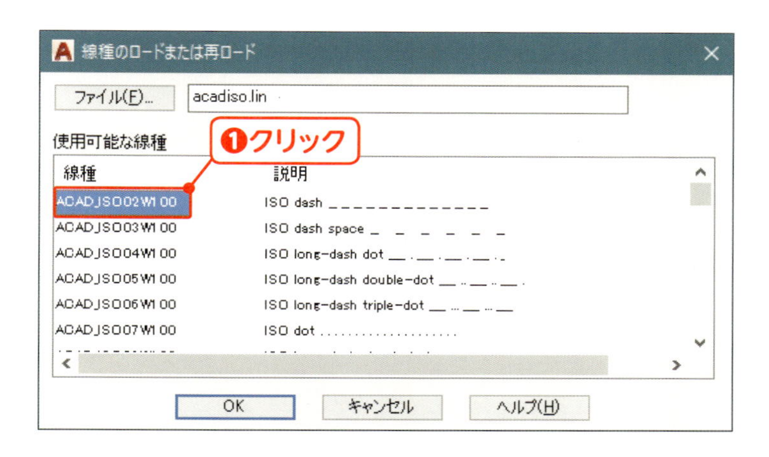

03 JIS線種を選択する

「ACAD_ISO02W100」をクリックします❶。

名前が「ACAD_ISO」ではじまる線種が、JISで規定された線種です。

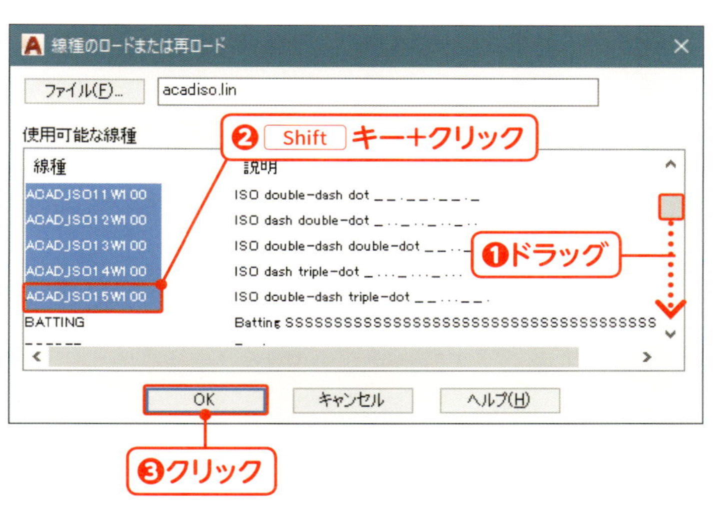

04 JIS線種全部をロードする

スクロールバーをドラッグして下にスクロールし❶、Shift キーを押しながら「ACAD_ISO15W100」をクリックすると❷、その間の線種が全て選択されます。[OK] をクリックします❸。

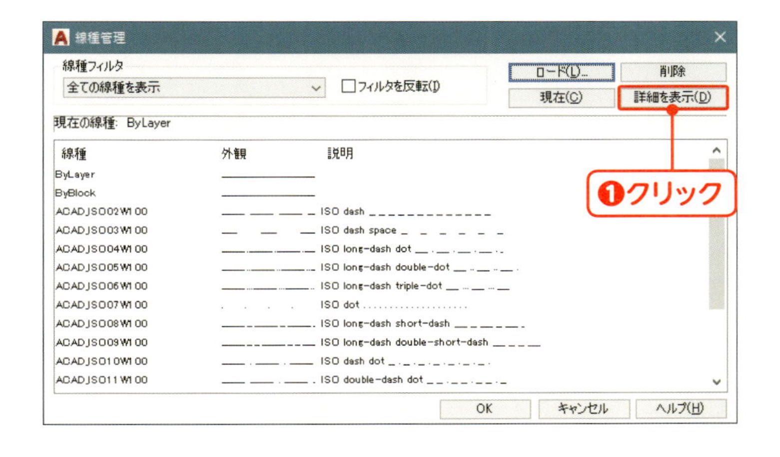

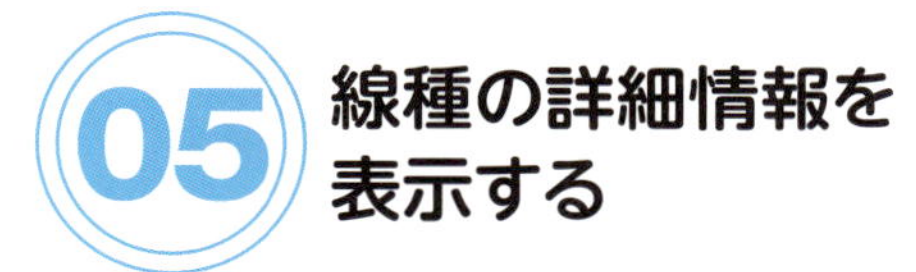

05 線種の詳細情報を表示する

[詳細を表示] をクリックします❶。

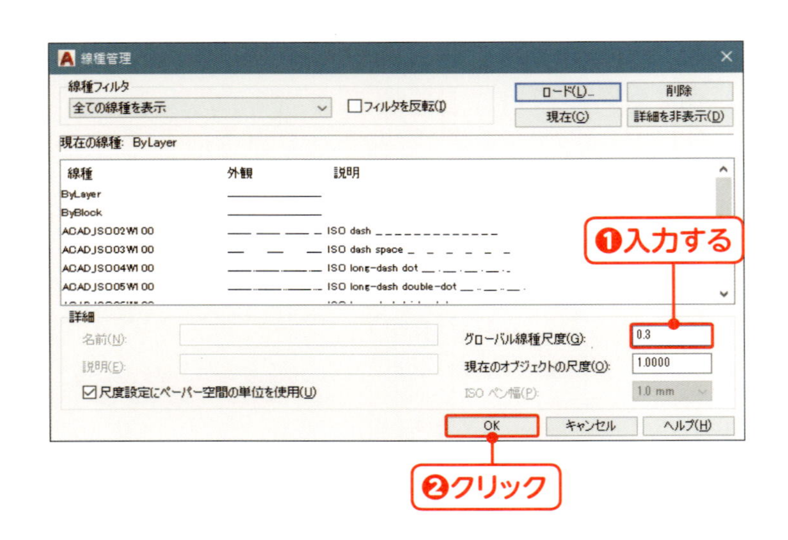

06 線種尺度を設定する

「グローバル線種尺度」のボックスに「0.3」と入力します❶。[OK] をクリックし❷、「線種管理」ダイアログボックスを閉じます。

MEMO

「現在のオブジェクトの尺度」は変更しません。

✔ Check!　線種管理の詳細について

線種の粗さは、「グローバル線種尺度」で設定します。JIS線種を使う場合は、0.2～0.5程度にするとよいでしょう。

また、それぞれの線が持つ「オブジェクト線種尺度」を変更すると、1本1本の線の粗さを調整できます。「オブジェクト線種尺度」は「プロパティ」パレットで変更します。初期値は「1」です。したがって線の粗さは、(グローバル線種尺度)×(オブジェクト線種尺度)で決まります。

「線種管理」ダイアログボックスの「現在のオブジェクトの尺度」は、次に作図する線に適用される「オブジェクト線種尺度」です。ここは初期値の「1」にしましょう。

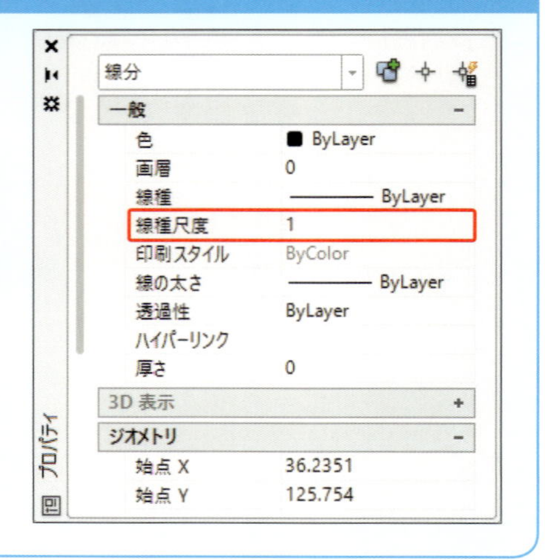

✔ Check! 「JIS-製図」で規定されている線の種類

JIS-製図には、実線を含めて15種類の線の基本形(線形)が規定されています。規格では、線形は太さに比例して、細線は細かなピッチ、太線は粗いピッチにするとしていますが、実務では管理が煩雑になるため、前ページのcheckのように、グローバル線種尺度だけでコントロールすることが多いようです。

線形番号	線の基本形	呼び方	AutoCADの線種名
01		実線	Continuous
02		破線	ACAD_ISO02W100
03		跳び破線	ACAD_ISO03W100
04		一点長鎖線	ACAD_ISO04W100
05		二点長鎖線	ACAD_ISO05W100
06		三点長鎖線	ACAD_ISO06W100
07		点線	ACAD_ISO07W100
08		一点鎖線	ACAD_ISO08W100
09		二点鎖線	ACAD_ISO09W100
10		一点短鎖線	ACAD_ISO10W100
11		一点二短鎖線	ACAD_ISO11W100
12		二点短鎖線	ACAD_ISO12W100
13		二点二短鎖線	ACAD_ISO13W100
14		三点短鎖線	ACAD_ISO14W100
15		三点二短鎖線	ACAD_ISO15W100

また、線の種類は用途によって使い分けます。下の表にJIS製図に使う線種の一部を示します。

線の種類	一般的な用途
太い実線	見える部分の外形線や稜を表す線
細い実線	寸法線、引出線、ハッチング、短い中心線など
破線	かくれた部分の線
細い一点鎖線	中心線、対称を表す線

画層を作ろう

前節で線種をロードしたので、線種を選べるようになりました。
ここでは、「中心線」画層を作って、一点鎖線を割り当てましょう。

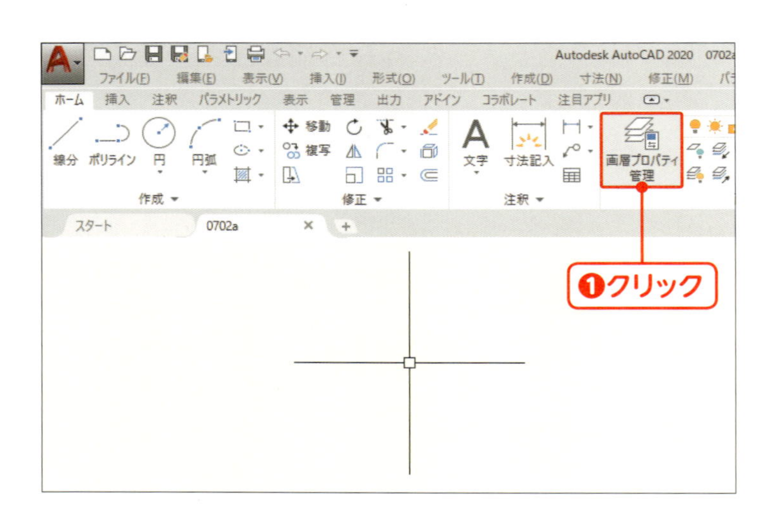

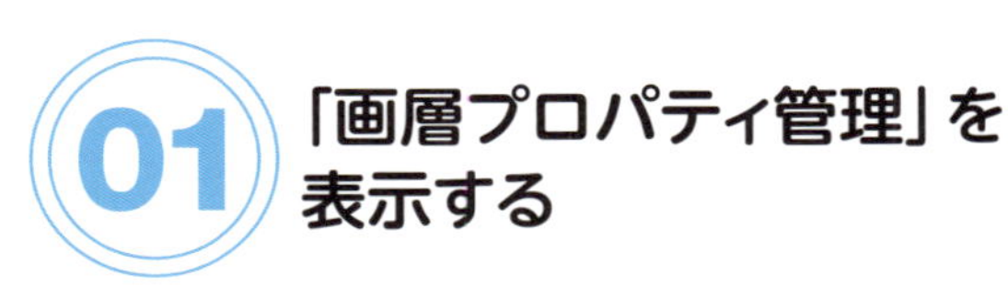

01 「画層プロパティ管理」を表示する

[画層プロパティ管理] をクリックします❶。

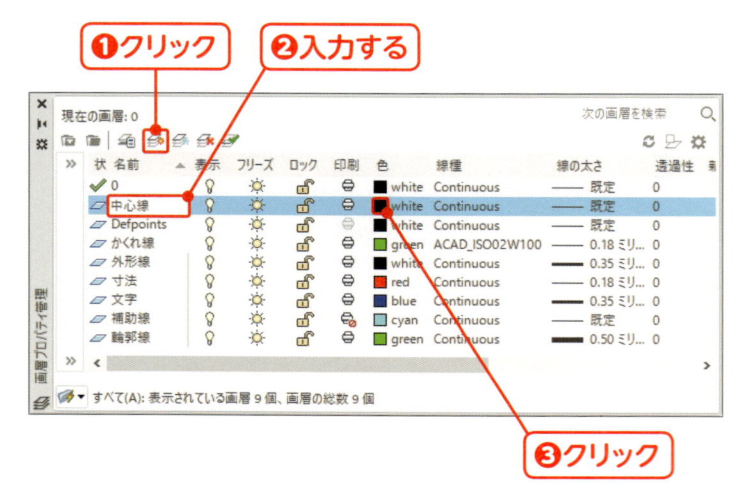

02 「中心線」画層を作る

「画層プロパティ管理」パレットが表示されます。[新規作成] をクリックし❶、新しい画層の名前に「中心線」と入力します❷。「中心線」画層のカラーチップをクリックします❸。

03 画層の色を設定する

「色選択」ダイアログボックスで[red]を選択し❶、[OK]をクリックします❷。

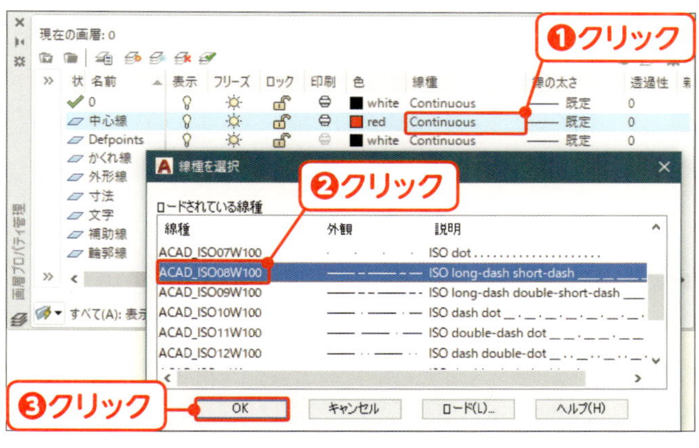

04 画層の線種を一点鎖線にする

「中心線」画層の「線種」欄をクリックします❶。「線種を選択」ダイアログボックスで[ACAD_ISO08W100]を選択し❷、[OK]をクリックします❸。

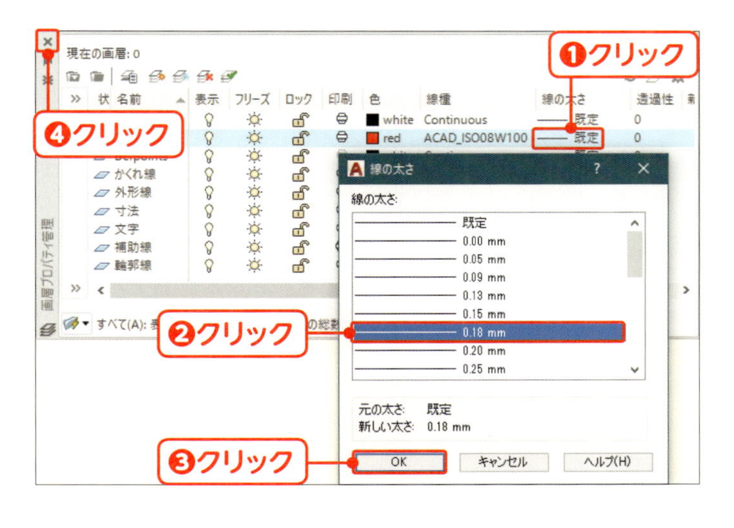

05 線の太さを0.18mmにする

「中心線」画層の「線の太さ」欄をクリックします❶。「線の太さ」ダイアログボックスで[0.18 mm]を選択し❷、[OK]をクリックします❸。✖をクリックし❹、「画層プロパティ管理」パレットを閉じます。

現尺(1:1)用の用紙を作ろう

**作図領域に、用紙範囲を示す長方形を作図しましょう。
また、図面の輪郭線と表題欄の罫線を作りましょう。**

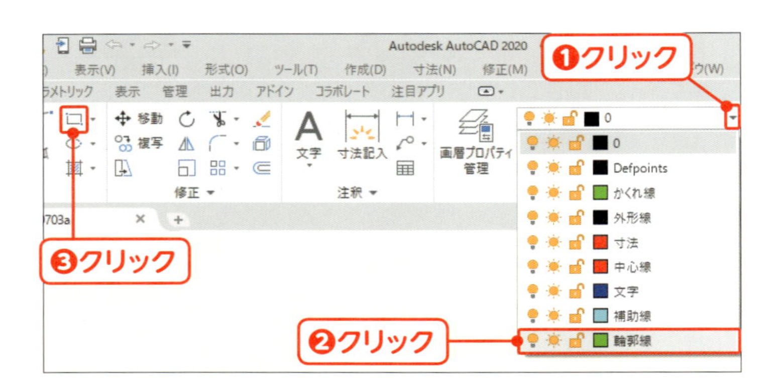

現在層を変更し、長方形コマンドを実行する

[画層コントロール] の▾をクリックし❶、「輪郭線」画層を現在層にします❷。[長方形] をクリックします❸。

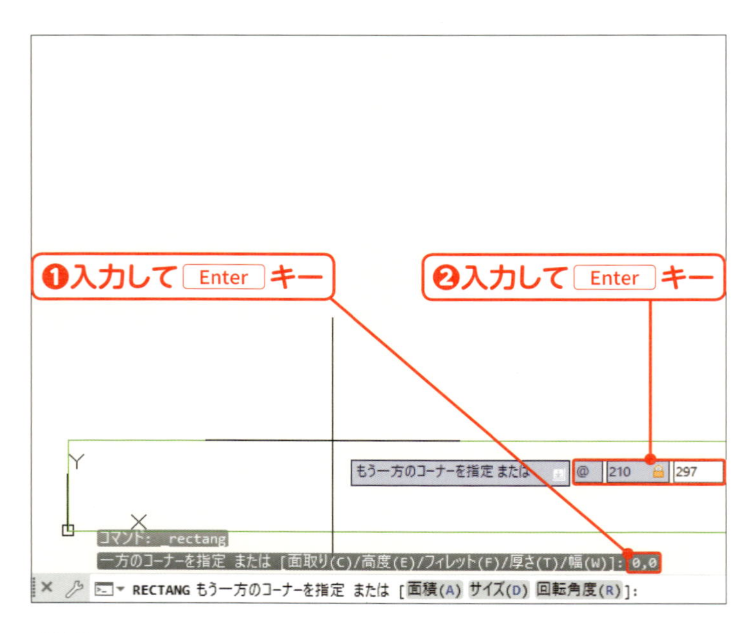

A4サイズの長方形を作図する

「一方のコーナー」のプロンプトで、「#0,0」と入力して Enter キーを押します❶。「もう一方のコーナー」は、「@210,297」と入力して Enter キーを押します❷。

MEMO

長方形の1点目は座標系の原点を指定しています。ダイナミック入力がオンのときに座標入力する場合は、座標値の先頭に「#」を付けます。2点目は、1点目からの相対距離を指定するために「@」を付けています。なお、先頭に入力する「#」は表示されません。

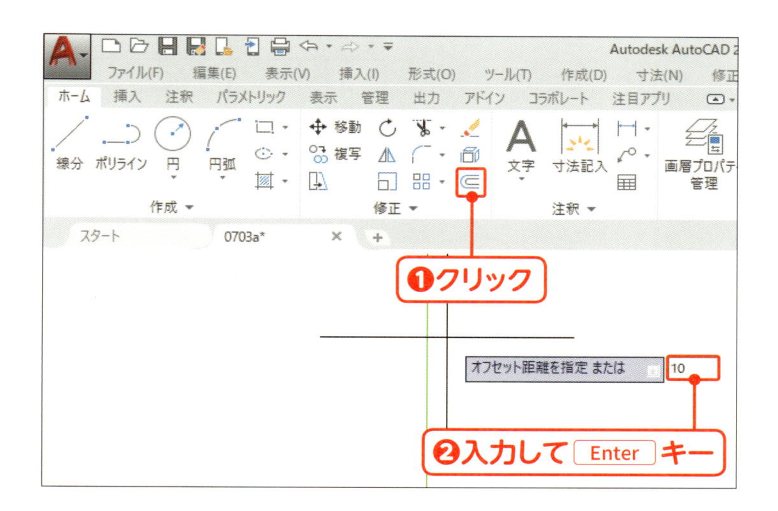

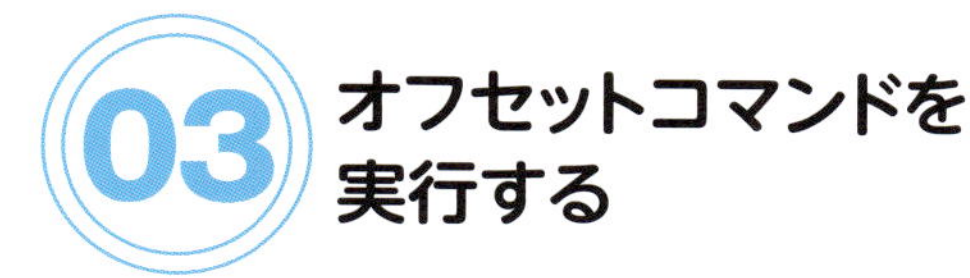

03 オフセットコマンドを実行する

[オフセット]をクリックします❶。「オフセット距離」に「10」と入力して Enter キーを押します❷。

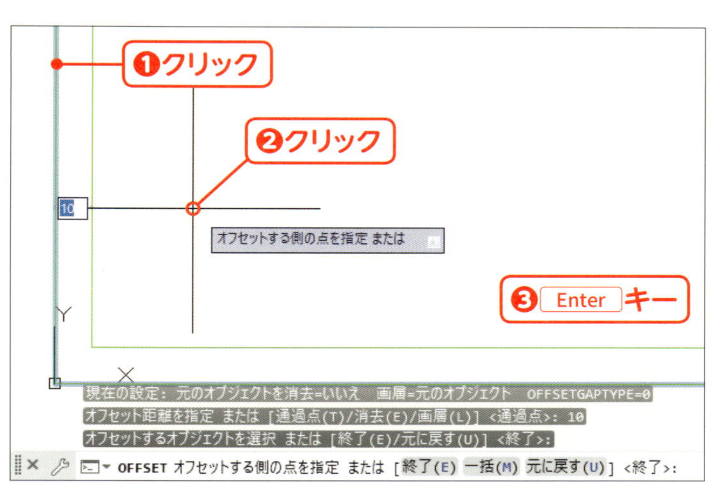

04 余白10mmで輪郭線を描く

「オフセットするオブジェクト」は、手順02で描いた長方形をクリックします❶。「オフセットする側の点」は、長方形の内側をクリックします❷。Enter キーを押して❸、コマンドを終了します。

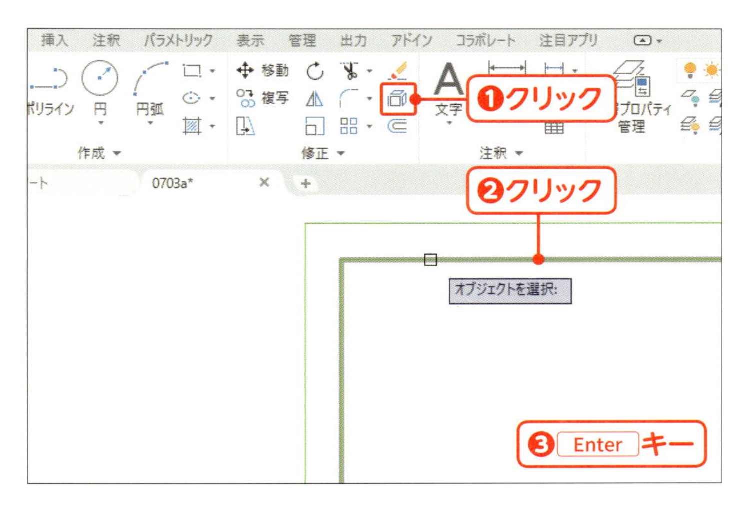

05 輪郭線を分解する

[分解]をクリックします❶。手順04で描いた内側の輪郭線をクリックし❷、Enter キーを押します❸。

MEMO

輪郭線はポリラインという連続した線です。次の作業のために4つの線分に分解します。

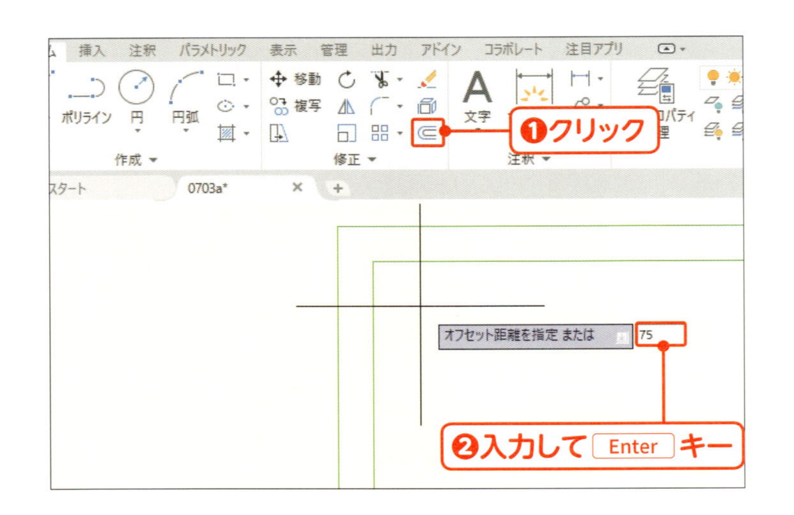

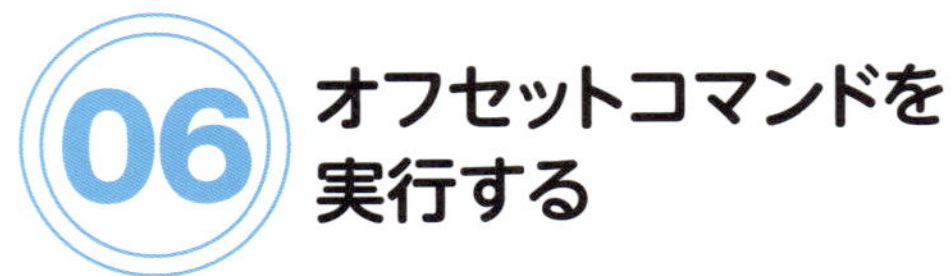

06 オフセットコマンドを実行する

[オフセット]をクリックします❶。「オフセット距離」に「75」と入力して Enter キーを押します❷。

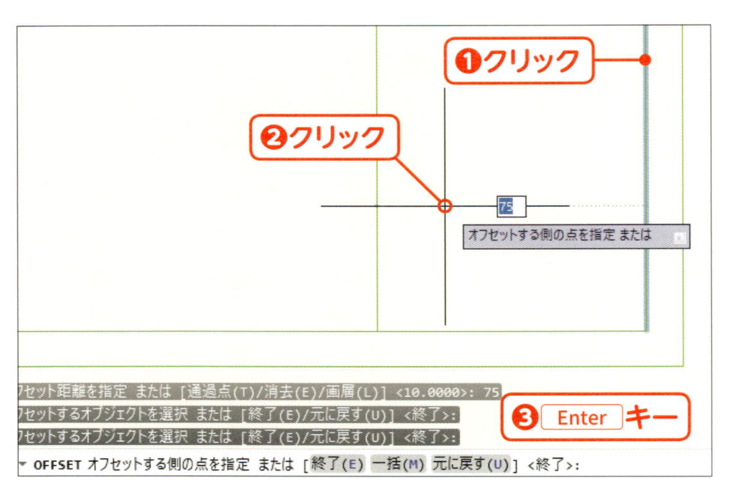

07 輪郭線の縦線をオフセットする

「オフセットするオブジェクト」は、内側の輪郭線の右辺をクリックします❶。「オフセットする側の点」は、輪郭線のさらに内側をクリックします❷。Enter キーを押して❸、コマンドを終了します。

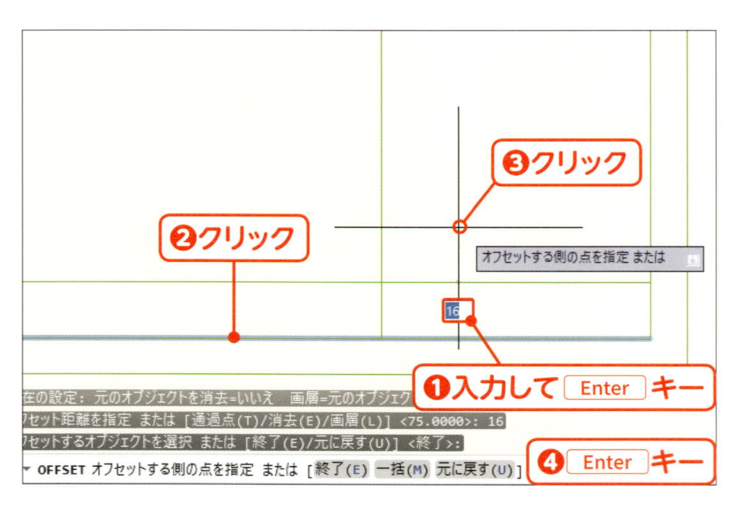

08 表題欄の横罫を引く

オフセットコマンドを再実行し、「オフセット距離」は「16」と入力して Enter キーを押します❶。「オフセットするオブジェクト」は、内側の輪郭線の下辺をクリックします❷。「オフセットする側の点」は、輪郭線のさらに内側をクリックします❸。Enter キーを押して❹、コマンドを終了します。

09 トリムコマンドを実行する

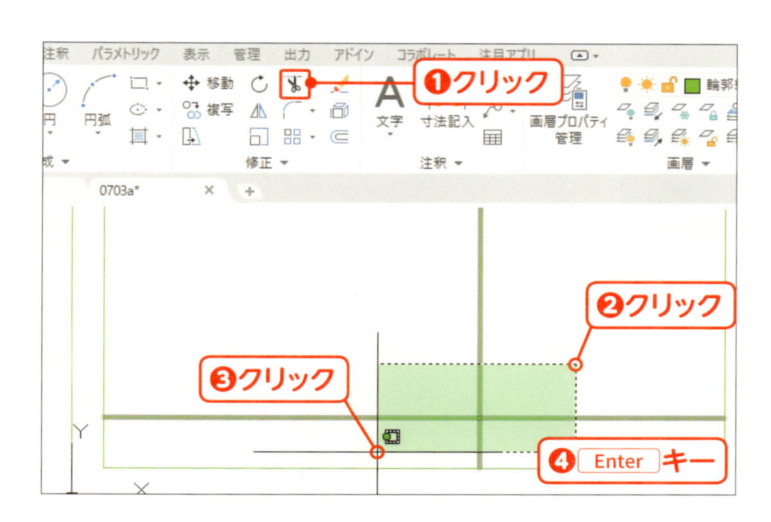

[トリム] をクリックします❶。手順07～08で作った縦横の線を交差選択で選択し❷❸、Enter キーを押します❹。

10 表題欄の輪郭を作る

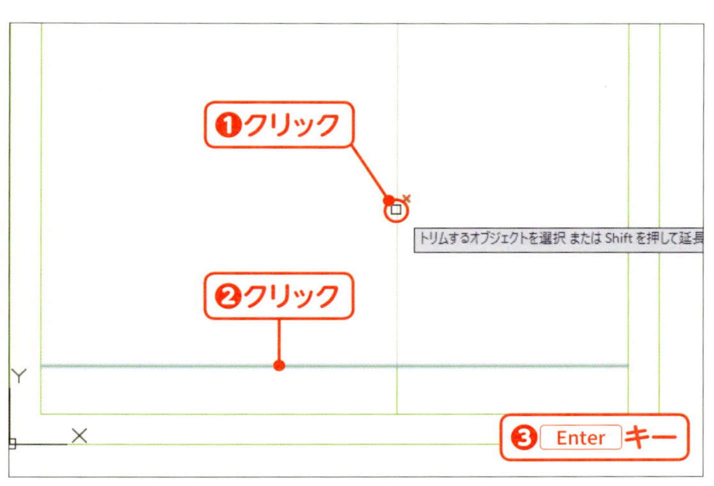

用紙の右下に75mm×16mmの表題欄を作ります。はみだした不要な線をクリックして❶❷、トリムします。Enter キーを押して❸、コマンドを終了します。

11 表題欄に罫線を追加する

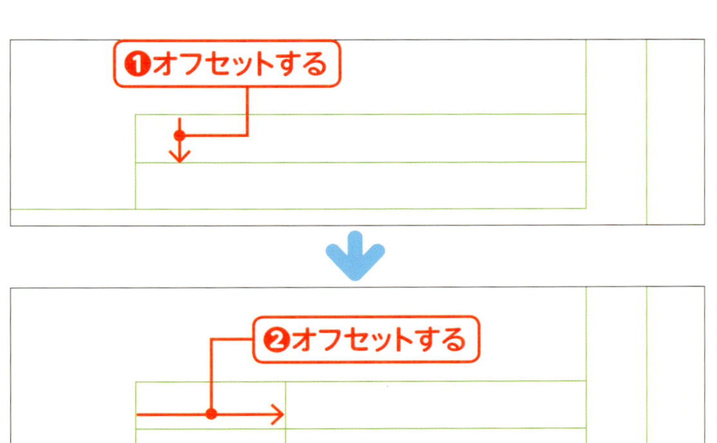

オフセットコマンドを実行し、オフセット距離「8」で横線を下へオフセットします❶。オフセット距離「25」で縦線を右側にオフセットして❷、表題欄に罫線を追加します。

lesson 04

表題欄に図面名を記入しよう

練習ファイル：0704a.dwg
完成ファイル：0704b.dwg

表題欄の中央に位置合わせして、図面名を記入しましょう。
同じ設定の文字は、ほかの文字を複写して修正すると、作業がはかどります。

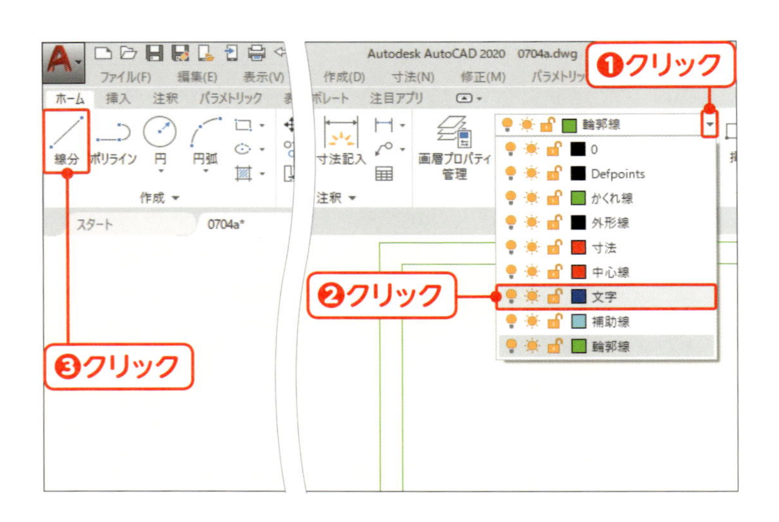

01 文字記入の準備をする

[画層コントロール] の ▾ をクリックし❶、「文字」画層を現在層にします❷。[線分] をクリックします❸。

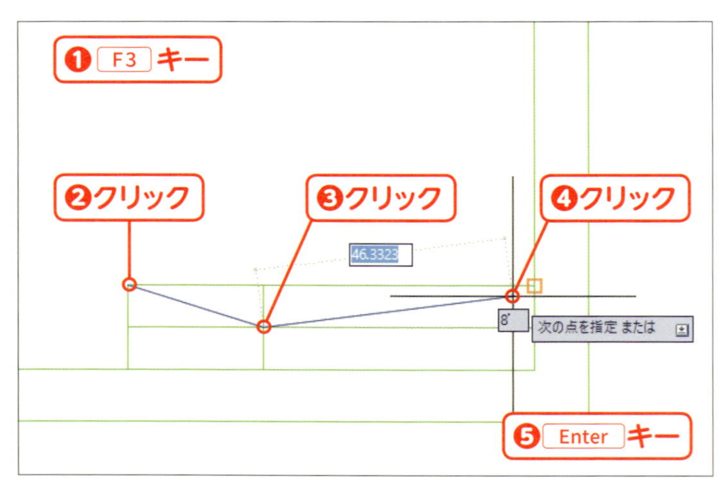

02 位置合わせの補助線を引く

F3 キーを押して❶、オブジェクトスナップをオンにします。罫線の交点を左図のように順番にクリックします❷❸❹。 Enter キーを押して❺、コマンドを終了します。

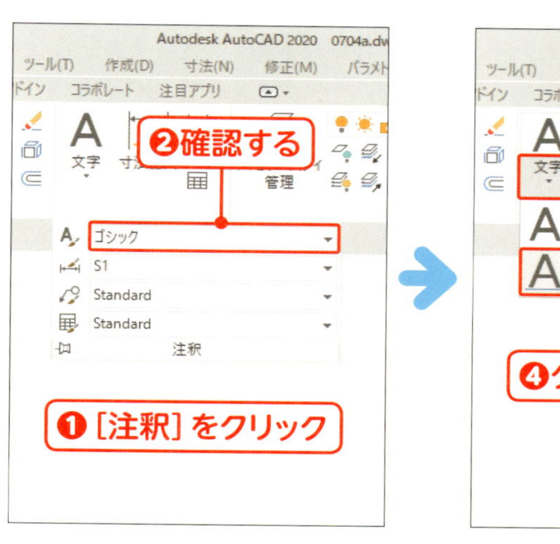

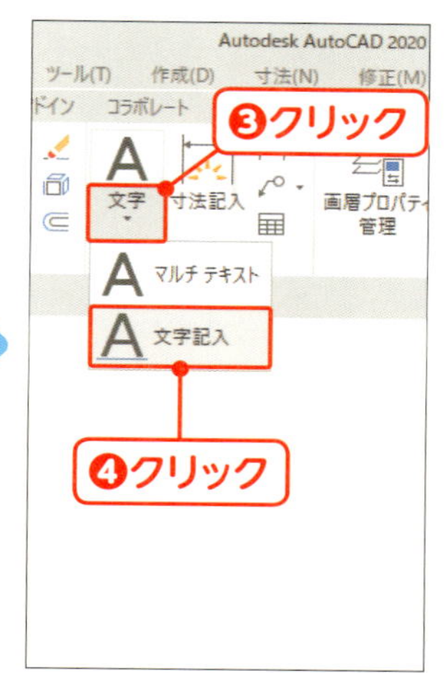

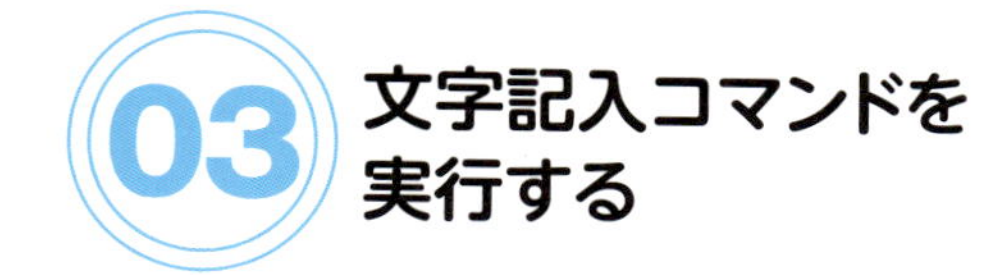

03 文字記入コマンドを実行する

「注釈」パネル名をクリックし❶、文字スタイルが「ゴシック」であることを確認します❷。［文字］の▾をクリックし❸、［文字記入］をクリックします❹。

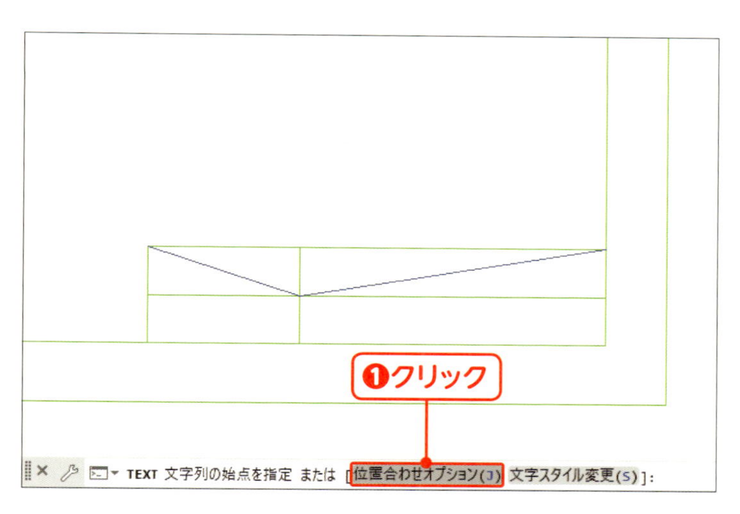

04 位置合わせオプションを使う

コマンドラインの［位置合わせオプション］をクリックします❶。

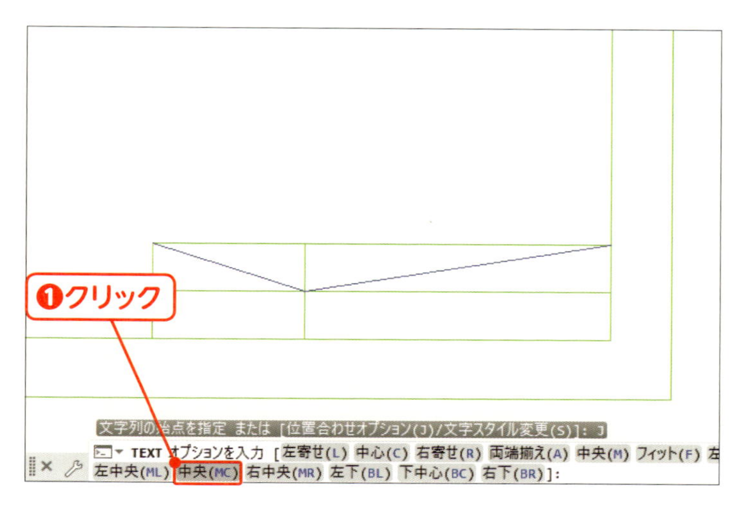

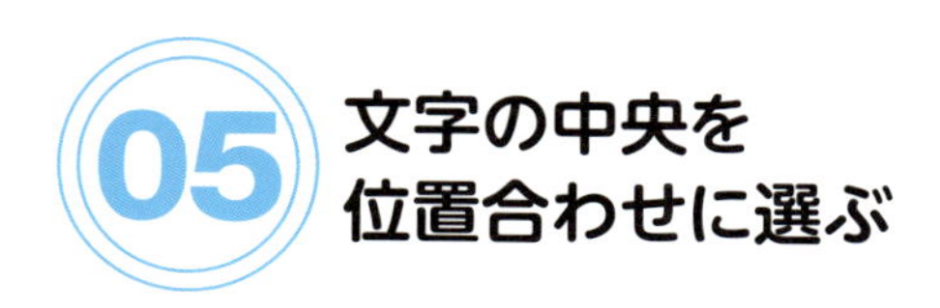

05 文字の中央を位置合わせに選ぶ

［中央（MC）］をクリックします❶。

MEMO

［中央（M）］ではなく、［中央（MC）］を選びます。

文字高さを4mmにする

対角線にマウスカーソルを近づけ、「中点」のマーカーが出たらクリックします❶。文字の高さに「4」と入力して Enter キーを押します❷。文字列の角度はデフォルト値の「0」のまま Enter キーを押します❸。

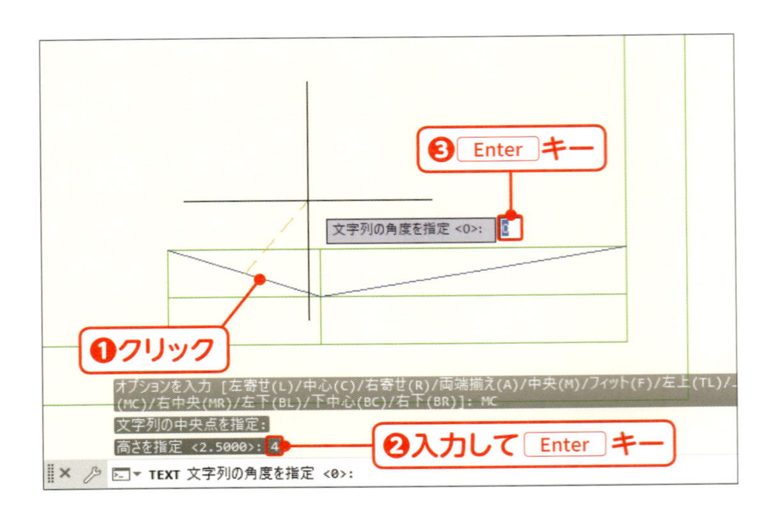

文字を記入する

「図面名」と入力して漢字変換を確定したら、 Enter キーを押して改行します❶。もう一度 Enter キーを押してコマンドを終了します❷。さらに Enter キーを押して❸、文字記入コマンドを再度実行します。

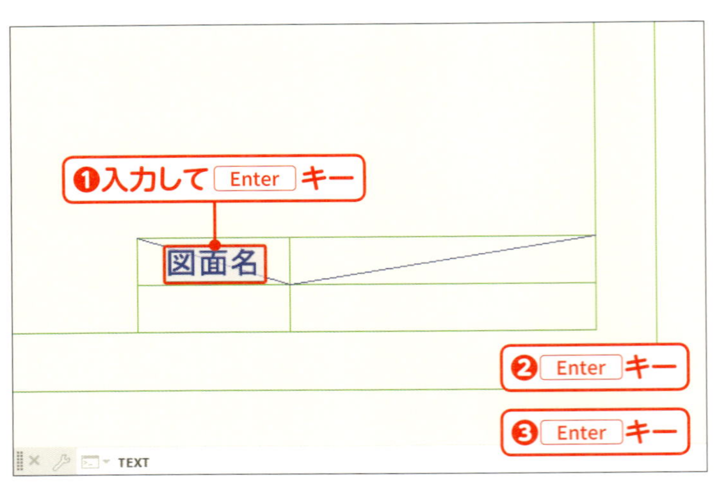

図面名を記入する

手順06〜07を参考に、図面名の隣のセルに「ボルト」と記入します❶。不要になった補助線をクリックして選択し❷、 Delete キーを押して削除します❸。

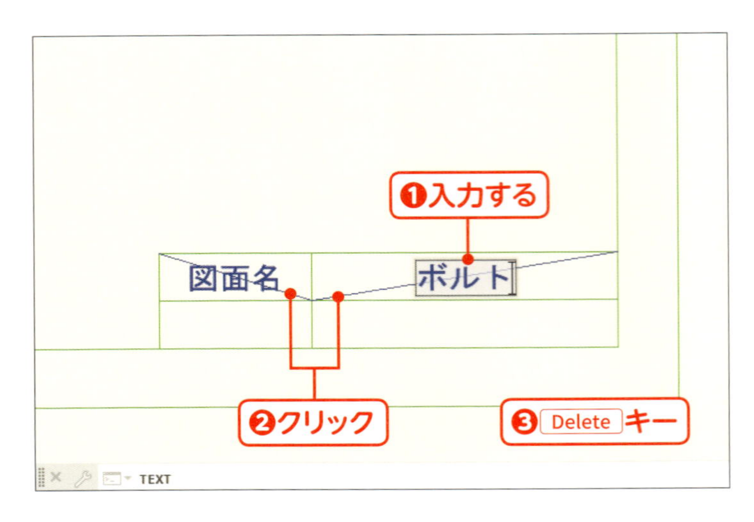

MEMO

1つ前の設定が生きているので、文字高さや角度は Enter キーを押すだけで指定できます。

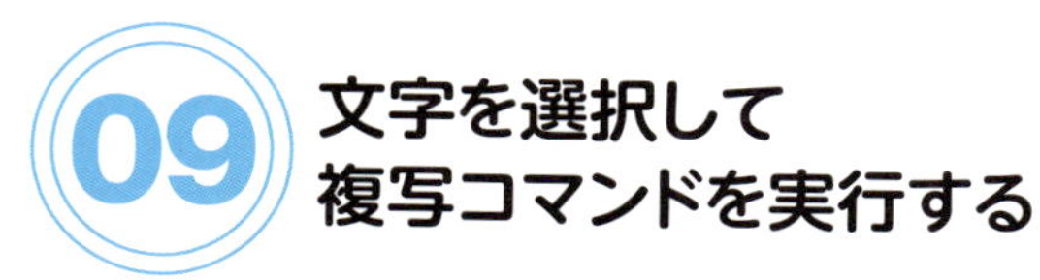

09 文字を選択して複写コマンドを実行する

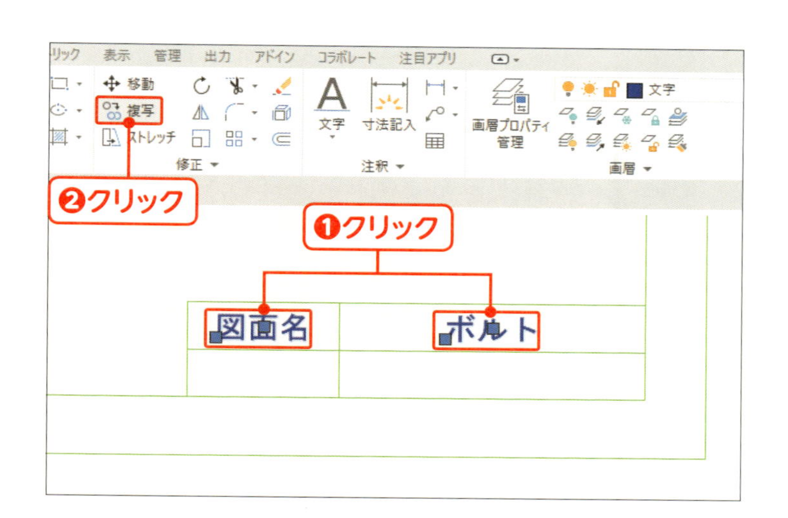

2つの文字を選択します❶。[複写] をクリックします❷。

10 下のセルに複写する

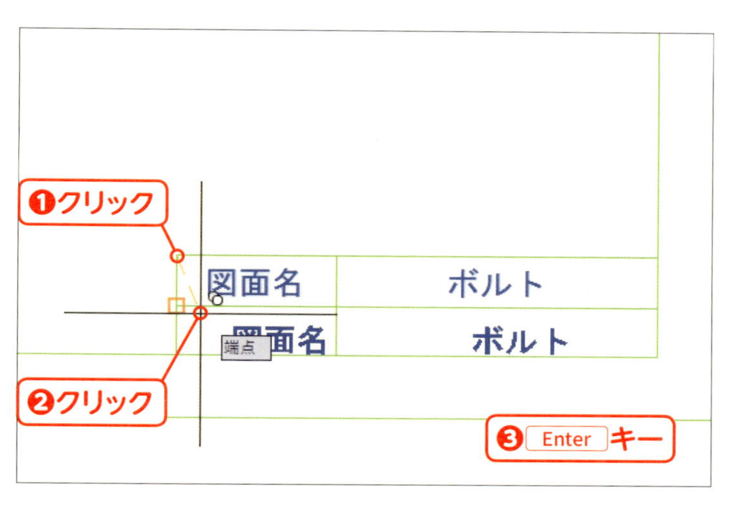

「基点」は罫線の「端点」にスナップさせてクリックします❶。「2点目（目的点）」はその下の罫線の端点（または中点）にスナップさせてクリックします❷。 Enter キーを押して❸、コマンドを終了します。

11 文字を修正する

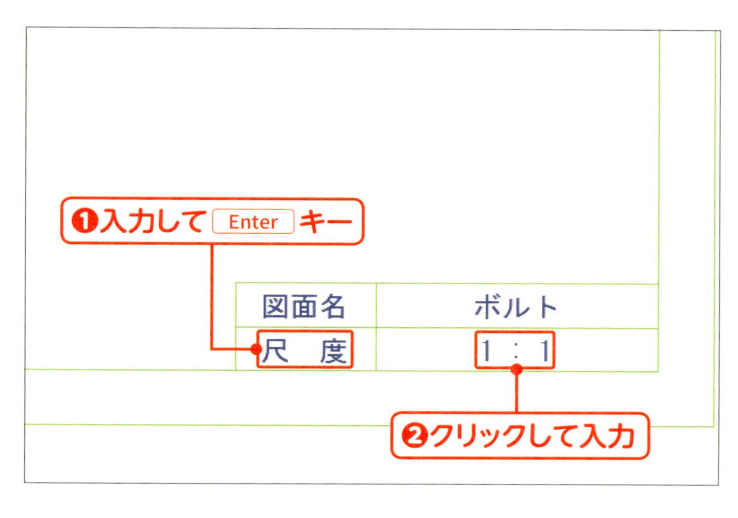

複写した「図面名」の文字をダブルクリックし、「尺度」と入力して Enter キーを押します❶。「ボルト」の文字をクリックして、「1：1」と書き換えます❷。

MEMO

文字修正は続けて行えるので、「ボルト」の文字はワンクリックで修正できます。

A4用紙に印刷しよう

AutoCADには用紙の設定がないので、印刷する範囲の設定が必要です。印刷設定をして、A4用紙に印刷しましょう。

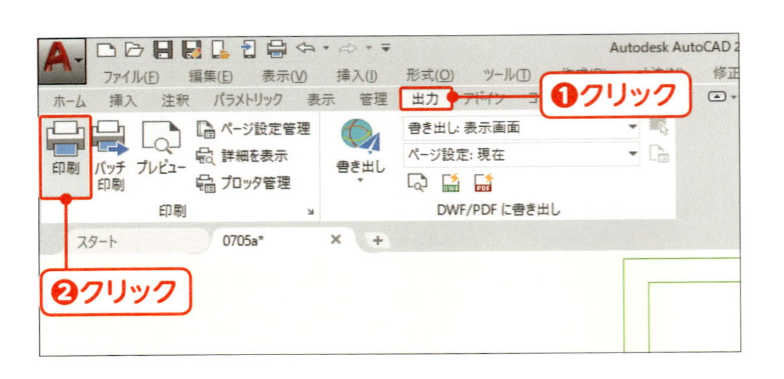

印刷コマンドを実行する

[出力] リボンタブをクリックし❶、[印刷] をクリックします❷。

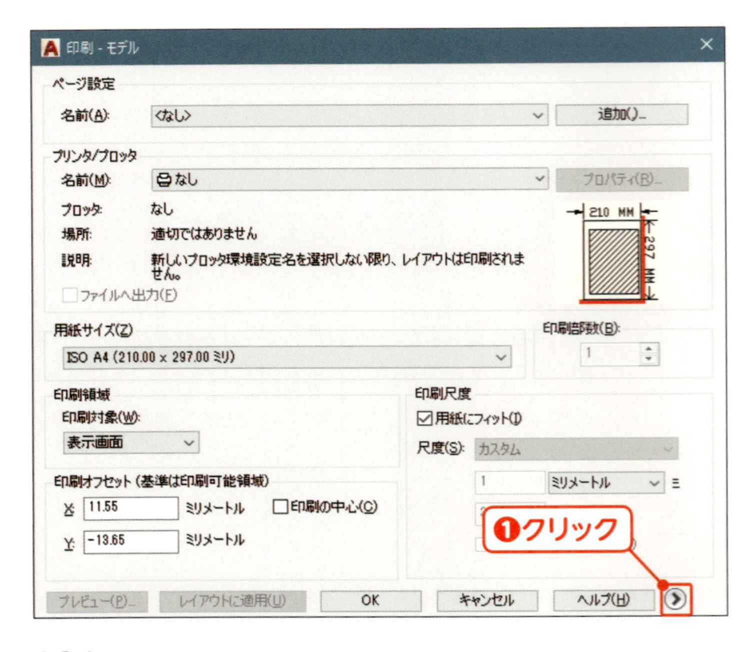

オプションを表示する

「印刷」ダイアログボックスが表示されます。[オプションを表示] をクリックします❶。

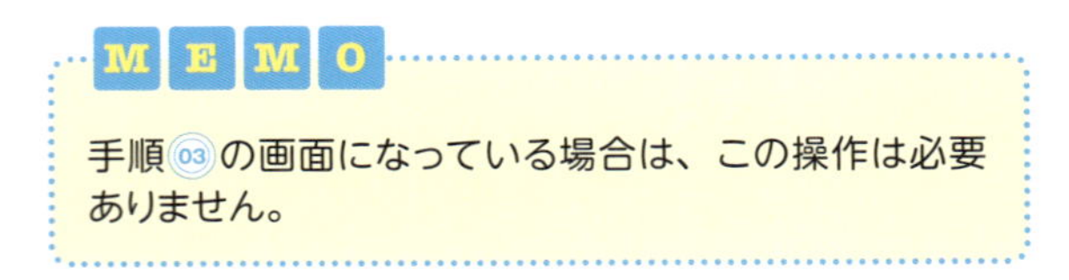

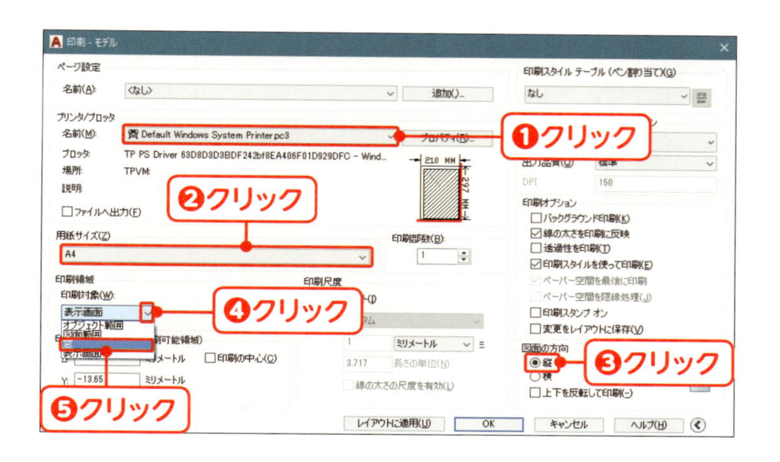

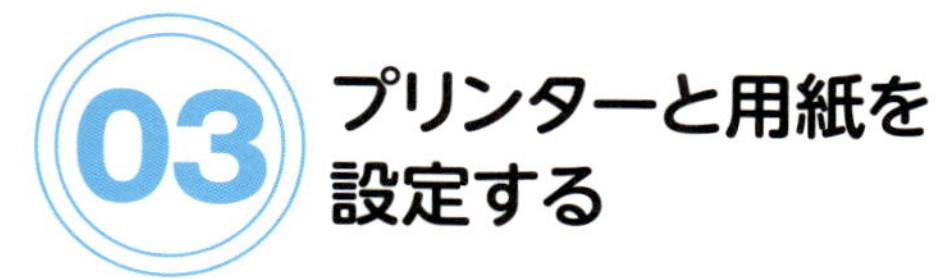

03 プリンターと用紙を設定する

「プリンタ／プロッタ」の「名前」のリストからプリンターを選択します❶。「用紙サイズ」のリストから[A4]を選択します❷。「図面の方向」は「縦」にします❸。「印刷対象」の⌄をクリックし❹、リストの[窓]をクリックします❺。

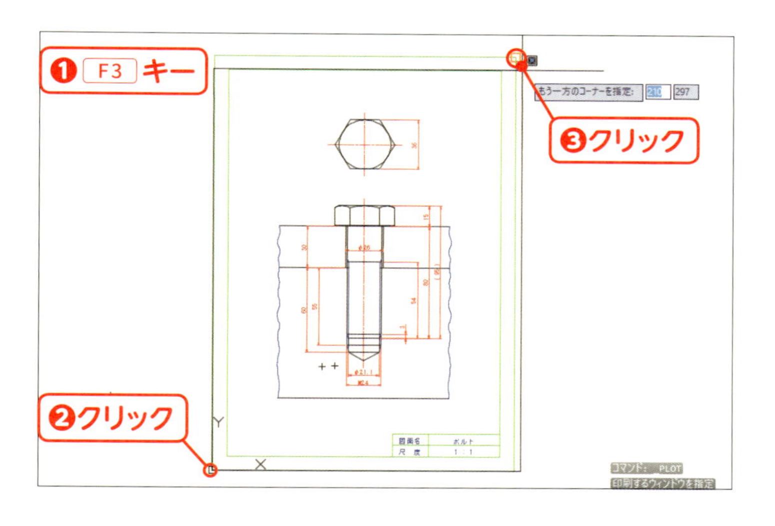

04 印刷範囲を指定する

作図画面に切り替わります。F3 キーを押して❶、オブジェクトスナップをオンにし、用紙を表す長方形（外側の長方形）の対角の2点にスナップさせてクリックします❷❸。

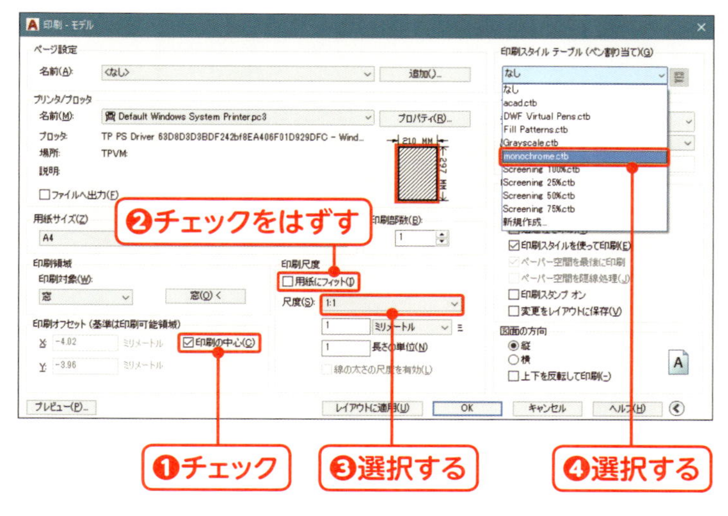

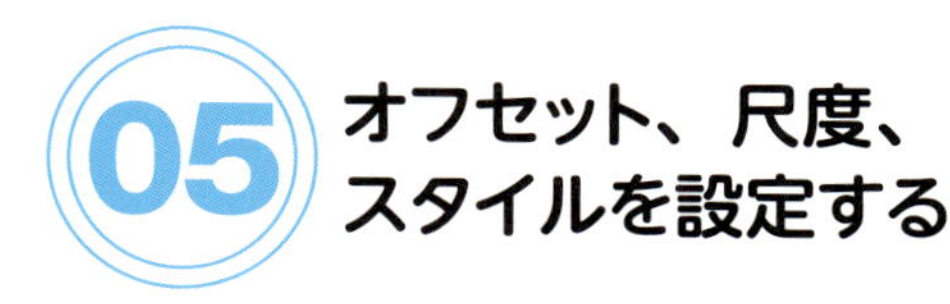

05 オフセット、尺度、スタイルを設定する

[印刷の中心]にチェックを付けます❶。[用紙にフィット]のチェックをはずし❷、「尺度」のリストから[1:1]を選択します❸。「印刷スタイルテーブル」のリストから[monochrome.ctb]を選択します❹。

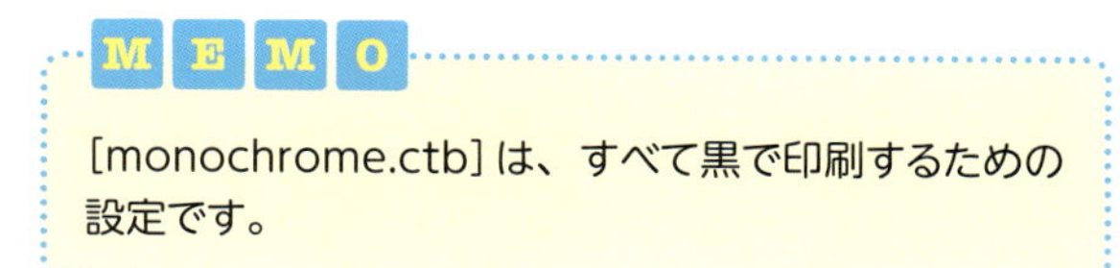

MEMO

[monochrome.ctb]は、すべて黒で印刷するための設定です。

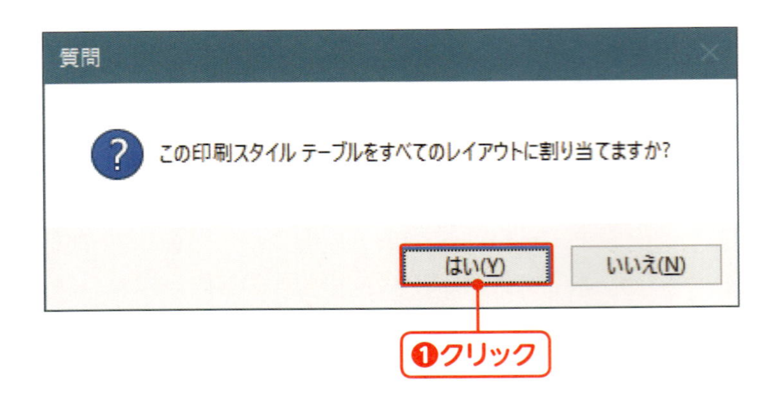

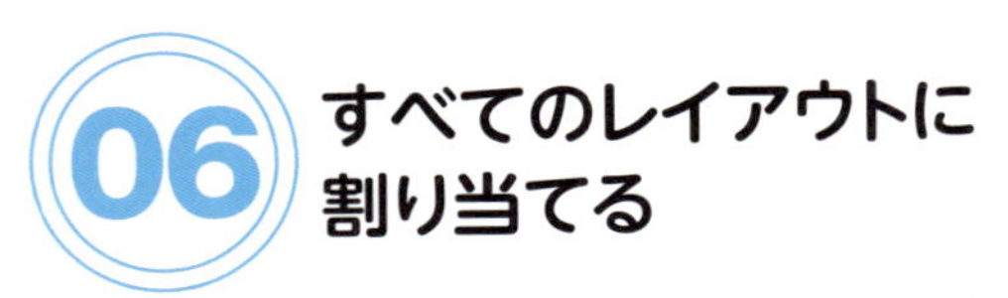

06 すべてのレイアウトに割り当てる

「この印刷スタイルテーブルをすべてのレイアウトに割り当てますか?」のアラートが出たら、[はい]をクリックします❶。

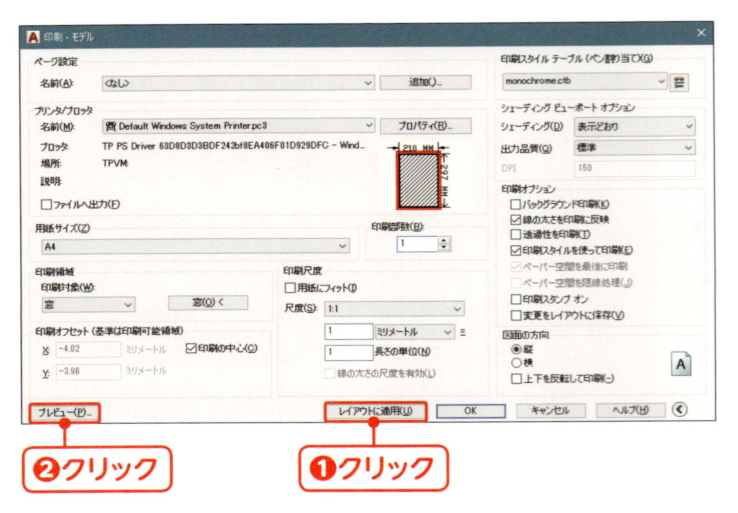

07 印刷設定を図面ファイルの中に保存する

[レイアウトに適用]をクリックします❶。[プレビュー]をクリックします❷。

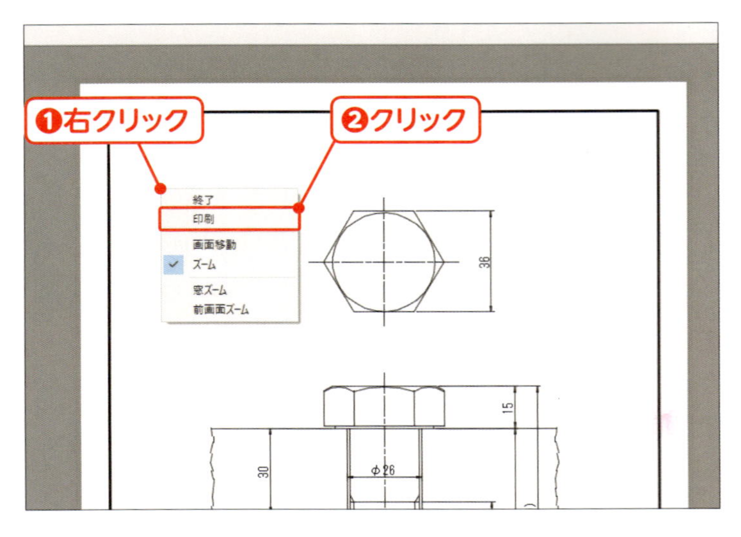

08 プレビューを確認して印刷する

プレビューが表示されます。画面上で右クリックし❶、[印刷]を選択すると❷、印刷がはじまります。

右クリックして[終了]を選択すると、「印刷」ダイアログボックスに戻ります。

Chapter 8

縮尺1:20の図面を作ろう

これまでに学んだ作図コマンド、修正コマンドを使って、縮尺1:20でフォークリフトの図面を作図しましょう。まず、縮尺1：20の用紙を準備するところからはじめます。

縮尺1：20の図面を作ろう

完成イメージ

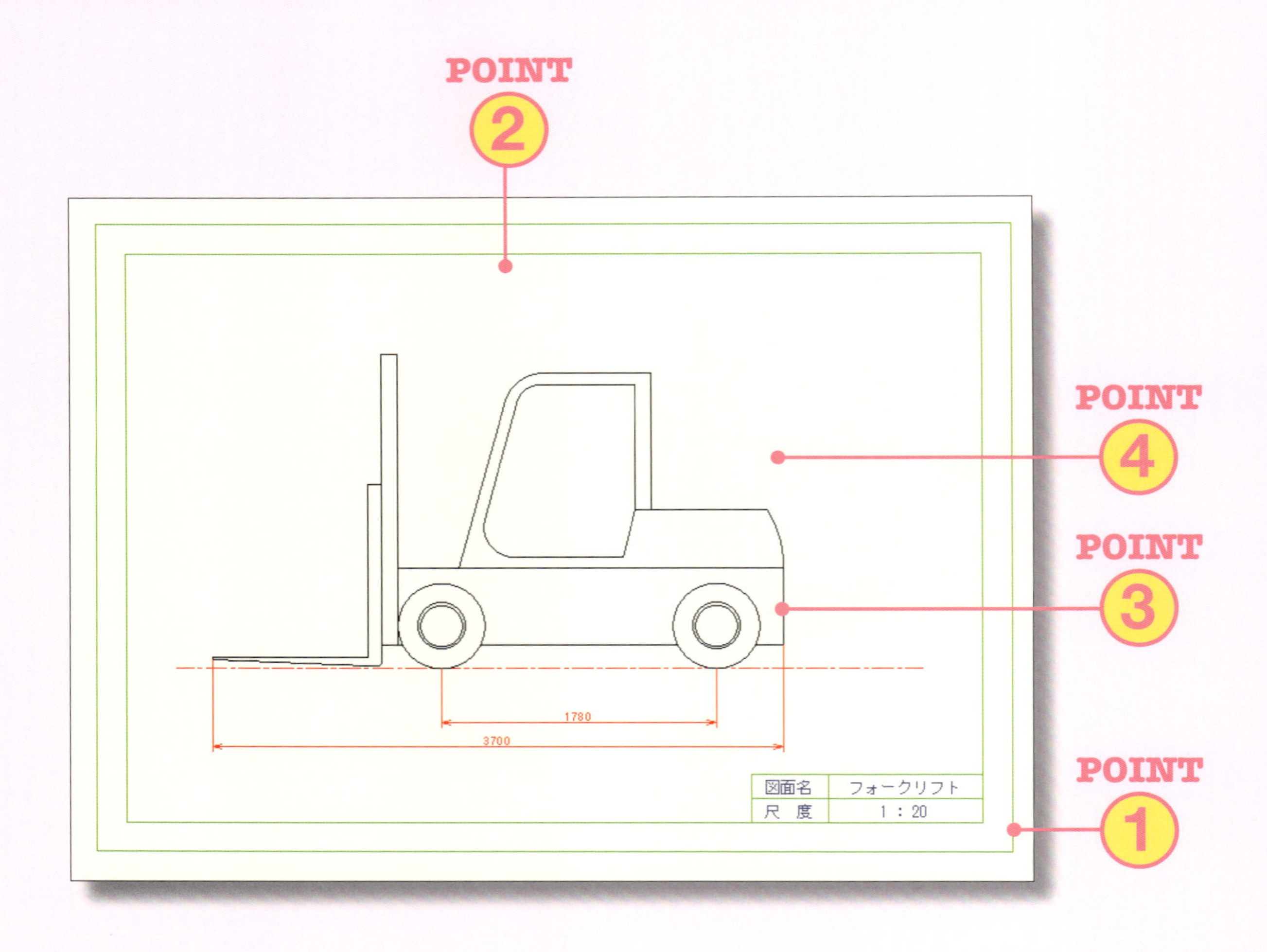

この章のポイント

POINT 1 用紙枠を作る

1:1 の用紙枠を基に 1:20 の A4 の用紙枠を作ります。縮尺に合わせて線種や寸法スタイルも設定します。

➡ P.170

POINT 2 ページ設定を作る

印刷範囲と印刷尺度の設定を行い、縮尺を 1:20 にします。

➡ P.174

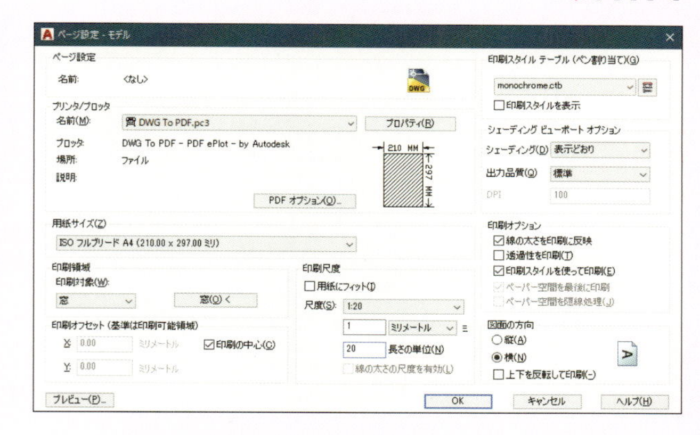

POINT 3 フォークリフトの図面を描く

フォークリフトの図面を描きます。

➡ P.176,180,186

POINT 4 寸法を記入する

図面に寸法を記入して仕上げます。

➡ P.188

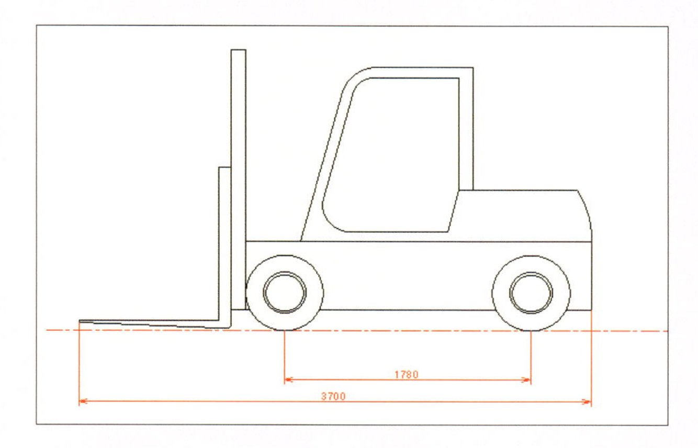

練習ファイル：0801a.dwg
完成ファイル：0801b.dwg

縮尺1:20用の用紙を作ろう

ここでは、縮尺1:20用のA4サイズの用紙を作ります。さらに、縮尺1:20の図面で必要になる線種尺度、寸法スタイルの設定も行います。

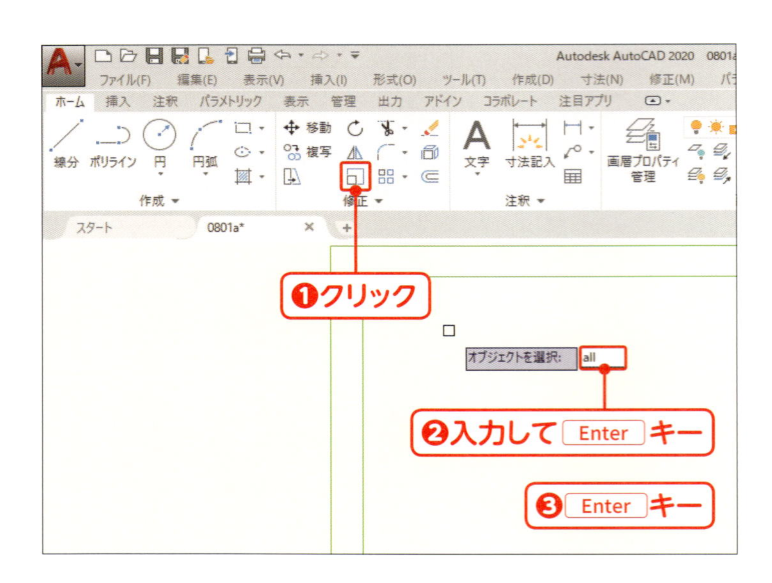

01 尺度変更コマンドを実行する

練習用ファイルには、現尺（1：1）のA4用紙が作図されています。［ホーム］リボンタブの［修正］パネルで［尺度変更］をクリックします❶。「ALL」と入力して Enter キーを押します❷。さらに Enter キーを押して❸、選択を確定します。

MEMO

尺度変更コマンドは、図形や文字を拡大／縮小します。図面の尺度は変わりません。

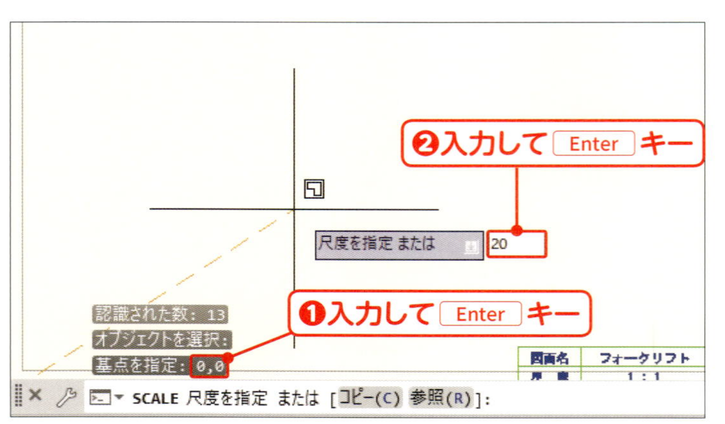

02 20倍に拡大する

「基点」は、「0,0」と入力して、Enter キーを押します❶。「尺度」は「20」と入力して、Enter キーを押します❷。マウスのホイールボタンをダブルクリックして、全体を表示します。

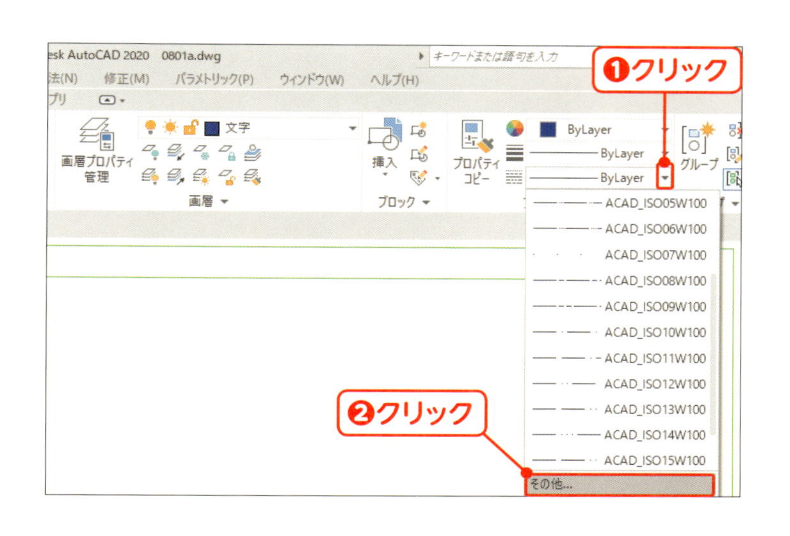

03 線種管理を表示する

[線種コントロール]の▾をクリックし❶、[その他]を選択します❷。

✔ Check! 尺度と用紙の関係

縮尺1：20の図面でも、長さ1000ミリの線分は尺度とは無関係に、常に1000という実物大の長さで作図します。逆に図面用紙や表題欄は、尺度を考慮したサイズで作図します。縮尺1:2のときの図面用紙は2倍のサイズ、縮尺1:100のときの図面用紙は100倍のサイズにします。文字や寸法の矢印、線種の粗さも用紙と同じ倍率にします。

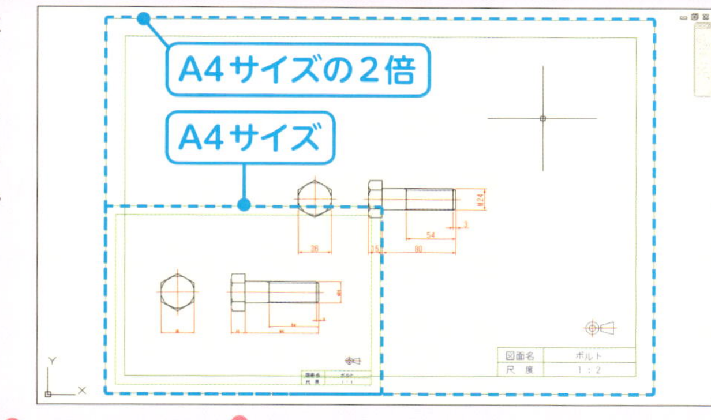

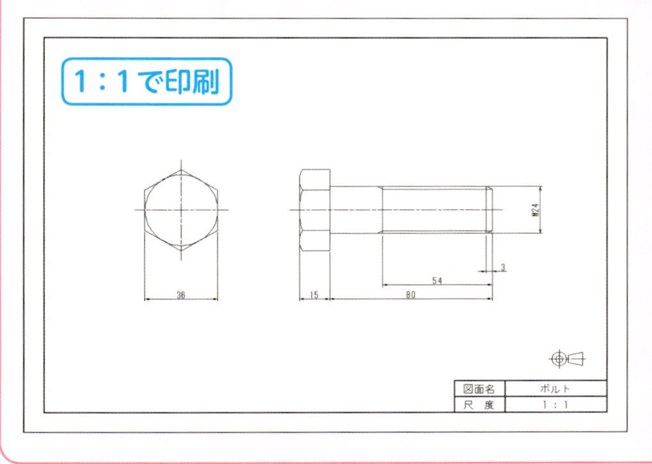

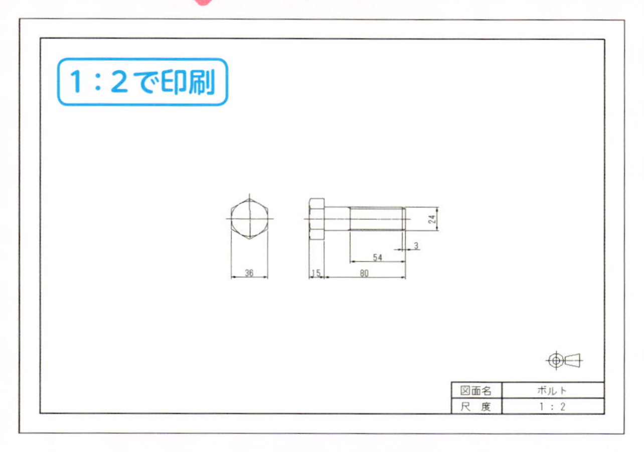

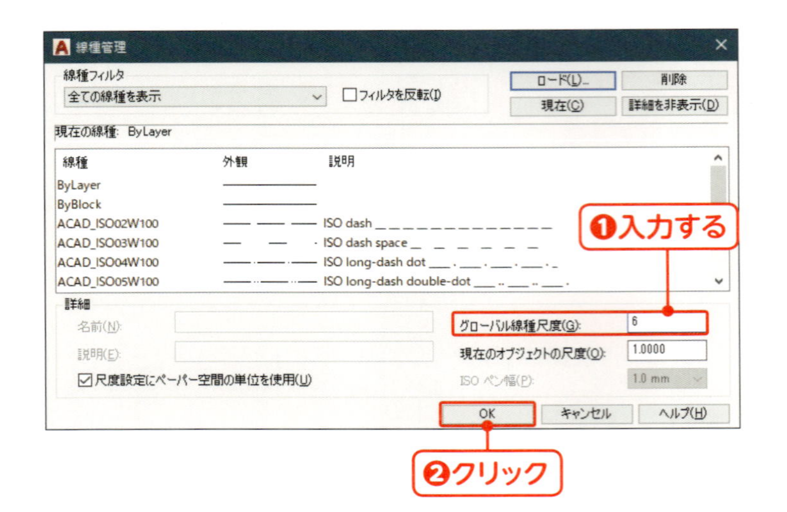

04 線種尺度を20倍に変更する

「グローバル線種尺度」に「6」と入力します❶。[OK]をクリックして❷、「線種管理」ダイアログボックスを閉じます。

MEMO

現尺のときの値が「0.3」なので、尺度が1：20のときは20倍の「6」にします。

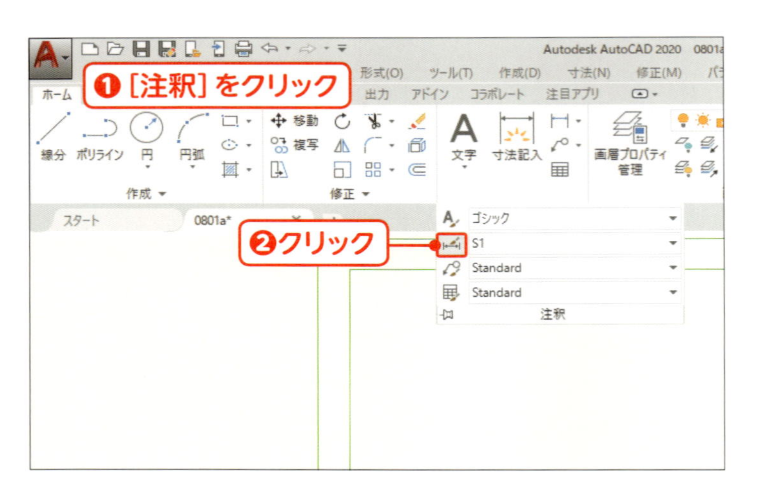

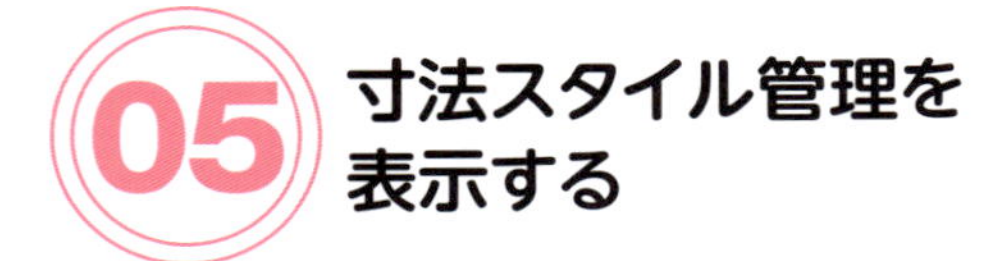

05 寸法スタイル管理を表示する

[注釈] パネルのパネル名をクリックし❶、[寸法スタイル管理] をクリックします❷。

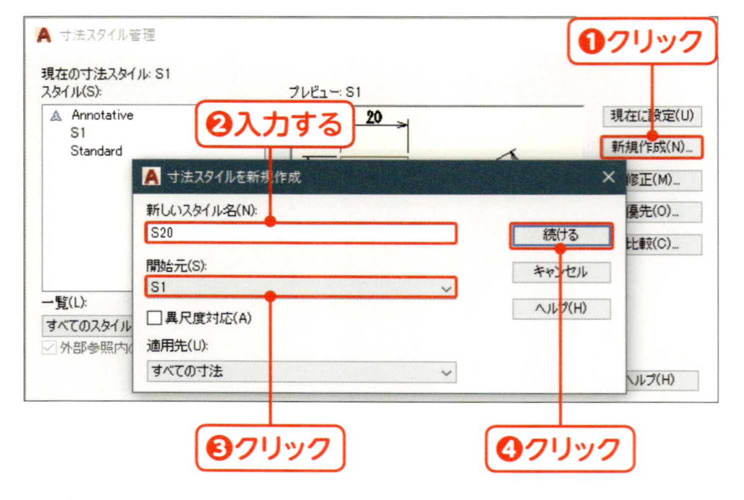

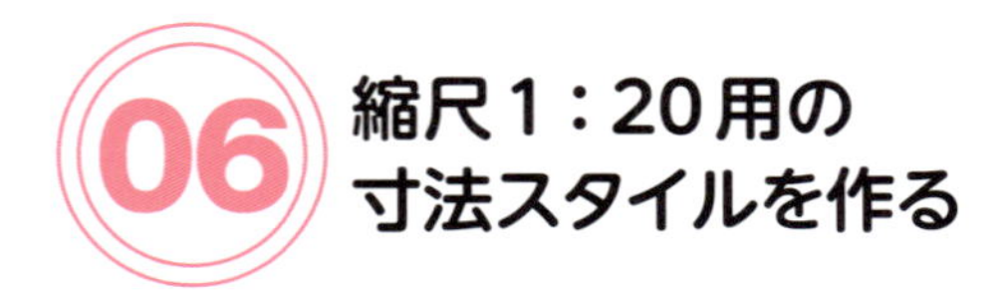

06 縮尺1：20用の寸法スタイルを作る

[新規作成] をクリックします❶。「新しいスタイル名」に「S20」と入力します❷。「開始元」は [S1] を選択します❸。[続ける] をクリックします❹。

MEMO

「開始元」に指定した「S1」のコピーが作られます。

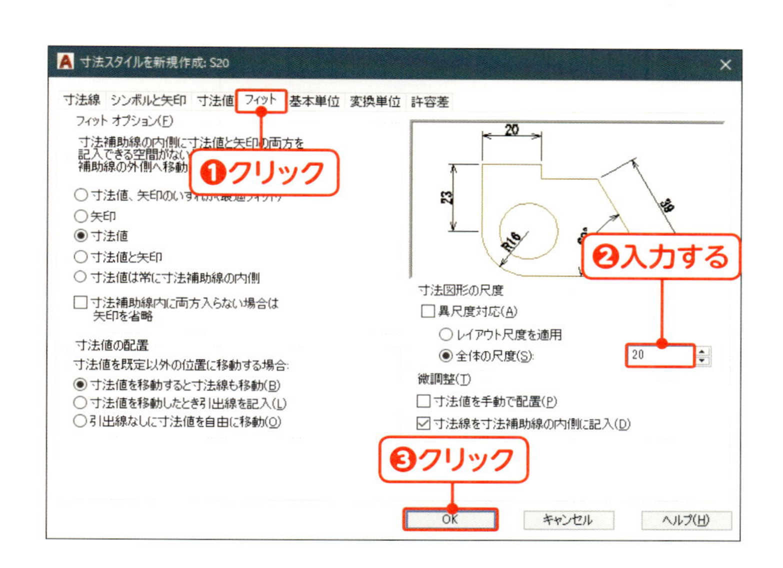

07 全体の尺度を20にする

[フィット] タブをクリックし❶、「全体の尺度」に「20」と入力します❷。[OK] をクリックします❸。

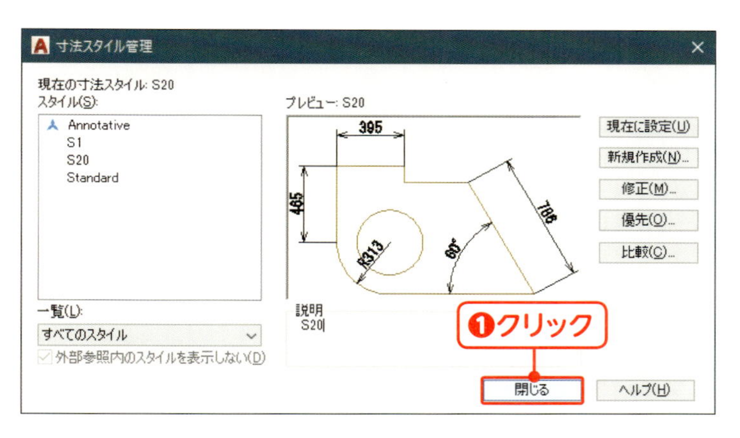

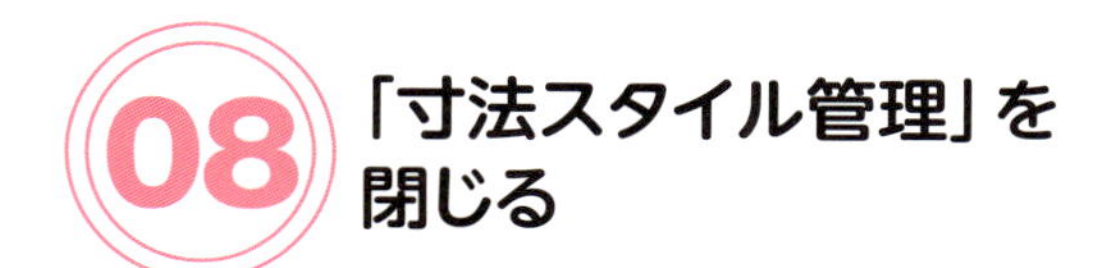

08 「寸法スタイル管理」を閉じる

[閉じる] をクリックして❶、「寸法スタイル管理」ダイアログボックスを閉じます。

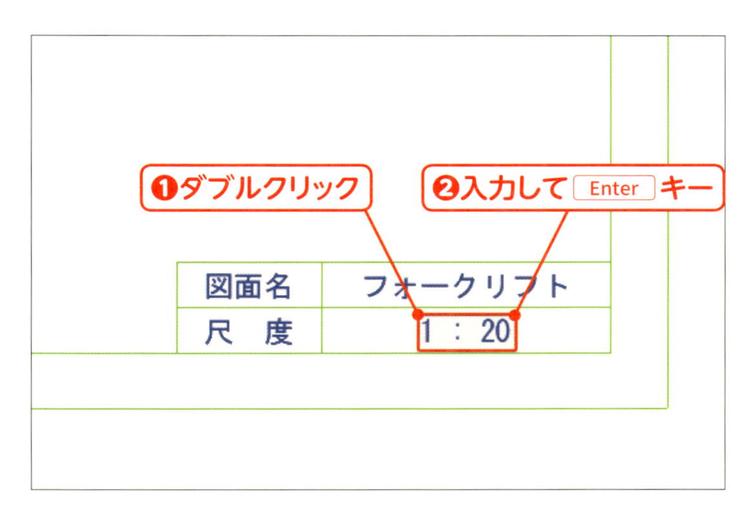

09 表題欄を書き換える

表題欄の「1：1」をダブルクリックし❶、「1：20」と入力して Enter キーを押します❷。

練習ファイル ：0802a.dwg
完成ファイル ：なし

縮尺1:20の ページ設定を作ろう

20倍にしたA4用紙の範囲を印刷範囲に設定しましょう。
ここでは、ページ設定だけを行います。

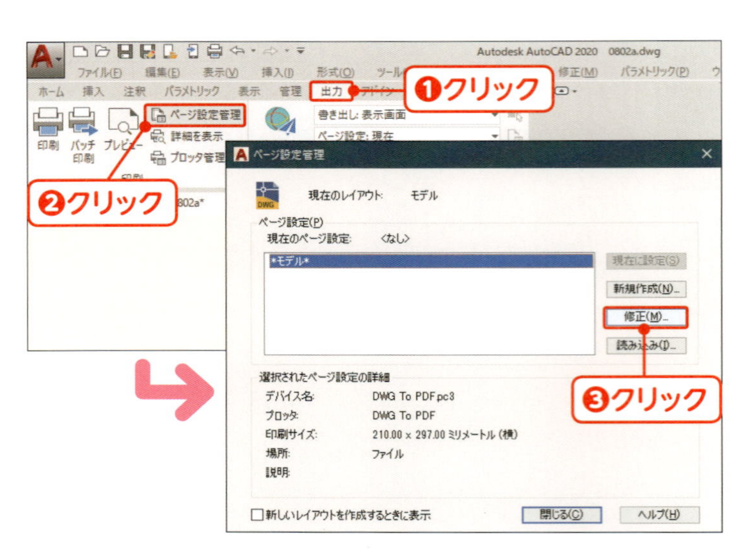

ページ設定管理を開く

[出力] リボンタブをクリックし❶、[ページ設定管理] をクリックします❷。[修正] をクリックします❸。

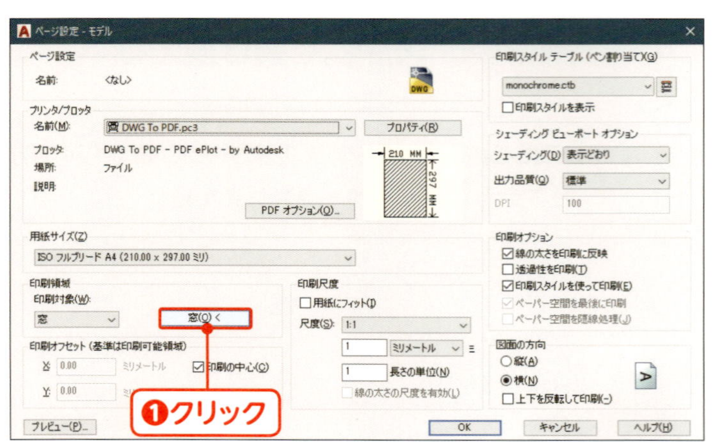

印刷範囲を変更する

練習ファイルは前の章と同じ手順でページ設定をしてあるので、ここでは印刷範囲だけを変更します。[窓] をクリックします❶。

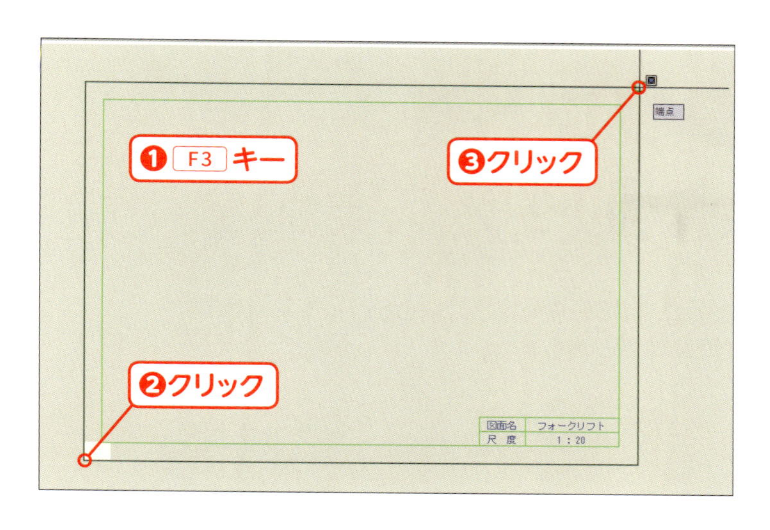

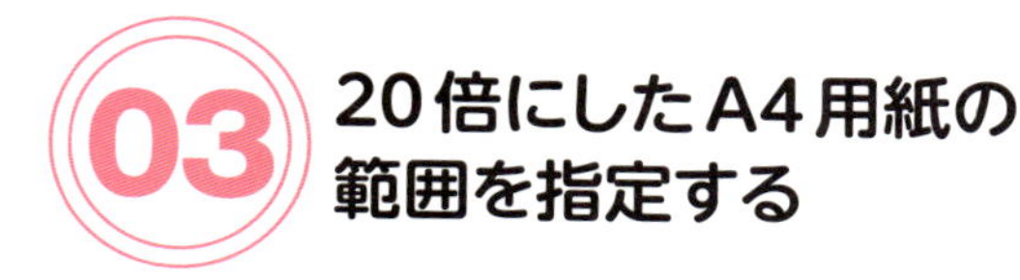

03 20倍にしたA4用紙の範囲を指定する

作図画面に切り替わります。F3 キーを押して❶、オブジェクトスナップをオンにします。用紙を表す長方形の対角の2点にスナップさせてクリックします❷❸。

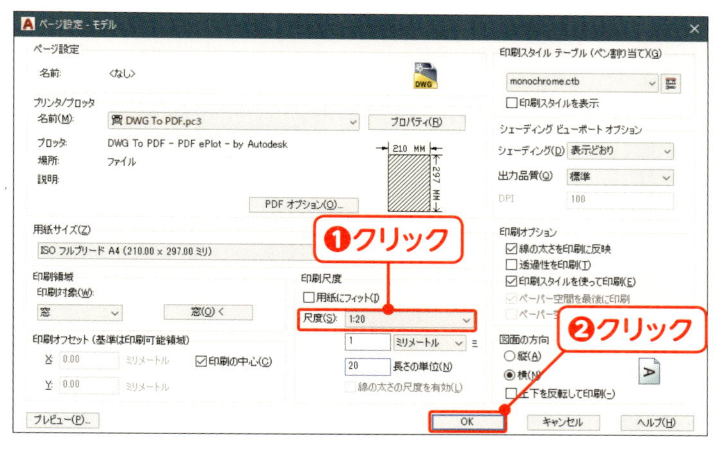

04 印刷尺度を1：20にする

「尺度」のリストから「1:20」を選択します❶。[OK]をクリックし❷、ダイアログボックスを閉じます。

MEMO

リストに無い尺度にするとき、たとえば1：200にするときは、リストの下の2つのボックスが分子と分母に相当するので、「1」ミリメートル＝「200」長さの単位と入力します。

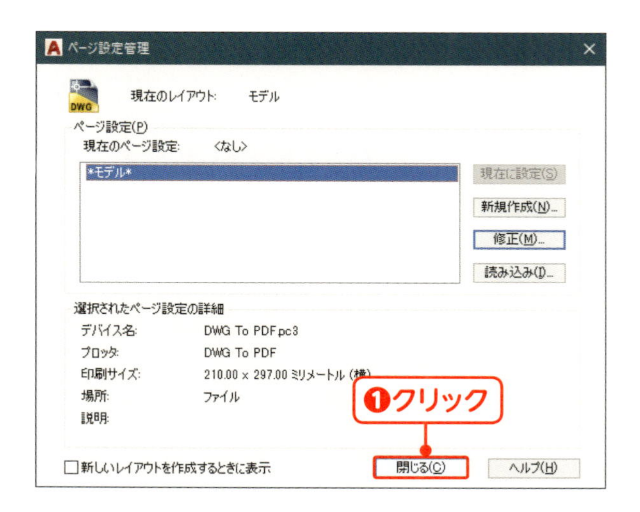

05 「ページ設定管理」を閉じる

[閉じる]をクリックし❶、ダイアログボックスを閉じます。

フォークリフトを作図しよう(1)

練習ファイルには、地面と前輪の中心線だけが作図してあります。
これを基に、台車部分を作図しましょう。

◉ タイヤを作図する

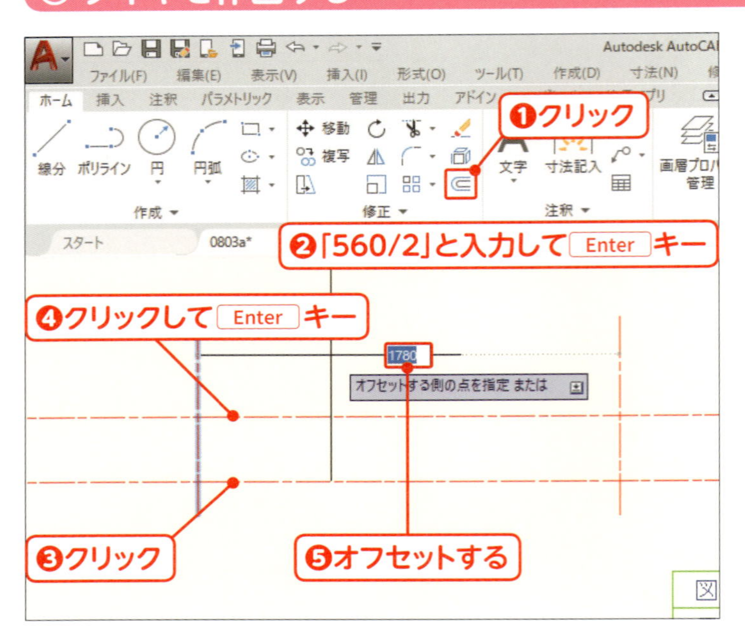

01 タイヤの中心線を作図する

[オフセット] をクリックします❶。オフセット距離は「560/2」と入力し、Enter キーを押します❷。地面の線をクリックして選択し❸、地面の上側をクリックして Enter キーを押し❹、コマンドを終了します。同様に前輪の中心線をオフセット距離「1780」で右側にオフセットします❺。

MEMO

数値を入力する際に、/（半角のスラッシュ）を使うと割り算ができます。ただし、計算できるのは整数のみです。また、掛け算や足し算は行えません。

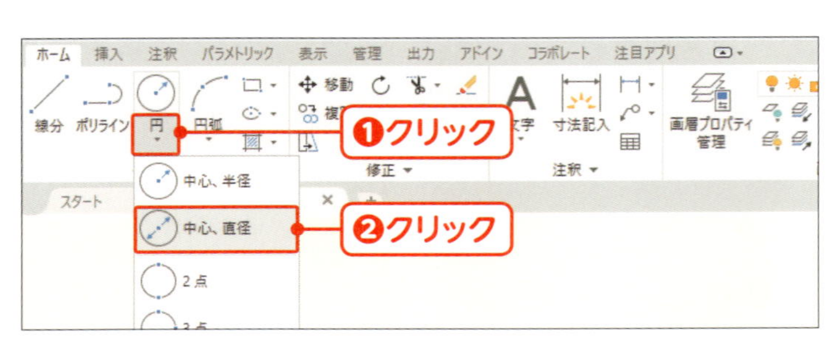

02 円コマンドを実行する

[円] の▼をクリックし❶、[中心、直径] をクリックします❷。

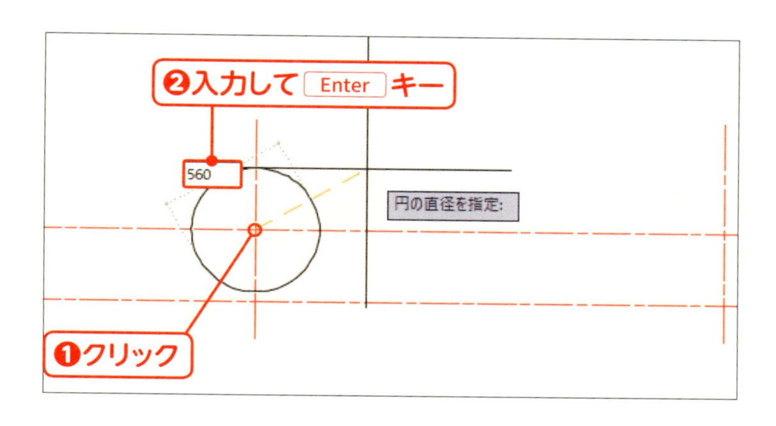

03 前輪を作図する

前輪の中心線の交点にスナップさせてクリックします❶。「560」と入力して Enter キーを押します❷。

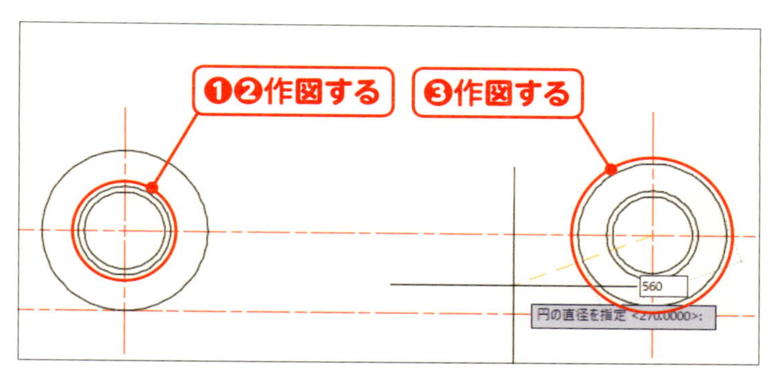

04 後輪を作図する

手順03と同様にして、前輪の内側に直径「310」と直径「270」の円を作図します❶❷。また、後輪も同じ直径で3つの円を作図します❸。

◎ 車体部分を作図する

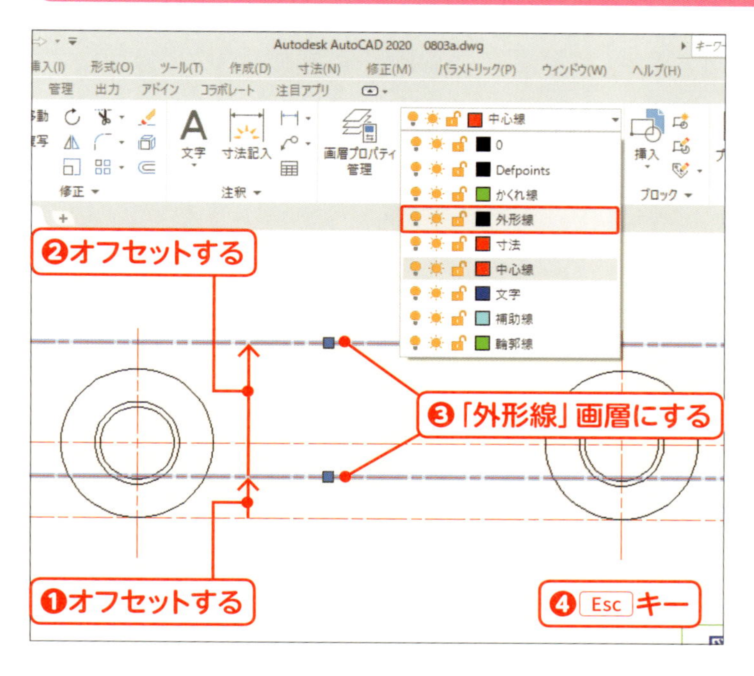

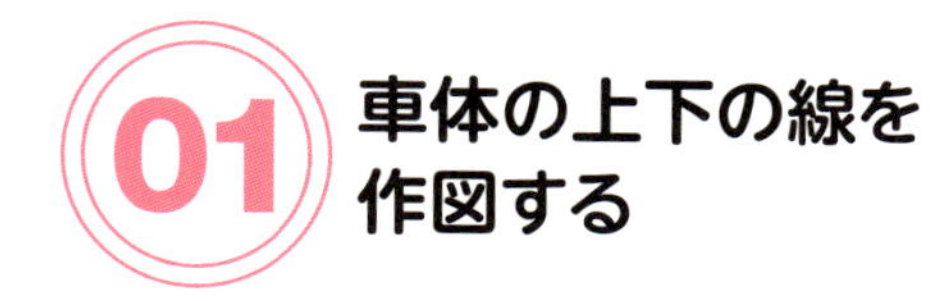

01 車体の上下の線を作図する

左ページの手順01を参考に地面の線を距離「155」で上にオフセットします❶。さらに、オフセットした線を距離「505」で上にオフセットします❷。オフセットした2つの線を選択し、画層コントロールから「外形線」を選びます❸。 Esc キーを押して❹、選択を解除します。

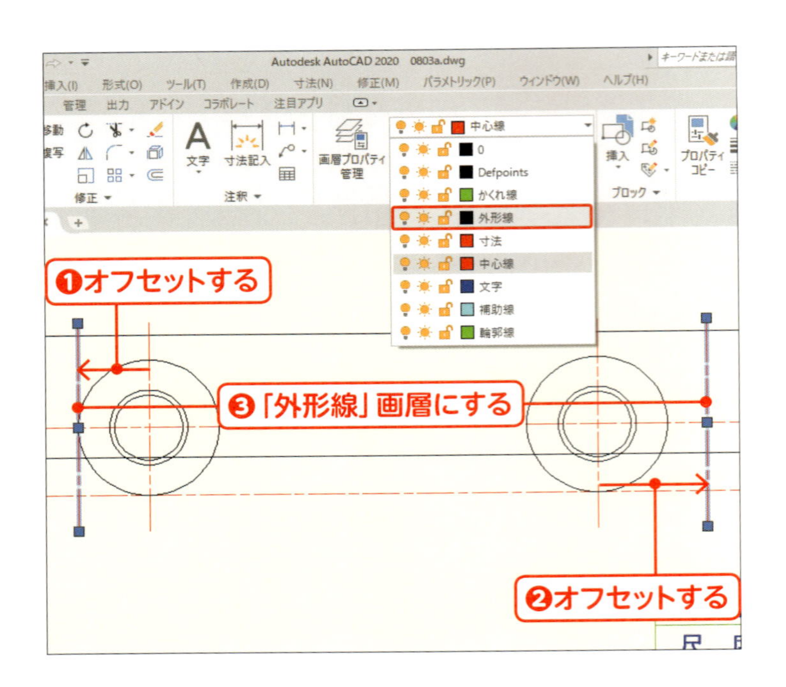

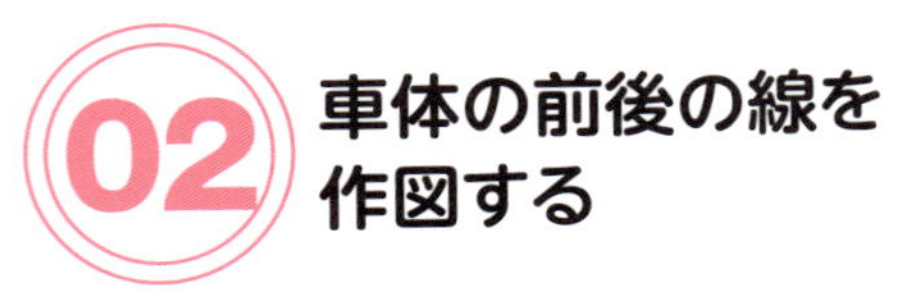

02 車体の前後の線を作図する

前輪の中心線を距離「560/2」で左側にオフセットします❶。後輪の中心線を距離「435」で右側にオフセットします❷。オフセットした2つの線を選択し、「外形線」画層に変更します❸。

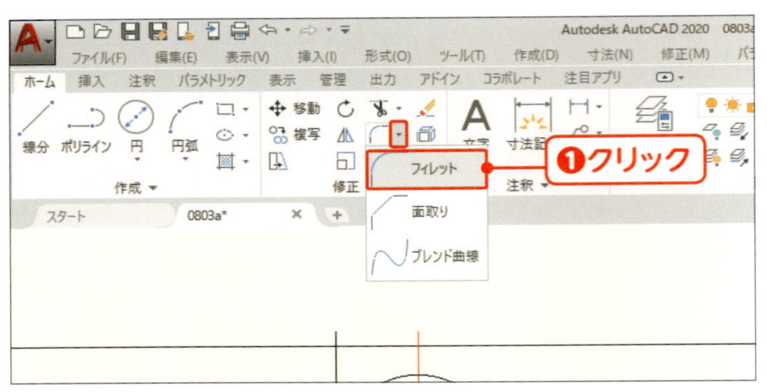

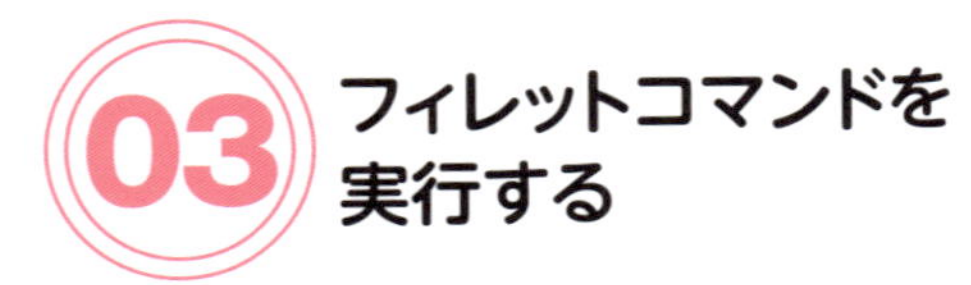

03 フィレットコマンドを実行する

[フィレット] をクリックします❶。

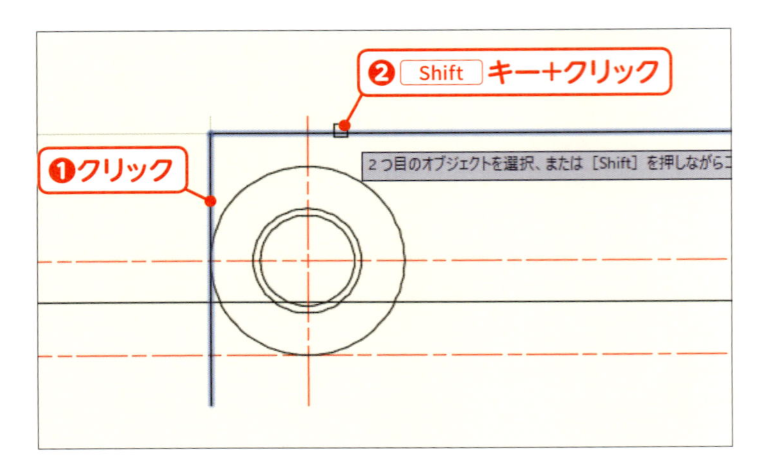

04 コーナーを処理する

前輪の左側の線をクリックします❶。続けて、前輪の上の線を Shift キーを押しながらクリックします❷。

MEMO

2つ目の線を Shift キーを押しながらクリックすると、角が作られます。

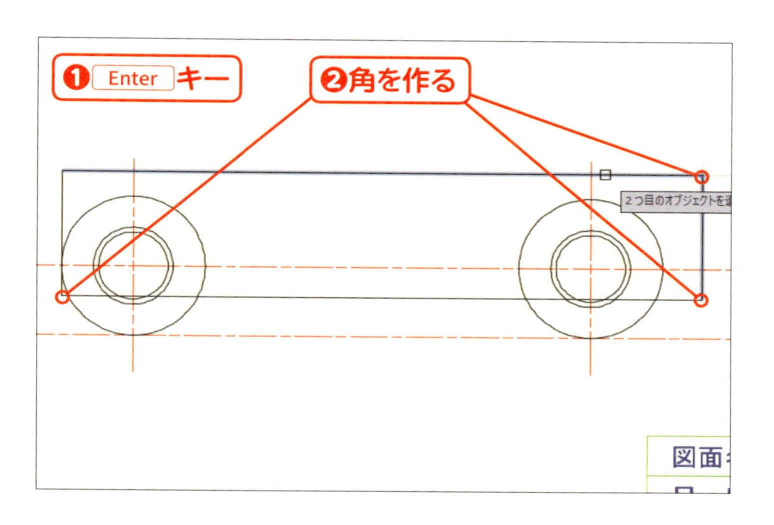

ほかのコーナーも角にする

Enter キーを押してフィレットコマンドを実行します❶。手順04と同様にして、ほかの3箇所にも角を作ります❷。

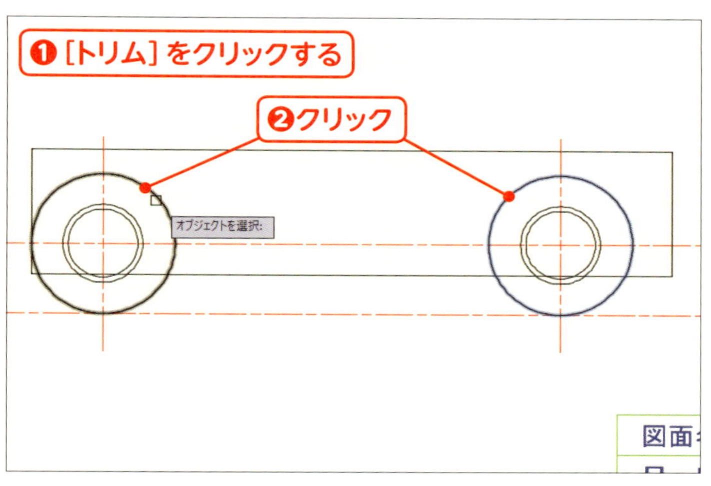

トリムコマンドを実行する

[トリム]をクリックします❶。前後輪の外側の円をクリックし、Enter キーを押します❷。

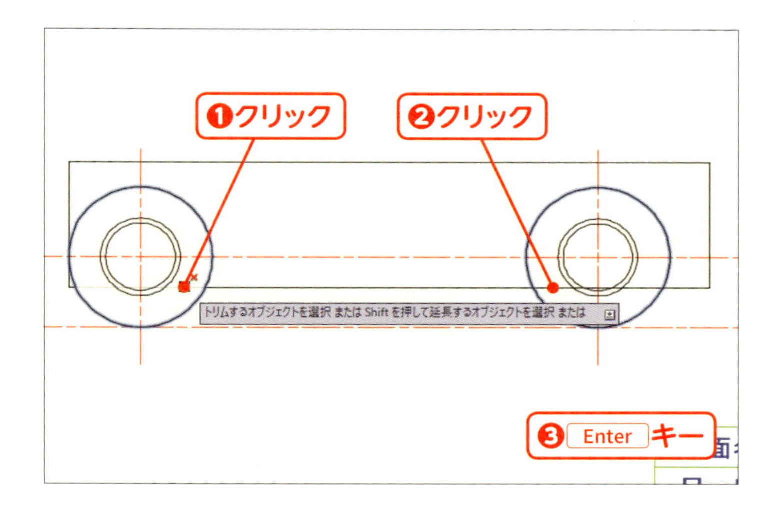

タイヤの内側の線を削除する

タイヤの内側にある直線をクリックします❶❷。Enter キーを押して❸、コマンドを終了します。

lesson 04

フォークリフトを作図しよう(2)

前の節から続けて、フォークリフトを完成させましょう。
ここでは、車体上部と運転席を作図します。

練習ファイル ：0804a.dwg
完成ファイル ：0804b.dwg

◎ 車体上部の線を引く

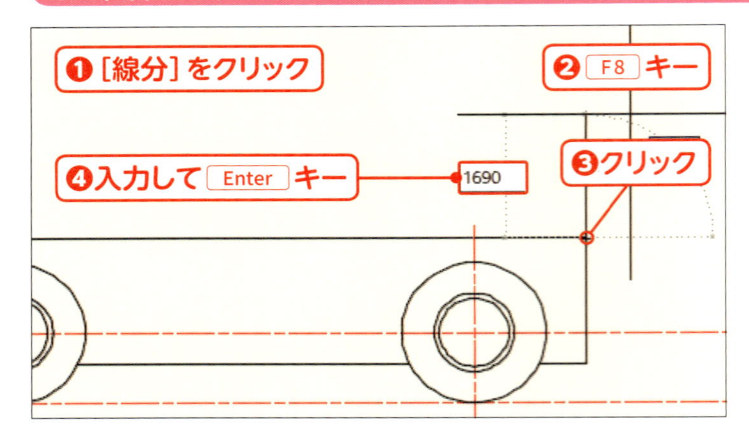

01 基準にする線を作図する

[線分]をクリックし❶、F8 キーを押して❷、直交モードをオンにします。車体右上の角をクリックします❸。カーソルを上へ動かし、「1690」と入力して Enter キーを押します❹。

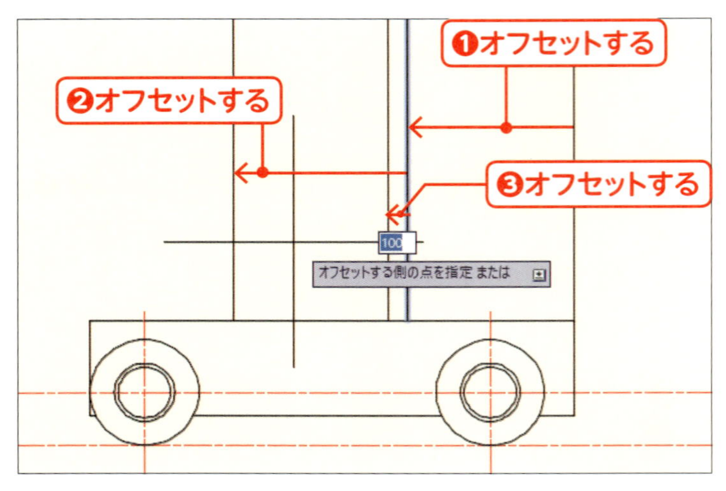

02 オフセットして位置を決める

手順01で作図した線を距離「855」で左へオフセットします❶。さらに、オフセットした線を「895」と「100」の距離でそれぞれオフセットします❷❸。

MEMO

オフセットコマンドの実行方法は80ページを参照してください。

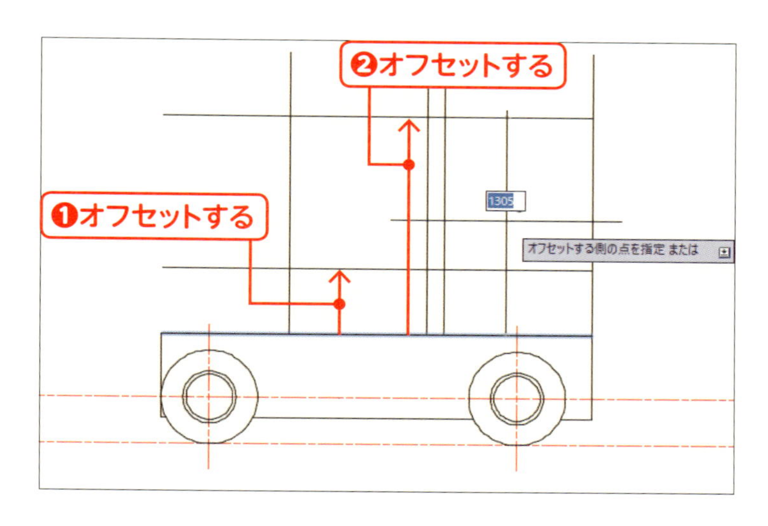

03 高さの位置を決める

車体上部の水平な線を距離「385」で上へオフセットします❶。同じ線を「1305」の距離で上へオフセットします❷。

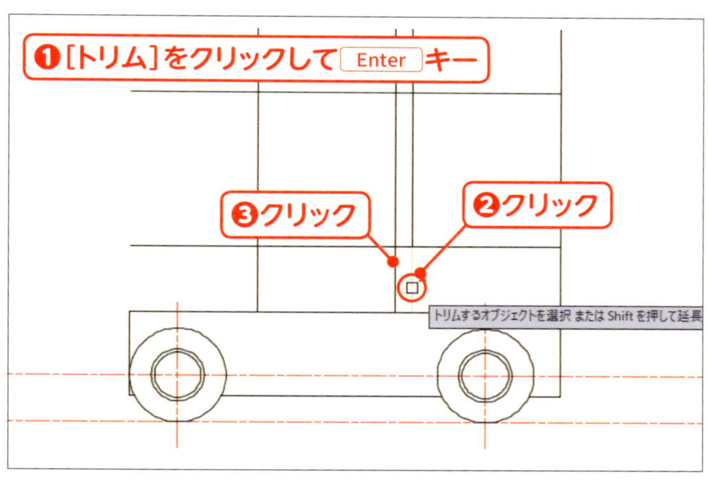

04 長さを整える

[トリム]をクリックして Enter キーを押し❶、すべての線を切り取りエッジにします。図の2か所をクリックしてトリムします❷❸。

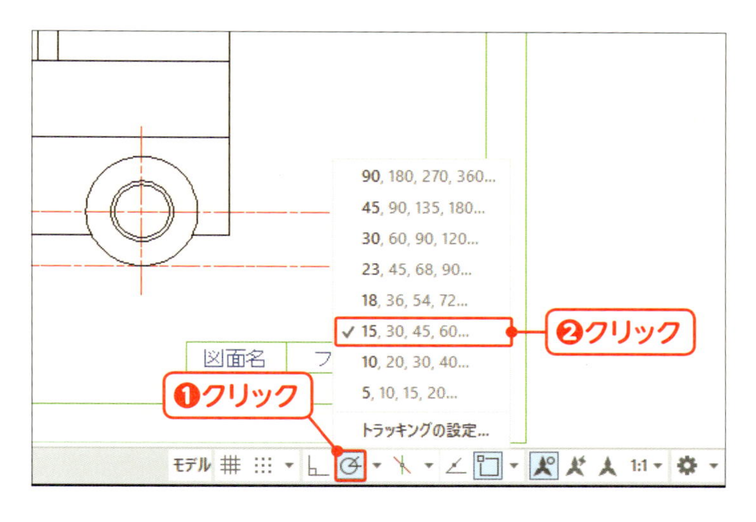

05 極トラッキングを設定する

[極トラッキング]をクリックしてオンにします❶。▾をクリックし、「15,30,45,60…」をクリックします❷。

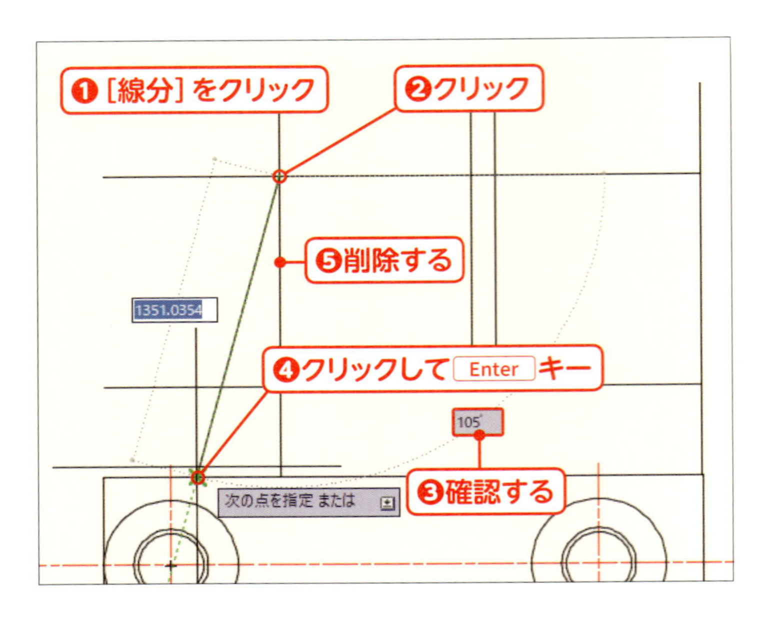

06 105度の線を引く

[線分]をクリックします❶。始点は図の位置をクリックします❷。カーソルを動かすと15度きざみでスナップするので、105度の表示を確認し❸、車体上部の線との交点マーカーが表示されたところでクリックして Enter キーを押します❹。補助線にした線は削除します❺。

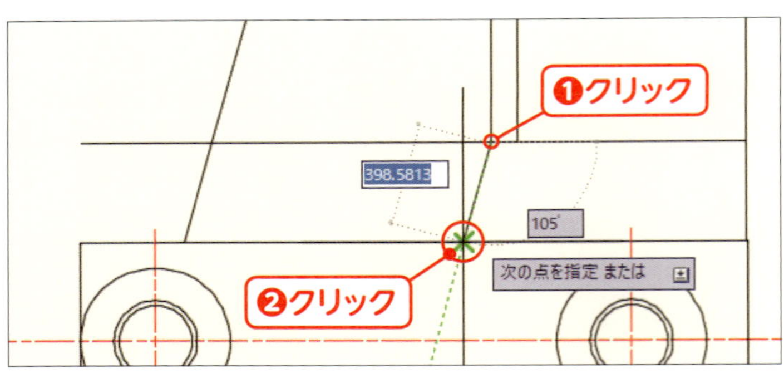

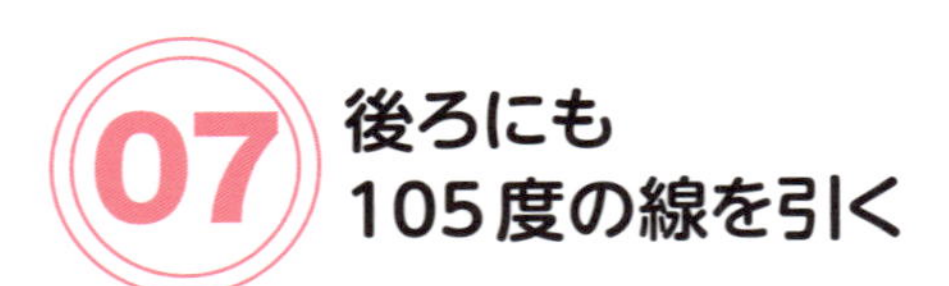

07 後ろにも105度の線を引く

手順06と同様にして、運転席後部にも105度の線を引きます❶❷。

⊙ 車体上部の線を仕上げて運転席を作図する

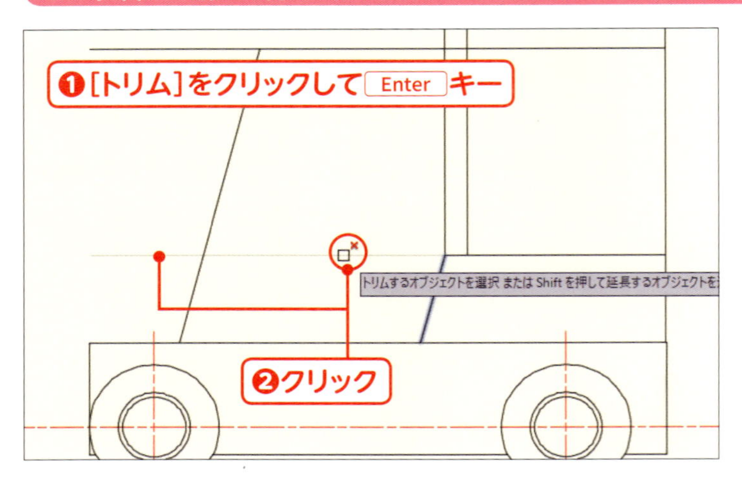

01 はみ出した線をトリムする

[トリム]をクリックして Enter キーを押します❶。手順07で描いた斜めの線より左の部分をトリムします❷。

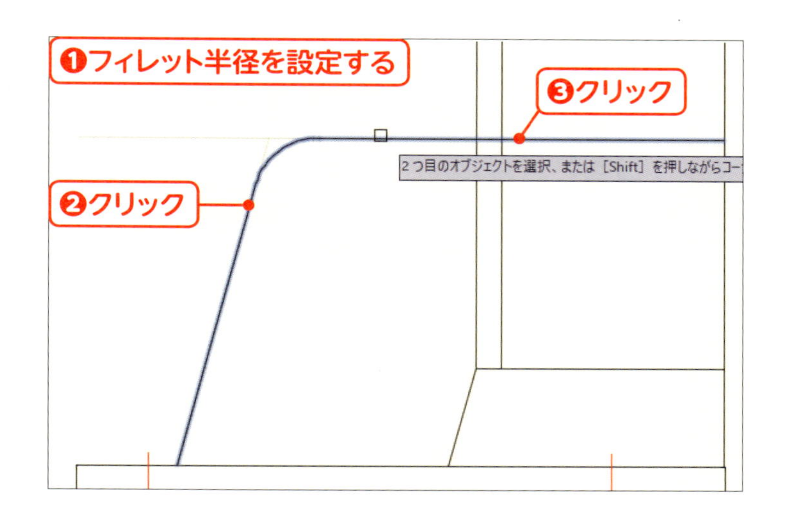

02 コーナーをフィレットする

［フィレット］をクリックして、フィレット半径を「250」に設定します❶。運転席左上の2つの線をクリックし❷❸、角を丸めます。

MEMO

フィレットコマンドを実行し、フィレット半径を設定する方法は94ページを参照してください。

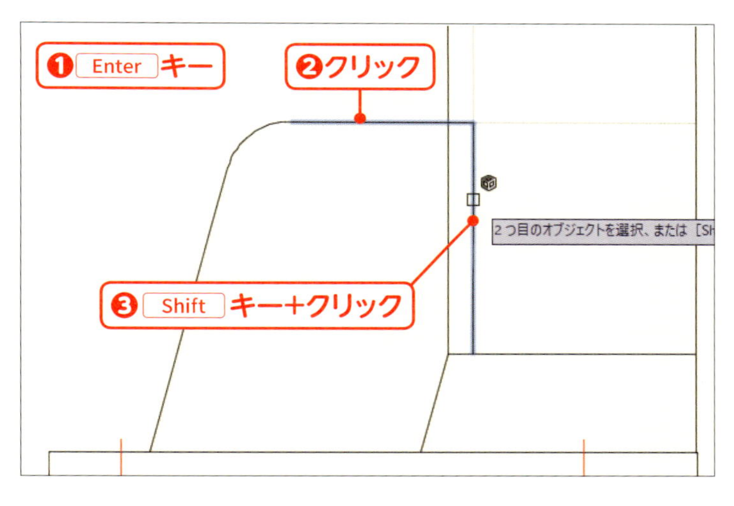

03 角を作る

Enter キーを押して❶、フィレットコマンドを実行します。運転席右上の2つの線をクリックし❷、角を作ります。2つ目の線は、Shift キーを押しながらクリックします❸。

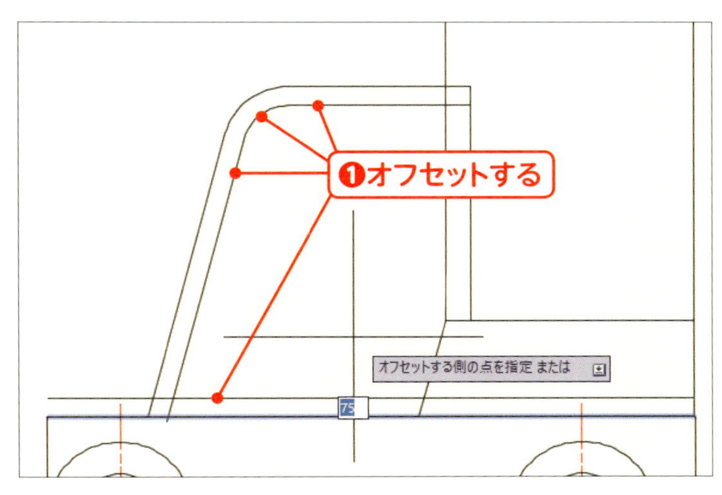

04 運転席のフレームを作る

オフセットコマンドを実行し、距離「75」で図の4つの線をオフセットします❶。

MEMO

オフセットコマンドの実行方法は80ページを参照してください。

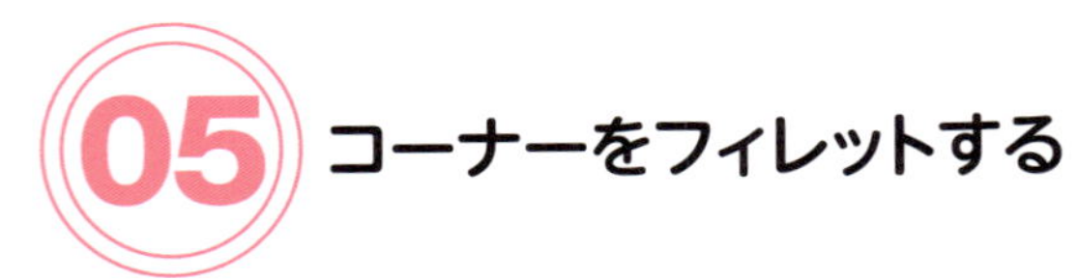

コーナーをフィレットする

[フィレット] をクリックして、フィレット半径を「200」に設定します❶。運転席左下の2つの線をクリックし❷❸、角を丸めます。

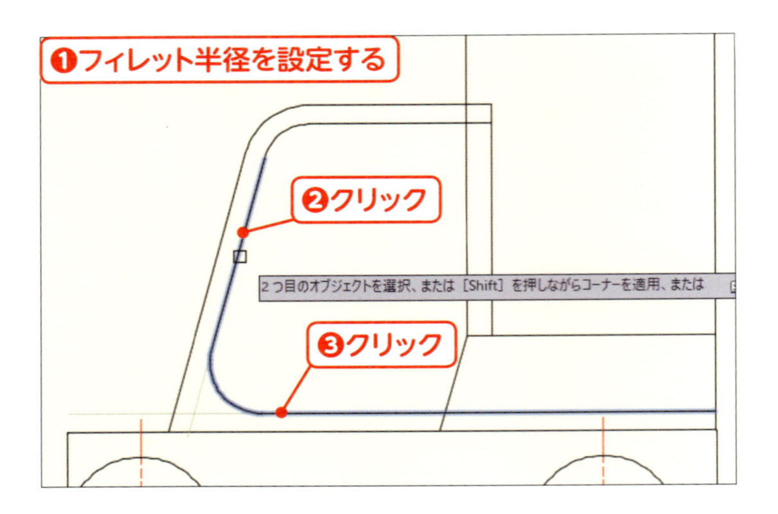

角を作る

Enter キーを押して❶、フィレットコマンドを実行します。2つの線をクリックして角を作ります（2つ目の線は Shift キーを押しながらクリックします）❷。同様に、左図の2か所にも角を作ります❸❹。

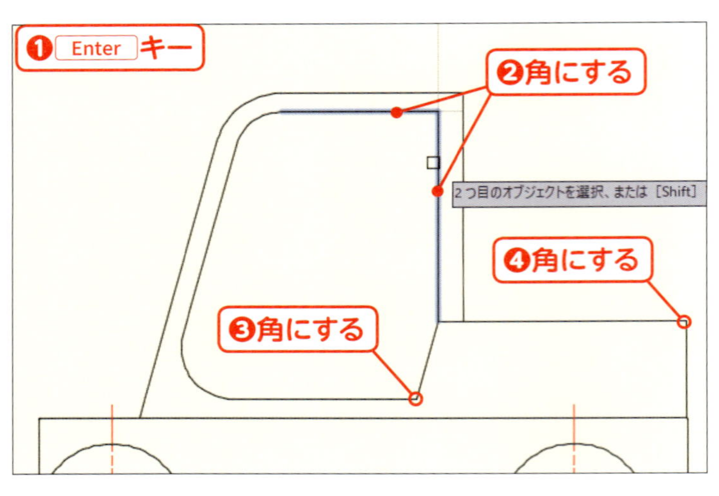

車体後部に補助線を引く

オフセットコマンドを実行し、距離「100」で車体後部の縦線を左側にオフセットします❶。

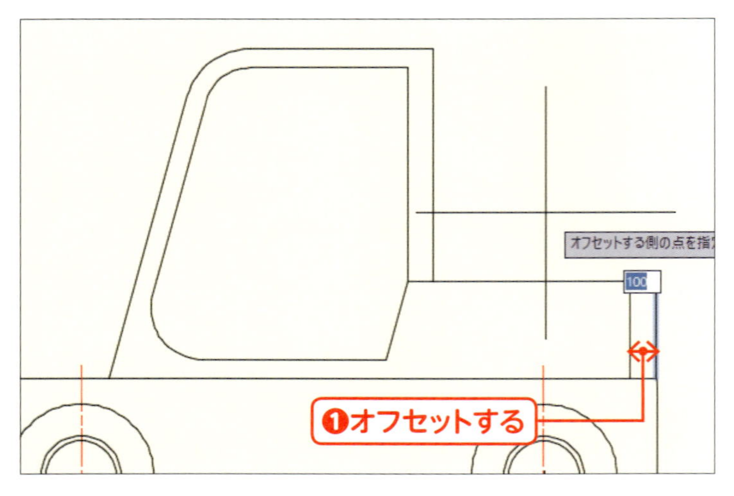

08 円弧コマンドを実行する

円弧コマンドの［始点、終点、半径］をクリックします❶。

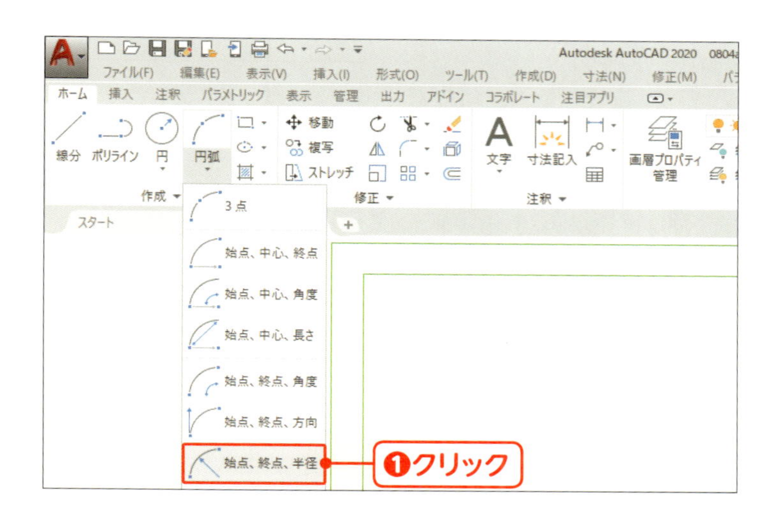

09 円弧を作図する

始点と終点をクリックし❶❷、半径は「700」と入力して Enter キーを押します❸。

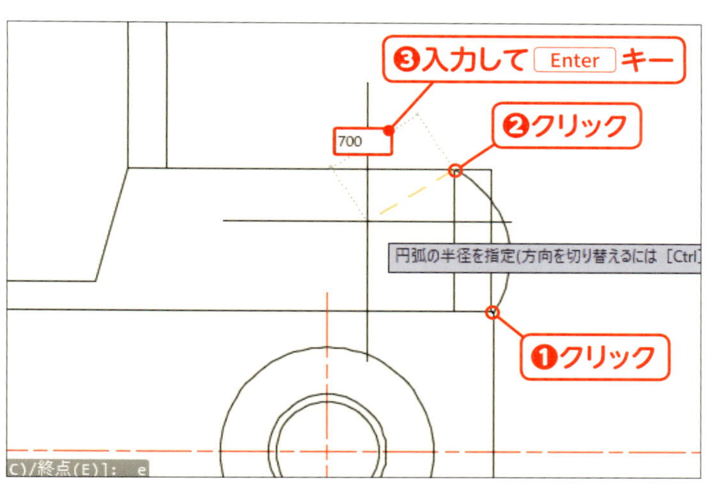

10 不要な線を削除する

［トリム］をクリックして、Enter キーを押します❶。車体からはみ出した線をクリックし❷、Enter キーを押してコマンドを終了します❸。作図に用いた線は削除します❹。

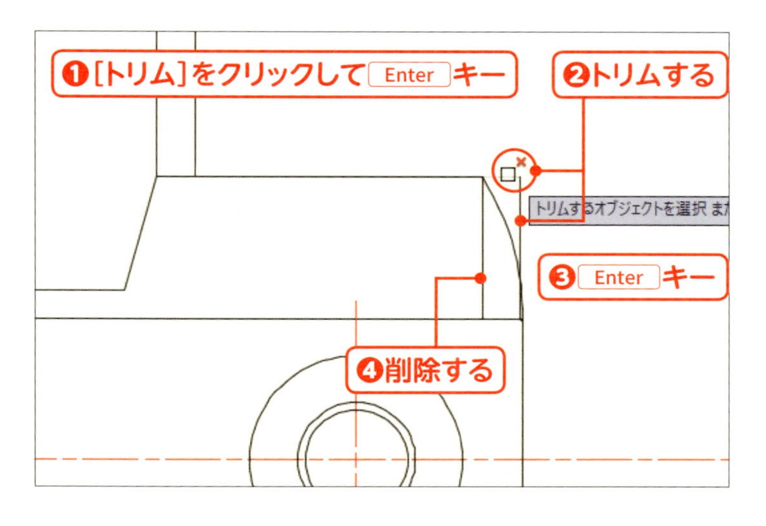

練習ファイル：0805a.dwg
0805b.dwg

完成ファイル：0805c.dwg

フォークリフトに部品を挿入しよう

練習ファイルには、フォークアタッチメントだけが作図してあります。
前節で作図した車体の前面に、この図を挿入しましょう。

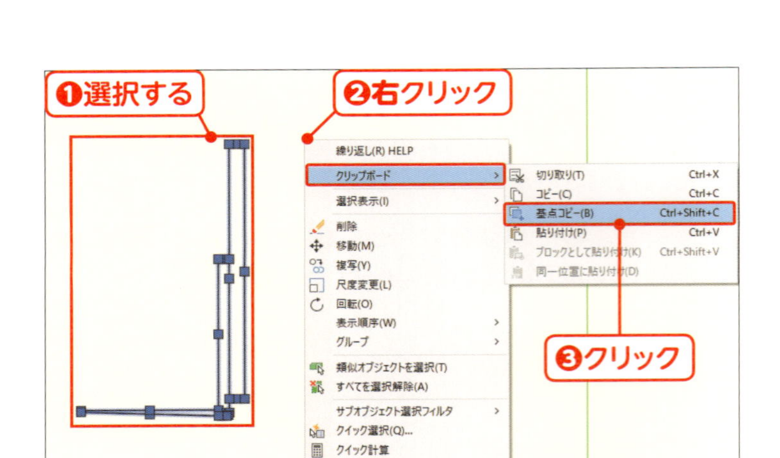

01 基点コピーする

「0805a.dwg」ファイルを開きます。フォークアタッチメント全体を選択します❶。右クリックして❷、[クリップボード]→[基点コピー]をクリックします❸。

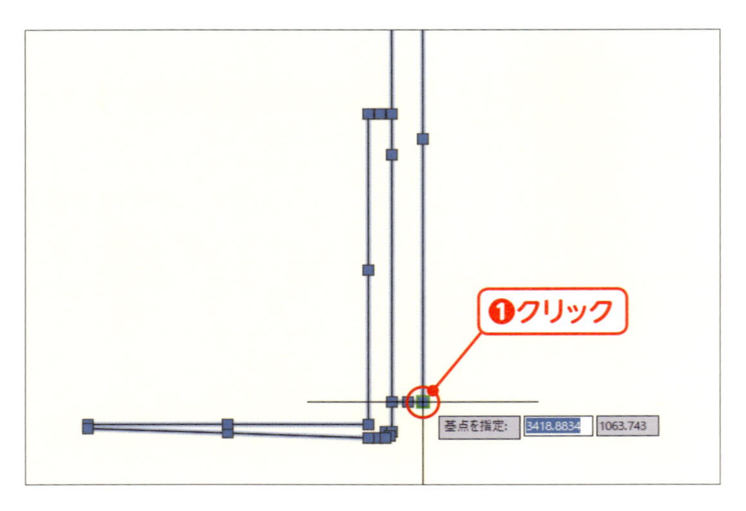

02 基点を指定する

アタッチメントの右下の点をクリックします❶。

03 車体のファイルを開く

「0805b.dwg」ファイルを開きます。

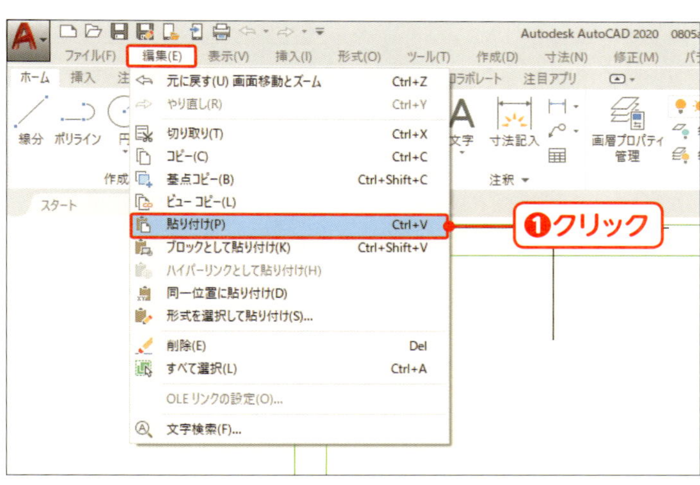

04 貼り付けを選ぶ

[編集] メニューの [貼り付け] をクリックします❶。

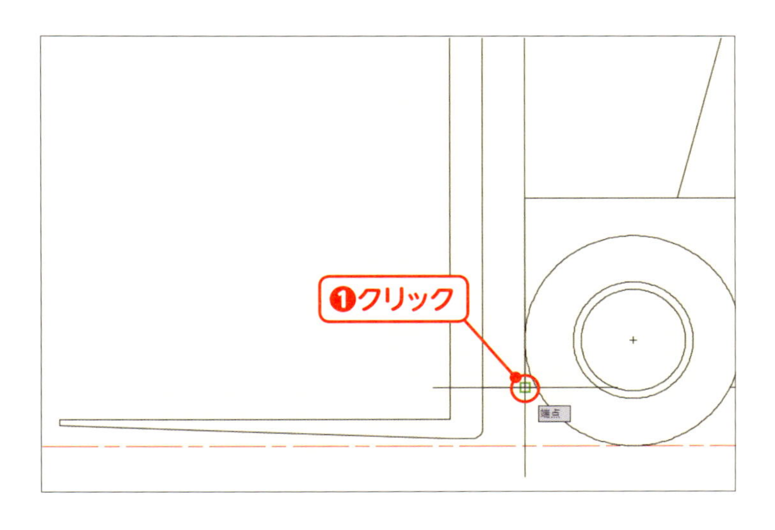

05 位置を合わせて貼り付ける

車体左下のコーナーにスナップさせてクリックします❶。

MEMO

オブジェクトスナップがオフになっている場合は、F3キーを押してオンにします。

寸法を記入しよう

フォークリフトの図面に寸法を記入しましょう。
縮尺が1：20なので、縮尺1：20用の寸法スタイルを用います。

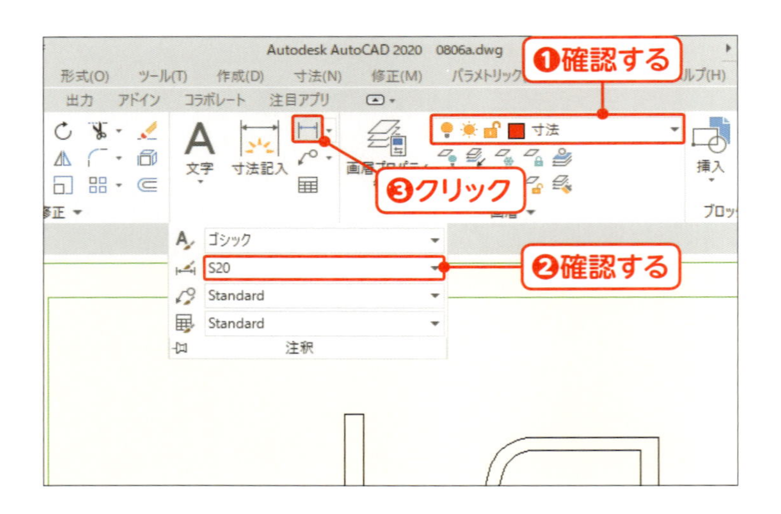

長さ寸法コマンドを実行する

現在層が「寸法」になっているのを確認します❶。［注釈］パネルをクリックして、寸法スタイルが「S20」になっていることを確認します❷。［長さ寸法記入］をクリックします❸。

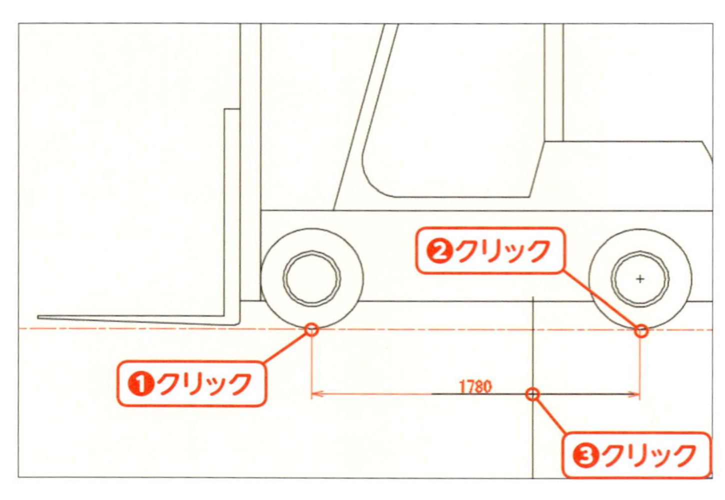

軸距を寸法記入する

前輪と後輪それぞれ、地面との交点をクリックします❶❷。寸法線は、適当な位置でクリックします❸。

MEMO

オブジェクトスナップがオフになっている場合は、F3キーを押してオンにします。

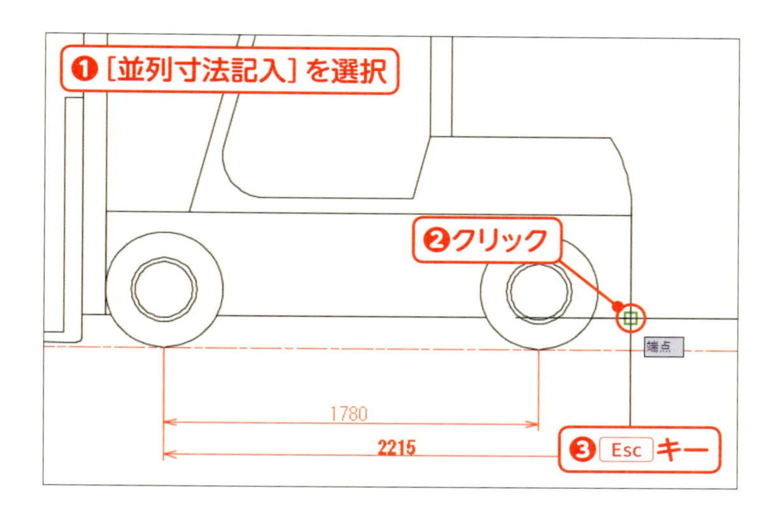

並列寸法を記入する

[注釈]リボンタブの[寸法]メニューで[並列寸法記入]を選択します❶。車体の右下をクリックします❷。Esc キーを押して❸、コマンドを終了します。

MEMO

[並列寸法記入]の選択方法は、140ページを参照してください。

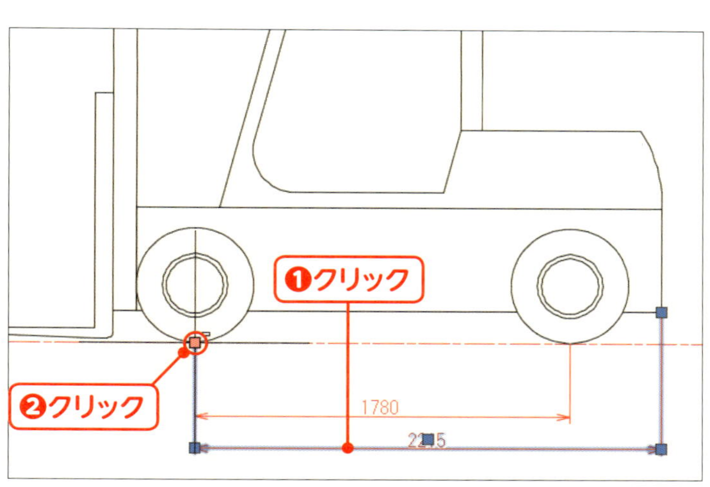

寸法をグリップ編集する

記入した並列寸法をクリックします❶。左側のグリップをクリックします❷。

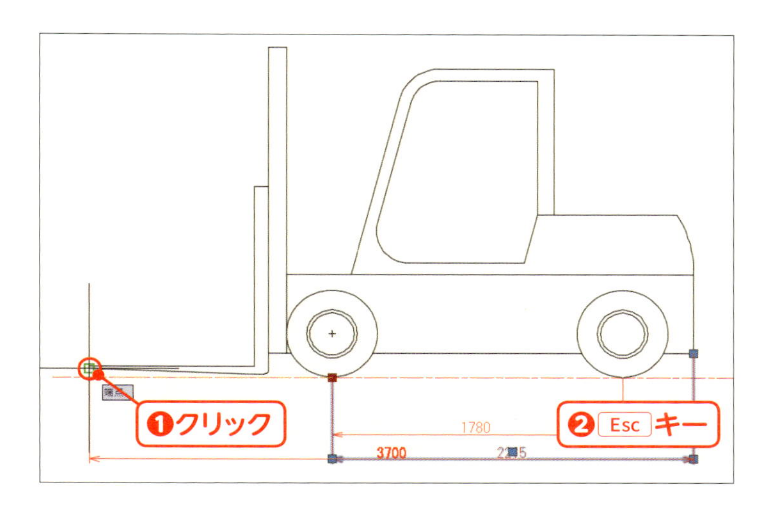

全長の寸法に変更する

フォークの先端をクリックします❶。Esc キーを押して、選択を解除します❷。

Index

Index

た行

な～は行

ま～ら行

著者プロフィール

稲葉 幸行

1956年生。土木設計会社に22年間勤務。2001年から6年間、国士舘大学でAutoCADインストラクターを務める。2010年から8年間、リカレントのCAD講師。2013年からは日建学院のCAD講師を務めている。Webサイト「AutoCADの壺」管理人。社団法人 青少年育成協会認定 中級教育コーチ。アクティブラーニング・プラクティショナー。著書に『AutoCAD LT コマンドリファレンス AutoCAD LT 2000/2000i/2002/2004/2005/2006/2007/2008対応』、『AutoCAD/AutoCAD LT 困った解決&便利技 2015/2016/2017/2018対応』、『[JIS対応] 実践 AutoCAD ／ AutoCAD LT 製図入門』、『基本から3Dまでしっかりわかる AutoCAD/AutoCAD LT 徹底入門』、「これからはじめる AutoCADの本」シリーズ（いずれも技術評論社刊）がある。

デザインの学校
これからはじめるAutoCADの本
[AutoCAD/AutoCAD LT 2020/2019/2018対応版]

2019年 7月20日 初版 第1刷発行
2024年 5月29日 初版 第4刷発行

著者 稲葉 幸行
発行者 片岡 巌
発行所 株式会社技術評論社
東京都新宿区市谷左内町21-13
電話 03-3513-6150 販売促進部
03-3513-6166 書籍編集部
印刷／製本 大日本印刷株式会社

定価はカバーに表示してあります。

造本には細心の注意を払っておりますが、万一、乱丁（ページの乱れ）や落丁（ページの抜け）がございましたら、小社販売促進部までお送りください。送料小社負担にてお取り替えいたします。

ISBN978-4-297-10652-2 C3055
Printed in Japan

カバーデザイン・本文デザイン … 岡崎善保（志岐デザイン事務所）
カバーイラスト …… カワチ・レン
DTP …… 技術評論社制作業務課
編集 …… 石井智洋
技術評論社ホームページ https://gihyo.jp/book

■問い合わせについて

本書の内容に関するご質問は、下記の宛先までFAXまたは書面にてお送りください。なお電話によるご質問、および本書に記載されている内容以外の事柄に関するご質問にはお答えできかねます。あらかじめご了承ください。

〒162-0846
新宿区市谷左内町21-13
株式会社技術評論社 書籍編集部
「デザインの学校 これからはじめるAutoCADの本
[AutoCAD/AutoCAD LT 2020/2019/2018対応版]」
質問係

FAX番号 03-3513-6183

なお、ご質問の際に記載いただいた個人情報は、ご質問の返答以外の目的には使用いたしません。また、ご質問の返答後は速やかに破棄させていただきます。